Bernd Wagner

Hub&Spoke-Netzwerke in der Logistik

GABLER EDITION WISSENSCHAFT

Produktion und Logistik

Kontakt: *Professor Dr. Hans-Otto Günther, Technische Universität Berlin, FG BWL – Produktionsmanagement, Wilmersdorfer Str. 148, 10585 Berlin*

Diese Reihe dient der Veröffentlichung neuer Forschungsergebnisse auf den Gebieten der Produktion und Logistik. Aufgenommen werden vor allem herausragende quantitativ orientierte Dissertationen und Habilitationsschriften. Die Publikationen vermitteln innovative Beiträge zur Lösung praktischer Anwendungsprobleme der Produktion und Logistik unter Einsatz quantitativer Methoden und moderner Informationstechnologie.

Bernd Wagner

Hub&Spoke-Netzwerke in der Logistik

Modellbasierte Lösungsansätze für ihr Design

Mit einem Geleitwort von Prof. Dr. Wolfgang Domschke

Deutscher Universitäts-Verlag

Bibliografische Information Der Deutschen Bibliothek
Die Deutsche Bibliothek verzeichnet diese Publikation in der Deutschen Nationalbibliografie; detaillierte bibliografische Daten sind im Internet über <http://dnb.ddb.de> abrufbar.

Dissertation Technische Universität Darmstadt, 2005

D 17

1. Auflage Januar 2006

Lektorat: Brigitte Siegel / Nicole Schweitzer

Der Deutsche Universitäts-Verlag ist ein Unternehmen von Springer Science+Business Media.
www.duv.de

Umschlaggestaltung: Regine Zimmer, Dipl.-Designerin, Frankfurt/Main
Druck und Buchbinder: Rosch-Buch, Scheßlitz
Gedruckt auf säurefreiem und chlorfrei gebleichtem Papier
Printed in Germany

ISBN 3-8350-0206-6

Geleitwort

Logistikunternehmen waren lange Zeit umfangreichen staatlichen Regulierungen unterworfen, welche unter anderem einen ruinösen Wettbewerb der konkurrierenden Gesellschaften verhindern sollten. Die Beschränkungen standen vielfach einer freien Wahl der Netz- und Preisstruktur entgegen. Mittlerweile wurden beispielsweise im Flugverkehr und im Straßengüterverkehr sowohl in den USA als auch in der EU die entsprechenden Märkte liberalisiert. Weitere Deregulierungen – wie die für Postdienstleistungen innerhalb von Deutschland – werden folgen. Durch hohen Wettbewerbsdruck und steigende Transportvolumina ist eine exzellente Planung der Netzstruktur von entscheidender Bedeutung für den wirtschaftlichen Erfolg und das Bestehen der Unternehmen.

Die vorliegende Arbeit beschäftigt sich mit Hub Location Problemen, dem Design von Hub&Spoke-Netzwerken. Diese Art von Netzwerken zeichnet sich dadurch aus, dass Transporte nicht direkt vom Start- zum Zielort durchgeführt werden, sondern über mehrere Abschnitte erfolgen. Auf den einzelnen Teilabschnitten werden Güter bzw. Personen mit unterschiedlichem Start- oder Zielort gemeinsam transportiert, was Kosten- und teilweise Transportzeitvorteile ermöglicht. Bei den betrachteten Problemstellungen werden unterschiedliche Zielsetzungen und Rahmenbedingungen bezüglich der zu erstellenden Netzwerke berücksichtigt.

Herr Wagner stellt ein neues Klassifikationsschema vor, anhand dessen sich die relevanten Aspekte einer Problemstellung strukturiert beschreiben lassen. Angelehnt an entsprechende Ansätze für Maschinenbelegungs- und Tourenplanungsprobleme leitet er daraus Kurzbezeichnungen für Hub Location Probleme ab, welche kurz und prägnant die Problemcharakteristika wiedergeben.

Typischerweise unterstellen die eingesetzten Lösungsverfahren zumeist ein vereinfachtes Modell des realen Systems. Für eine Reihe derartiger Problemstellungen wird untersucht, ob sich trotz zum Teil starker Vereinfachungen praxisrelevante Netzstrukturen gewinnen lassen.

Ferner werden für viele Problemvarianten modellbasierte Lösungsansätze entwickelt, welche den aus der Literatur bekannten überlegen sind. Sie bestehen aus geschickt formulierten mathematischen Optimierungsmodellen und speziell angepassten Preprocessing-Techniken. Zur Lösungsgenerierung kommt entsprechende Standardsoftware zum Einsatz. Diese Vorgehensweise hat zwei Hauptvorteile: Zum Einen lässt sich ein solcher Lösungsansatz vergleichweise leicht implementieren, was bei algorithmischen Vorgehensweisen meist nicht der Fall ist. Zum Zweiten kann man so von den Verbesserungen in neueren Versionen der Standardsoftware profitieren. Gerade in den letzten Jahren sind hier dramatische Fortschritte zu verzeichnen. Modellbasierte Lösungsverfahren spielen sowohl in der Lehre als auch in der Forschung durch die nun zur Verfügung stehende leistungsfähige Standardsoftware eine immer größere Rolle. Für ausgewählte Problemstellungen sind auch Lösungsalgorithmen beschrieben, für die keine Standardsoftware erforderlich ist.

Wolfgang Domschke

Vorwort

Die vorliegende Arbeit entstand während meiner Tätigkeit als Wissenschaftlicher Mitarbeiter am Fachgebiet für Operations Research des Institutes für Betriebswirtschaftslehre der TU Darmstadt. Sie wurde im September 2005 vom Fachbereich für Rechts- und Wirtschaftswissenschaften als Dissertation angenommen.

An erster Stelle möchte ich mich bei meinem Doktorvater, Herrn Prof. Dr. Wolfgang Domschke, bedanken. Er hat mich bei der Anfertigung der Arbeit auf idealtypische Art und Weise unterstützt und mir als Mitarbeiter großzügige Freiheiten eingeräumt. Ohne die äußerst vertrauensvolle Zusammenarbeit wäre es nicht zu einer Arbeit in der vorliegenden Form gekommen. Bedanken möchte ich mich auch bei Herrn Prof. Dr. Peter Buxmann für die Übernahme des Korreferates.

Zum Gelingen der vorliegenden Arbeit haben in hohem Maße meine Kollegen am Lehrstuhl beigetragen. Ohne Frau Dr. Gabriela Mayer hätte ich wahrscheinlich keine Promotion und insbesondere keine über die Gestaltung von Hub&Spoke-Netzwerken ins Auge gefasst. Herr Dr. Robert Klein hat mir viele Hinweise gegeben und damit an einigen Stellen eine betriebsblinde Betrachtungsweise verhindert. Frau Dipl.-Wirtsch.-Inform. Anita Petrick danke ich insbesondere für zahlreiche fruchtbare Diskussionen und dafür, dass Sie mir in der „heißen Phase“ am Lehrstuhl den Rücken freigehalten hat. Frau Petra Hechler hat mich mit ihrer positiven Art insbesondere in den Zeiten sehr gut unterstützt, in denen ich nicht so gut wie gewünscht voran kam.

Weiterhin möchte ich mich bei den Herren Dipl.-Wirtsch.-Ing. Martin Albrecht, Dipl.-Math. Michael Schmitt und Dipl.-Wirtsch.-Ing. Christian Seipl für die Durchsicht des Manusskriptes und ihre kritischen Anmerkungen bedanken.

Zahlreiche Studierende bzw. Absolventen haben mich mit ihren Seminar-, Studien- und Diplomarbeiten sowie mit begleitenden Diskussionen unterstützt. Stellvertretend für viele seien an dieser Stelle die Herren Dipl.-Wirtsch.-Inform. Michael Betz und Dipl.-Wirtsch.-Inform. Holger Schinzel erwähnt.

Besonders herzlicher Dank gebührt meinen Eltern. Ihre uneingeschränkte Förderung meines Werdegangs hat die Anfertigung der vorliegenden Arbeit erst ermöglicht.

Bernd Wagner

Inhaltsverzeichnis

Abkürzungs- und Symbolverzeichnis

Abkürzungen

bspw.	beispielsweise
bzw.	beziehungsweise
d.h.	das heißt
i.A.	im Allgemeinen
i.d.R.	in der Regel
i.e.S.	im engeren Sinne
i.w.S.	im weiteren Sinne
o.B.d.A.	ohne Beschränkung der Allgemeinheit
u.a.	unter anderem
u.U.	unter Umständen
vs.	versus (im Vergleich zu)
z.B.	zum Beispiel

Indizes

g, h	Indizes für Cluster
i, j, k, m	Indizes für Knoten; i.d.R. bei k und m in der Rolle von (potentiellen) Hubs

Problemparameter

c_{ij}	Basiskosten für den Transport einer Einheit auf der Verbindung (i,j)
$\tilde{c}_{ij}$	(gesamte) Transportkosten für das Quelle-Ziel-Paar (i,j) bei ausschließlicher Verwendung der Direktverbindung
$\tilde{c}_{ijkm}$	(gesamte) Transportkosten für das Quelle-Ziel-Paar (i,j) bei ausschließlicher Verwendung der Route $i-k-m-j$
$\hat{c}_{ij}$	Funktion der Transportkosten pro Einheit auf der Verbindung (i,j) in Abhängigkeit der Transportmenge
f_k	Fixkosten für die Einrichtung eines Hubs im Knoten k

n	Anzahl der Knoten
o_i, d_i, w^{Σ}	$\sum_j w_{ij}$, $\sum_j w_{ji}$ bzw. $\sum_{i,j} w_{ji}$
p	Anzahl der einzurichtenden Hubs
t_{ij}	„normale" Transportzeit für die Verbindung (i, j)
$\hat{t}_{ij}$	Funktion der Transportzeit für die Verbindung (i, j) in Abhängigkeit der Transportmenge
tc_{ij}	Funktion der (gesamten) Transportkosten auf der Verbindung (i, j) in Abhängigkeit der Transportmenge
w_{ij}	von i nach j zu transportierende Gütermenge bzw. Gütermenge pro Zeiteinheit
α, α_1, α_2, β	Skalierungsfaktoren für Hub-Hub-, Quelle-Hub-, Hub-Ziel- bzw. Quelle-Ziel-Verbindungen bezüglich Transportkosten bzw. -zeiten
μ	Zeitschranke
Ξ_h	Menge der im Cluster h enthaltenen Knoten
$\Xi(i)$	Menge der Knoten, welche im gleichen Cluster wie der Knoten i enthalten sind
Φ	Menge der möglichen Hubzuordnungen (i, k) von Knoten i zu Hubs k
Ψ	Menge, welche die sich gegenseitig ausschließenden Paare von Hubzuordnungen (i, k) und (j, m) enthält

Entscheidungsvariablen

A_{ik}	Binärvariable für die (eindeutige) Zuordnung des Knotens i zum Hub k
B_{km}, $B_{\{k,m\}}$	kontinuierliche Variablen mit dem Wertebereich $[0, 1]$, die den Wert 0 annehmen, wenn in Knoten k oder Knoten m kein Hub eingerichtet wird
O_{ik}	kontinuierliche Variable für die auf der Quelle-Hub-Verbindung (i, k) transportierte Menge
P^i_{km}	kontinuierliche Variable für die auf der Hub-Hub-Verbindung (k, m) transportierte Menge von Gut i

Q_{mj}^{i}	kontinuierliche Variable für die auf der Hub-Ziel-Verbindung (m, j) transportierte Menge von Gut i
R_k	kontinuierliche Variable für die maximale Transportzeit auf Hub-Ziel-Verbindungen (k, i) über alle Knoten i, welche dem Hub k zugeordnet sind
T^{max}	kontinuierliche Variable für die maximale Transportzeit über alle Quelle-Ziel-Paare
X_{ij}	kontinuierliche Variable für den über die Direktverbindung (i, j) beförderten Anteil der von i nach j zu transportierenden Menge
$X_{\{i,j\}}$	kontinuierliche Variable für den über die Direktverbindungen (i, j) bzw. (j, i) beförderten Anteil der von i nach j bzw. von j nach i zu transportierenden Menge
X_{ijkm}	kontinuierliche Variable für den Anteil der von i nach j zu transportierenden Menge, welcher entlang der Route i – k – m – j befördert wird
$X_{ij\{k,m\}}$	kontinuierliche Variable für den Anteil der von i nach j zu transportierenden Menge, der in günstigster Reihenfolge über die Hubs k und m befördert wird
$X_{\{(i,k),(j,m)\}}$	kontinuierliche Variable für den Anteil der von i nach j bzw. von j nach i zu transportierenden Menge, welcher entlang der Route i – k – m – j bzw. j – m – k – i befördert wird
Y_k	Binärvariable für die Einrichtung eines Hubs im Knoten k

1 Einleitung

Hub&Spoke-Netzwerke dienen dazu, Güter bzw. Personen von vielen Orten nach vielen Orten zu transportieren, wobei ein Ort sowohl Quelle als auch Ziel von zu transportierenden Gütern bzw. Personen sein kann. Sie stellen damit eine Lösungsmöglichkeit für das Many-to-Many Distribution Problem[1] dar. Die für Hub&Spoke-Netzwerke charakteristische gemeinsame Beförderung von Gütern bzw. Personen mit unterschiedlicher Quelle und/oder unterschiedlichem Ziel auf Teilabschnitten des Transports ermöglicht in erster Linie Kostenvorteile.[2] Alternativ lassen sich auch Direktverkehrsnetze einsetzen.[3] Gegenüber diesen haben Hub&Spoke-Netzwerke die Nachteile längerer Transportwege und u.U. -zeiten, komplexerer Transportprozesse und einer höheren Störungsanfälligkeit. Einsatzgebiete für diese Netzwerke finden sich beim Passagier- und Frachtflugverkehr, bei der Eisenbahn, dem Straßengüterverkehr, der Seeschifffahrt, Kurierdiensten, der Brief- und Paketpost sowie im öffentlichen Personennahverkehr.[4]

Charakteristisch für diese (möglichen) Anwendungsgebiete ist ein überwiegend erhebliches Wachstum der Transportvolumina. Von 1994 bis 2003 nahm die Verkehrsleistung beim Güterverkehr (gemessen in Tonnenkilometern) gegenüber dem Vorjahr innerhalb der BRD jährlich um durchschnittlich 3,7% beim Straßengüterverkehr, über 2,2% bei der Eisenbahn und 5,1% bei der Luftfracht und -post zu.[5] Im gleichen Zeitraum steigerte sich die Verkehrsleistung der Seeschifffahrt zwischen deutschen Häfen sowie von und nach ausländischen Häfen jährlich um ca. 4,3%.[5] Die Anzahl der gestarteten und gelandeten Fluggäste erhöhte sich um durchschnittlich 5,4% pro Jahr.[6]

---

1 Vgl. O'Kelly und Miller (1994, S. 31) und Daganzo (1996, S. 247 ff.).

2 Hub&Spoke-Netzwerke gibt ist in verschiedenen Ausprägungen mit unterschiedlichen Netztopologien und sonstigen Charakteristika. Auf diese gehen wir ausführlich im Kapitel 2 ein.

3 Vgl. O'Kelly (1998a, S. 175 f.).

4 Vgl. Racunica und Wynter (2000), Mayer (2001, S. 6 ff.), Nickel et al. (2001), Campbell et al. (2002) und Reise (2004).

5 Vgl. Bundesministerium für Verkehr, Bau- und Wohnungswesen (2004, S. 240 f.). Für das Jahr 2003 sind zum Teil nur vorläufige Zahlen angegeben. Im betrachteten Zeitraum hat sich jeweils die Bemessungsgrundlage geändert. Daher bezieht sich das durchschnittliche Wachstum nur auf neun statt zehn Jahre.

6 Vgl. Bundesministerium für Verkehr, Bau- und Wohnungswesen (2004, S. 96 f.). Im Jahr 2001 hat sich die Bemessungsgrundlage geändert, weswegen das (negative) Wachstum des Jahres 2001 gegebenüber dem Vorjahr unberücksichtigt bleibt.

Um das Wachstum der Transportvolumina für eine Senkung der Durchschnittstransportkosten nutzen zu können, bedient man sich neben darauf ausgerichteten Netzstrukturen auch entsprechend dimensionierter Transportmittel[7]. Dies lässt sich an den neu entwickelten bzw. noch in der Entwicklung befindlichen Flugzeugen A380 von Airbus und 787 Dreamliner von Boeing erkennen. Der A380 zeichnet sich durch eine große Kapazität sowie (bei hoher Auslastung) durch niedrige Kosten pro Passagier aus und ist daher insbesondere für den Einsatz in Hub&Spoke-Netzwerken aufgrund der Bündelung von Transporten sehr gut geeignet. Die Boeing 787 hingegen weist eine geringere Kapazität auf und ist hinsichtlich des Kerosinverbrauches optimiert. Sie ist daher auch sehr gut in Direktverkehrsnetzen einsetzbar.[8] Im Seeverkehr geht die Entwicklung immer größerer (Container-) Schiffe ebenso auf die steigenden Transportvolumina zurück.[9]

Bei einer ganzen Reihe an möglichen Einsatzgebieten für Hub&Spoke-Netzwerke waren und sind teilweise noch der Gestaltung eines Transportnetzes durch regulatorische Maßnahmen (enge) Grenzen gesetzt. Diese wurden im Wesentlichen mit dem Argument des natürlichen Monopols und einer bei einer Marktöffnung zu erwartenden „ruinösen" Konkurrenz begründet.[10] Seit dem Airline Deregulation Act im Jahr 1978 können Fluggesellschaften in den USA ihr Streckennetz frei gestalten. Nach der Liberalisierung strukturierten die Gesellschaften ihre Transportnetze zumeist in Hub&Spoke-Netzwerke um. Durch den scharfen Wettbewerb zwischen den verschiedenen Marktteilnehmern, welcher (nach anfänglich vielen Markteintritten) zum Marktaustritt zahlreicher Fluggesellschaften führte, ist für eine Gesellschaft eine optimierte Netzstruktur von zentraler Bedeutung.[11] Auch im Straßengüter- und Eisenbahnverkehr wurden in den USA die entsprechenden Märkte liberalisiert.[12] Innerhalb der Europäischen Union kam es mit einer zeitlichen Verzögerung bei diesen Märkten ebenfalls zu Deregulierungen.[13] Während es in Deutschland früher ein Monopol für Paket- und Briefdienstleistungen gab, ist dies heute nicht mehr der Fall bzw. entsprechende gesetzliche Änderungen sind bereits beschlossen und treten Ende 2007 in Kraft.[14]

---

7 Vgl. Isermann (1997) und Pfohl (2004, S. 167 ff.).

8 Vgl. Pilling (2005).

9 Vgl. Reise (2004, S. 60).

10 Vgl. Werner (1988a), Werner (1988b) und Laaser (1991, S. 59 ff.).

11 Vgl. Mayer (2001, S. 6 ff.) und Pompl (2002, S. 378 ff.).

12 Vgl. Mayer (2001, S. 36) und Moore (2002).

13 Vgl. Wenglorz und Wittmann (1997), Ellwanger (1997, S. 208 f.) und Mayer (2001, S. 37).

Für Hub&Spoke-Netzwerke relevante Bereiche sind damit geprägt durch ein hohes Wachstum, ein sich änderndes technologisches Umfeld, einen hohen Wettbewerbsdruck und Anpassungen an Änderungen des regulatorischen Rahmens. Das (Re-)Design der Transportnetze hat damit eine zentrale Bedeutung für solche Netzwerke unterhaltende Unternehmen.

In der vorliegenden Arbeit beschäftigen wir uns mit der strategischen Gestaltung von Hub&Spoke-Systemen unter bestimmten Rahmenbedingungen. Aufgrund der hohen Komplexität lassen sich taktische und operative Planungskomponenten wie bspw. das Flugscheduling und die Flugzeugeinsatzplanung bei Fluggesellschaften nicht direkt berücksichtigen.[15] Stattdessen abstrahieren wir von einzelnen Transportmitteln sowie Gütern bzw. Personen und betrachten vereinfachend nur Transportströme, um gut geeignete Netzstrukturen zu ermitteln. Die von uns unterstellten Rahmenbedingungen eignen sich nicht gleichermaßen für die verschiedenen möglichen Anwendungsgebiete. So gibt es bspw. viele zusätzliche Faktoren im Passagierflugbereich, wie Kundenpräferenzen und der Wettbewerb mit Konkurrenten, die wir bestenfalls eingeschränkt berücksichtigen. Für Transportnetzwerke im Postbereich eignen sich die behandelten Gestaltungsansätze hingegen deutlich besser, da sich die hier relevanten Aspekte vergleichsweise gut berücksichtigen lassen.

Modellbasierte Lösungsansätze

Wir betrachten auf unterschiedliche Rahmenbedingungen zugeschnittene Probleme. In Anlehnung an Garey und Johnson (1979, S. 4) ist ein *Problem*[16] eine allgemeine Fragestellung in Abhängigkeit von Parametern, für die keine Werte angegeben sind. Eine *Instanz* eines Problems gibt Werte für alle Parameter vor. Für eine Instanz ist jeweils eine zur Fragestellung passende *Lösung* gesucht. Wir betrachten ausschließlich *Optimierungsprobleme*[17], bei denen unter den *zulässigen* (möglichen) *Lösungen* je nach Typ des eingesetzten Verfahrens eine entsprechend der Fragestellung *optimale* (bestmögliche) oder sehr gute Lösung angestrebt wird. Ein Beispiel für ein Optimierungsproblem ist das Travelling Salesman Problem[18]. Ge-

---

14 Vgl. dazu das Postgesetz in der am 1.1.2003 gültigen Fassung und das Dritte Gesetz zur Änderung des Postgesetzes.

15 Vgl. Mayer (2001, S. 48 ff.) zur operativen und taktischen Planung bei Fluggesellschaften.

16 In der Betriebswirtschaftslehre bezeichnet man für gewöhnlich die Abweichung eines (erwarteten) Zustandes von einem angestrebten als *(Entscheidungs-)Problem*; vgl. Klein und Scholl (2004, S. 1). Eine solche Definition ist allerdings für die vorliegende Arbeit nur bedingt zweckmäßig.

sucht ist hier eine möglichst kostengünstige Rundreise für einen Handlungsreisenden, die alle zu besuchenden Orte enthält. Die Kosten ergeben sich dabei aus den zurückzulegenden Entfernungen. Eine Instanz dieses Problems spezifiziert die Anzahl der Städte und die Entfernungen zwischen diesen. Jede mögliche Rundreise stellt eine zulässige Lösung dar und eine kostenminimale eine optimale Lösung.

Es ist zwischen *exakten* und *heuristischen (Lösungs-)Verfahren* zu unterscheiden. Die ersten liefern stets optimale Lösungen, haben aber u.U. einen sehr hohen Rechenzeitbedarf. Heuristiken benötigen i.d.R. deutlich weniger Rechenzeit, bestimmen aber nicht unbedingt optimale Lösungen.[19]

Als Verfahren kommen Algorithmen in Betracht, die aus Schritt-für-Schritt-Anweisungen bestehen.[20] Alternativ lassen sich „nichtprozedurale Programme" in Form von (einkriteriellen) mathematischen Optimierungsmodellen zusammen mit entsprechender Standardsoftware einsetzen. *(Einkriterielle) Mathematische Optimierungsmodelle*[21] haben eine *Zielfunktion*, mit der sich die Zielerreichung einer Lösung quantifizieren lässt, und in Form von *Nebenbedingungen* angegebene Restriktionen, welche die Menge der zulässigen Lösungen (den *Lösungsraum*) festlegen. Zielfunktion und Nebenbedingungen enthalten *(Entscheidungs-)Variablen* und Parameter, deren Werte von einer entsprechenden *Modellinstanz* vorzugeben sind.[22] Lösungsverfahren bestimmen Werte für die Variablen, welche die ermittelte Lösung spezifizieren. Vergleichbar mit der Datenbankabfragesprache SQL ist durch ein „Programm" in Form eines Modells nicht vorgegeben, *wie* eine Lösung zu bestimmen ist, sondern nur *was* gesucht ist.[23]

---

17 Vgl. Garey und Johnson (1979, S. 19). Andere Probleme, wie bspw. Suchprobleme (vgl. Garey und Johnson (1979, S. 110)), sind hier nicht von Bedeutung, weswegen wir i.d.R. die Bezeichnung „Problem" als Kurzform für „Optimierungsproblem" verwenden.

18 Vgl. Domschke (1997, Kap. 3).

19 Vgl. Domschke und Drexl (2005, S. 126 f.).

20 Vgl. Garey und Johnson (1979, S. 4).

21 Wir verwenden im Folgenden auch die Bezeichnung „Modell" für „(einkriterielles) mathematisches Optimierungsmodell".
Häufig findet man in der Literatur auch eine synonyme Verwendung der Bezeichnungen „Problem", „Instanz" und „Modell" (im Sinne von „(einkriterielles) mathematisches Optimierungsmodell"); vgl. bspw. Domschke et al. (1997, S. 35), Neumann und Morlock (2002, S. 189) sowie Domschke und Drexl (2005, S. 122 vs. S. 129). Dies erlaubt zwar u.U. eine kompaktere und leichter verständliche Beschreibung, würde aber im Rahmen der vorliegenden Arbeit zu unnötigen Missverständnissen führen.

22 Vgl. Klein und Scholl (2004, S. 43 ff.).

Auf dieser Vorgehensweise beruhen die im Rahmen der vorliegenden Arbeit betrachteten *modellbasierten Lösungsansätze*. Eine solche hat diverse Vorteile. Sie ist leichter erlernbar als die Implementierung von Algorithmen, die entsprechenden „Programme" sind übersichtlicher und leichter an sich ändernde Gegebenheiten anpassbar. Sehr gute prozedurale Optimierungsalgorithmen sind zwar häufig schneller und auch für größere Probleminstanzen geeignet. Sie setzen allerdings meist sehr spezielle Eigenschaften der Problemstruktur voraus und lassen sich deswegen auch nach Anpassungen nicht für geringfügig veränderte Probleme verwenden. Solche Algorithmen können zudem nicht von den in Standardsoftware integrierten hocheffizienten Lösungsalgorithmen profitieren, die in den letzten Jahren deutlich verbessert wurden.[24]

Für ein Optimierungsproblem lassen sich unterschiedliche mathematische Optimierungsmodelle angeben, die grundsätzlich für das Lösen von Probleminstanzen geeignet sind. Die Lösungsgeschwindigkeit hängt dabei stark von der Wahl des Optimierungsmodells ab.[25] Bei der „reinen" Formulierung eines Modells bleiben datenabhängige (parameterabhängige) Vereinfachungen unberücksichtigt, welche das *Preprocessing* in Abhängigkeit einer Modellinstanz vornimmt.[26] Es entfernt durch Vorüberlegungen Variablen oder Nebenbedingungen aus dem Modell oder modifiziert Nebenbedingungen in geeigneter Weise, ohne dabei (sämtliche) optimale Lösungen auszuschließen. Dies ermöglicht es der Standardsoftware, schneller eine optimale Lösung zu berechnen.

Schwerpunkte und Gliederung

Der erste Schwerpunkt der vorliegenden Arbeit liegt darin, für aus der Literatur bekannte und auch für neue Probleme Modelle und dazugehörige Preprocessing-Techniken zu entwickeln, die es erlauben, mit Hilfe von Standardsoftware Probleminstanzen schneller bzw. schnell zu lösen. Der zweite Schwerpunkt bezieht sich auf die Zweckmäßigkeit von Lösungsansätzen und vereinfachten Problemen. In der Regel betrachtet man in der Literatur gegenüber Praxisproblemen vereinfachte Probleme, welche insbesondere die Kostenstruktur nur ungenau berücksichtigen. Es gilt zu überprüfen, ob sehr gute Lösungen für Instanzen eines vereinfach-

23 Vgl. Elmasri und Navathe (2000, S. 244) sowie Hansen und Neumann (2001, S. 1073).

24 Vgl. Bixby (2002).

25 Vgl. Domschke et al. (2002).

26 Vgl. Wolsey (1998, S. 103 ff.). Der Übergang von der „reinen" Formulierung eines Modells zum Preprocessing ist fließend. So enthält ein Modell in Abschnitt 4.2.1.2 bereits einen Preprocessing-Anteil und ist ohne diesen nicht formulierbar.

ten Problems auch für Instanzen eines praxisnahen Problems gut geeignete Lösungen darstellen.

Im folgenden Kapitel gehen wir zunächst auf Grundlagen ein und stellen anschließend ein Klassifikationsschema für Hub Location Probleme vor, welche der Bestimmung von Hub&Spoke-Netzwerken dienen. Mit diesem klassifizieren wir die aus der Literatur bekannten Lösungsansätze und geben einen kurzen Überblick.

Das dritte Kapitel beschäftigt sich mit transportkostenfokussierten Problemen. Zunächst betrachten wir, wie sich die Transportkosten in Abhängigkeit der Transportmengen verändern und welche Kostenfunktionen üblicherweise bei der Betrachtung von Hub Location Problemen unterstellt werden. Anschließend gehen wir auf entsprechende aus der Literatur bekannte und auch neue modellbasierte Lösungsansätze ein.

Im vierten Kapitel stehen die Transportzeiten im Zentrum der Betrachtung. Es wird zunächst diskutiert, inwiefern Transportzeiten bei der Gestaltung von Hub&Spoke-Netzwerken relevant sind. Anhand von zwei Szenarien und Varianten derselben zeigen wir auf, wie sich die anschließend beschriebenen Lösungsansätze einsetzen lassen.

Im letzten Kapitel sind die Ergebnisse der Arbeit zusammengefasst.

2 Problembeschreibung

2.1 Grundlagen

Hub Location Probleme liefern bezüglich eines entsprechenden Anwendungsfalls möglichst gut geeignete Transportnetze eines speziellen Typs: Hub&Spoke-Netzwerke. Diese dienen dazu, *Güter*[27] von ihrem Quell- zu ihrem Zielort zu transportieren. Dabei kann jeder der n Orte sowohl Quelle als auch Ziel zahlreicher Güter mit unterschiedlichem(r) Ziel bzw. Quelle sein. w_{ij} gibt vor, wie viel (innerhalb einer Periode) an Gütern vom Ort i zum Ort j zu transportieren ist. Eine alternative Möglichkeit, die einzelnen Transportleistungen zu erbringen, ist die Verwendung einer direkten Verbindung für jedes Paar von Orten i und j, zwischen welchen Güter zu befördern sind (Direktverkehrsnetz). Bei den betrachteten Problemstellungen ist i.d.R. (fast) von jedem zu jedem Ort etwas zu transportieren, so dass eine große Anzahl an Verbindungen unterhalten werden müsste.[28] Vgl. hierzu auch das in Abbildung 2.1 dargestellte Beispiel mit vier Orten.

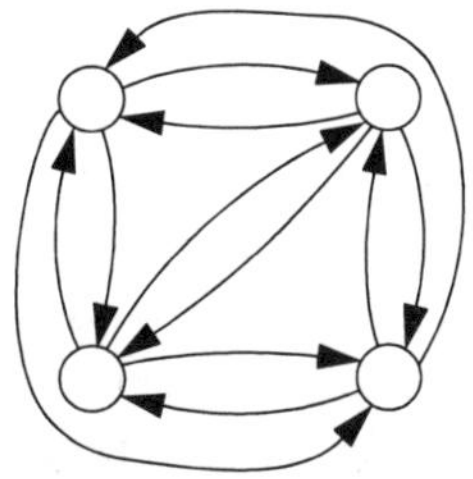

Abb. 2.1: Direktverkehrsnetz

Die große Verbindungsanzahl hat einerseits eine schlechte Auslastung der verwendeten Transportmittel und/oder einen Einsatz von Transportmitteln mit einer geringen Kapazität und hohen (Fix-)Kosten je Kapazitätseinheit zur Folge.[29] Aus den niedrigen Transportmengen ergeben sich hohe Durchschnittstransportkosten (Stückkosten)[30]. Außerdem lassen sich u.U. in Hub&Spoke-Netzwerken auf bestimmten Verbindungen (Teilabschnitten eines Transportes) generell Transportmit-

27 Je nach Anwendungsgebiet sind unterschiedliche Arten von Objekten oder auch Personen zu befördern. Im Folgenden bezeichnen wir diese generell als Güter, auch wenn es sich bei diesen um Personen handelt.

28 Wenn wir davon ausgehen, dass von jedem der n Orte zu jedem anderen Ort etwas zu transportieren ist, so beträgt die Anzahl der Verbindungen $n \cdot (n-1)$.

29 Wenn hinreichend viele Güter zwischen den Quell- und Zielorten zu transportieren sind, dann kann es durchaus sinnvoll sein, auf Direktverbindungen zurückzugreifen. Dies ist insbesondere dann der Fall, wenn nicht für jedes Paar von Orten Güter zu transportieren sind. So gibt es bspw. im Passagierflugverkehr sowohl erfolgreiche Gesellschaften, welche ein Hub&Spoke-Netzwerk unterhalten, als auch solche, die ausschließlich Direktflüge anbieten. Vgl. hierzu O'Kelly (1998a, S. 175 f.).

30 Vgl. Domschke und Scholl (2005, S. 102 f.).

tel mit einer günstigeren Kostenstruktur einsetzen, weil dort die entsprechende Infrastruktur zur Verfügung steht. Kapitel 3 beschäftigt sich tiefergehend mit diesem Aspekt. Andererseits können in Direktverkehrsnetzen aus dem nur geringen Verkehr auf den einzelnen Verbindungen Wartezeiten in den Quellorten entstehen, welche daraus resultieren, dass Transportmittel erst dann eingesetzt werden, wenn eine bestimmte Mindestauslastung gegeben ist. Ferner gibt es Anwendungsfälle, bei denen in Hub&Spoke-Netzwerken auf bestimmten Verbindungen Transportmittel mit einer höheren Geschwindigkeit verwendet werden können. Einen weiteren Faktor stellen u.U. Sortieranlagen dar, die jedes Transportgut (mindestens) einmal durchlaufen muss. In Direktverkehrsnetzen müssten solche in jedem Ort vorgehalten werden. Mehr Details hierzu findet man in Kapitel 4. Wichtig ist bei transportmengenabhängigen Durchschnittstransportkosten bzw. Transportzeiten (einschließlich Wartezeiten), eine hohe Verkehrsdichte auf den einzelnen Verbindungen des Transportnetzwerkes zu erreichen.

Die getrennte Betrachtung der Transportkosten und -zeit ist in der Literatur weit verbreitet, obwohl in Praxisfällen meist beide relevant sind. Liegt bspw. im Extremfall keine Zeitschranke für einen Transport vor, fallen keine nutzungsunabhängigen Kosten (bspw. für den Unterhalt eines Schienennetzes) an und sind auf allen Verbindungen grundsätzlich gleichartige Transportmittel einsetzbar, so ist ein Netz mit Direktverbindungen vorzuziehen. Für jedes Quelle-Ziel-Paar lässt sich die Abfahrt so lange verzögern, bis ein ausreichendes Transportvolumen eingetroffen ist, um ein Transportmittel mit günstigster Kostenstruktur einzusetzen. Unter anderem durch längere Wegstrecken würde ein Hub&Spoke-Netzwerk hier zu erhöhten Kosten führen. Umgekehrt ist auch bei primär zeitbezogenen Problemstellungen unter mehreren bezüglich des Zeitaspektes äquivalenten Lösungen eine kostengünstigere vorteilhaft. In den Kapiteln 3 und 4 gehen wir am Rande auf entsprechende Erweiterungen der Lösungsansätze ein, um auch den jeweils nicht primär fokussierten Aspekt zu berücksichtigen.

Ein Hub&Spoke-Netzwerk lässt sich i.d.R.[31] als stark zusammenhängender Digraph darstellen.[32] Abbildung 2.2 zeigt ein Beispiel für ein solches Netzwerk. Dabei stehen die Knoten für Quell- und Zielorte von zu transportierenden Gütern und eine Kante zwischen zwei Knoten i und j (vereinfachend) für die beiden Verbindungen (Pfeile) von i nach j bzw. von j nach i. Die durch Quadrate dargestellten Knoten haben noch eine

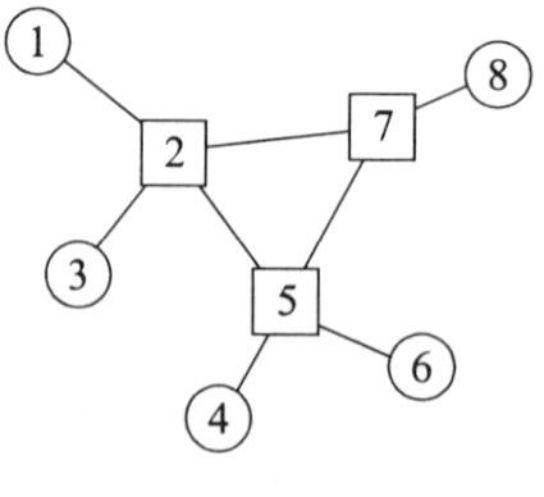

Abb. 2.2: Hub&Spoke Netzwerk

zusätzliche Funktion. Sie sind sogenannte *Hubs* (Naben), die als Umschlagspunkte[33] für Transporte fungieren.[34] Bei einem Transport von einer Quelle i zu einem Ziel j wird das entsprechende Gut zunächst zu einem Hub k befördert, mit dem der Knoten i verbunden ist. Falls es keine Verbindung zwischen dem Hub k und dem Knoten j gibt, erfolgt ein Weitertransport zu einem weiteren Hub m. Anschließend geht es weiter zum Ziel j.[35] In unserem Beispiel erfolgt also der Transport von 3 nach 4 über die Hubs 2 und 5. Die drei Transportabschnitte bezeichnet man als Vor-, Haupt- und Nachlauf.[36] Beim ersten und dritten Abschnitt werden Transportgüter mit unterschiedlichem Ziel bzw. unterschiedlicher Quelle transportiert. Auf dem zweiten Abschnitt können sowohl die Quelle als auch das Ziel verschieden sein. In unserem Beispiel nutzen alle von 3 kommenden Güter die Verbindung von 3 nach 2 und alle für 6 bestimmten Güter die Verbindung von 5 nach 6. Die Verbindung von 2 nach 5 wird u.a. für von 1 nach 4 und von 3 nach 6 zu transportierende Güter verwendet.

2.2 Klassifikationsschema

Beginnend mit O'Kelly (1986) und O'Kelly (1987) sind Hub Location Probleme in den letzten Jahren intensiv untersucht worden. Der erste Ansatz bezieht sich auf die Standortplanung in der Ebene, bei dem jeder Punkt einer Fläche (Ebene) ein möglicher Standort für einen Hub ist.[37] Diesen Ansatz wollen wir im Folgenden nicht weiter betrachten und verweisen lediglich auf Campbell et al. (2002, S. 379 f.). Die zweite Arbeit bezieht sich auf Problemstellungen, in denen die Wahl der Hubstandorte auf eine fest vorgegebene Auswahl begrenzt ist, die meist mit der Menge der Quell- und Zielknoten übereinstimmt. Diese sich als Verallgemeine-

---

31 Eine Ausnahme stellen über mehrere Knoten laufende Direktverbindungen dar (vgl. Abschnitt 2.2.1). Bei diesen kann es notwendig sein, parallele Pfeile zu verwenden, welche sich in einem Digraph nicht abbilden lassen.

32 Zur Definition graphentheoretischer Begriffe (wie Digraph und Pfeil) vgl. Domschke und Drexl (2005, Kap. 3).
In der Literatur (z.B. in Campbell (1994a)) wird zumeist davon ausgegangen, dass sich ein Hub&Spoke-Netzwerk durch einen ungerichteten Graphen darstellen lässt. Es ist allerdings möglich, dass – obwohl Güter über eine Verbindung von i nach j transportiert werden – keine Transporte von j nach i erfolgen. Aus diesem Grunde erscheint es dem Autor sinnvoller, sich gerichteter Kanten (Pfeilen) zu bedienen.

33 Je nach Quelle gibt es auch alternative Bezeichnungen, die zum Teil mit zusätzlichen Charakteristika einhergehen. Als Beispiele seien (Brief-)Zentren (Goldman (1969) bzw. Tumm und Fischer (1994, S. 138)) sowie Sammel- und Verteilpunkte (Pfohl (2004, S. 164)) genannt.

rung des p-Median Problems[38] ergebende Problemstellung wurde bereits zuvor von Goldman (1969) beschrieben.

Abhängig vom Anwendungsgebiet und vom Fokus der Betrachtung gibt es eine große Anzahl an verschiedenen Restriktionen und Zielen, die beim Design eines geeigneten Hub&Spoke-Netzwerkes zu beachten sind. Erste Arbeiten beschäftigten sich mit Problemstellungen, deren unterschiedliche Charakteristika noch relativ einfach anhand der Bezeichnung des Problems, z.B. als „Single Allocation p-Hub Median Problem", beschreibbar waren. Zur Abgrenzung der zahlreicher werdenden Ansätze schlug Campbell (1994a) ein erstes Klassifikationsschema vor, in das sich die bis dahin bekannten Problemstellungen einordnen lassen. In neueren Arbeiten sind auch seinerzeit noch nicht betrachtete Aspekte berücksichtigt. Beispielhaft seien an dieser Stelle die Struktur der Transportkosten sowie die Berücksichtigung von Wartezeiten in Hubs genannt. Deswegen erweitern wir hier das Klassifikationsschema von Campbell (1994a). Der neue Ansatz weist eine gewisse Ähnlichkeit mit den Klassifikationsschemata für die Maschinenbelegungsplanung und für Tourenplanungsprobleme auf, wie sie bspw. in Domschke et al. (1997, Kap. 5) und Domschke (1997, Kap. 5) dargestellt sind. Die Charakteristika werden in unterschiedliche Gruppen unterteilt, in denen ähnliche Eigenschaften zusammengefasst sind. Unberücksichtigt bleiben Hub Location Probleme in der Ebene, da diese im Rahmen der vorliegenden Arbeit nicht weiter untersucht werden. Eine entsprechende Erweiterung ist aber problemlos möglich.

Ein weiterer Klassifikationsansatz für Hub Location Probleme stammt von Campbell et al. (2002). Dieser orientiert sich an einem Vorschlag von Hamacher und Nickel (1998) für die Klassifikation von Standortplanungsproblemen. Er eignet sich insbesondere für die Einordnung der Problemstellungen in einen breiteren Kontext. Allerdings lassen sich hier die für Hub Location Probleme spezifischen Cha-

---

34 Neben dieser Definition für „Hubs" findet man auch andere, die sich bspw. am Passagiervolumen orientieren (US Federal Aviation Administration) oder (weitestgehend) als Synonym für Sortierzentren zu verstehen sind (UPS). Vgl. Phillips (1985, S. 27), Shaw (1993, S. 47 f.) sowie O'Kelly und Miller (1994, S. 31 f.).

35 i und j stehen, soweit nicht anderweitig gekennzeichnet, für die Quelle oder das Ziel eines Transportes oder für beliebige Knoten sowie k und m für (potentielle) Hubs. Es gilt stets $i, j, k, m \in \{1, 2, \ldots, n\}$.

36 Vgl. Wolf (1997, S. 1091), Wlcek (1998, S. 28 f.) und Pfohl (2004, S. 164).

37 Da die Wahl der Hubstandorte bei der Gestaltung eines Hub&Spoke-Netzwerkes von zentraler Bedeutung ist, ordnet man die Hub Location Probleme der Standortplanung zu. Vgl. z.B. Domschke und Krispin (1999).

38 Vgl. Domschke und Drexl (1996, S. 45 ff.).

rakteristika vieler neuerer Ansätze kaum oder zumindest nicht sehr übersichtlich darstellen.

Hub&Spoke-Netzwerke kommen auch bei der Gestaltung von *Kommunikationsnetzwerken* zum Einsatz. Die damit verbundenen Optimierungsprobleme unterscheiden sich aber zum größten Teil deutlich von denen für den Anwendungsfall der Logistik. So spielen dort variable Transportkosten i.d.R. keine Rolle, dafür aber Kapazitätsrestriktionen und Fixkosten für Verbindungen. Entsprechend dem Fokus der vorliegenden Arbeit, gehen wir nicht weiter auf das Design von Kommunikationsnetzwerken ein. Wir beschränken uns darauf, mit Klincewicz (1998) auf einen entsprechenden Übersichtsartikel zu verweisen.

Das nachstehend vorgestellte Klassifikationsschema unterscheidet fünf Kategorien von Charakteristika: Netztopologie, Hubcharakteristika, Verbindungscharakteristika, Quelle-Ziel-Charakteristika sowie Zielsetzung. Für die gängigsten Merkmale führen wir Abkürzungen ein, damit sich im Anschluss ein Problem kurz und prägnant beschreiben lässt (siehe Tabellen 2.1 - 2.7).

2.2.1 Netztopologie

Die Hubs bilden zusammen mit den zwischen ihnen existierenden Verbindungen das sogenannte *Hubnetz*. Das Hubnetz kann unterschiedliche Topologien aufweisen. Möglich sind eine Ringstruktur, eine Baumstruktur und der am häufigsten untersuchte Fall des vollständigen Digraphen. Auch anderweitige Strukturen sind denkbar.

Bezeichner	**Beschreibung**
TREE	Baumtopologie
RING	Ringtopologie
COMP	vollständiger Digraph (Standardfall)
GEN	allgemeiner Graph

Tabelle 2.1: Hubnetztopologie

Bei einer Baumstruktur gibt es für jedes Paar von Hubs genau einen Weg, um vom einen Hub zum anderen zu gelangen. Gibt es eine Verbindung von k nach m, so existiert auch eine in der umgekehrten Richtung. Bei einer Ringtopologie gibt es für jeden Hub genau eine Verbindung, welche in diesen hinein-, und genau eine, die aus ihm herausführt. Es existiert ein geschlossener Zyklus, der alle Hubs umfasst. Im Fall eines vollständigen Digraphen hat man für jedes Paar von Hubs eine (direkte) Verbindung. In der Regel muss es auch bei einem allgemeinen Graphen möglich sein, jeden Hub über das Hubnetz von jedem anderen Hub aus zu erreichen. Es gibt allerdings Topologien des die Knoten mit dem Hubnetz verbindenden *Zugangsnetzes*, bei denen dies nicht erforderlich ist. Auch bei einem entsprechenden Einsatz von Direktverbindungen zwischen Nichthubs kann man auf diese Eigenschaft verzichten. Die verschiedenen Topologien sind in Abbildung 2.3 schematisch dargestellt.

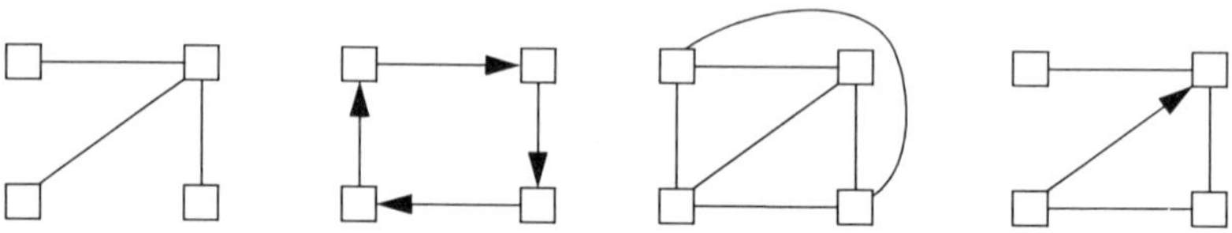

Abb. 2.3: Topologien des Hubnetzes

Beim Zugangsnetz ist zunächst zu unterscheiden, ob die Knoten direkt an das Hubnetz angeschlossen sind oder ob diese über Wege angebunden sein können, welche über andere Knoten als Zwischenstationen führen. Diese Zwischenstationen sind im Gegensatz zu den Hubs keine Umschlagsknoten. Ein Wechsel des Transportmittels findet hier nicht statt.

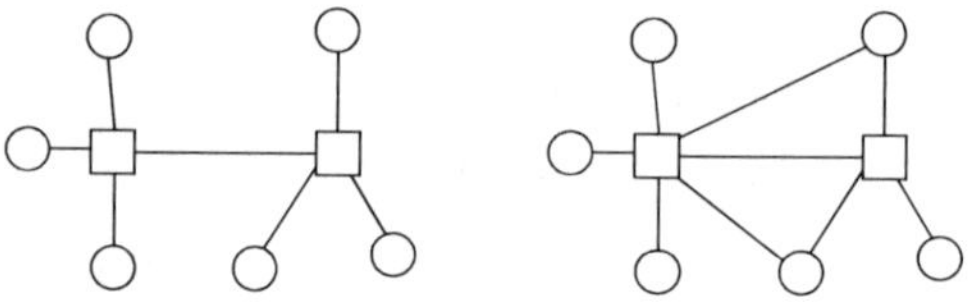

Abb. 2.4: Direkte Anbindung von Knoten an Hubs

Zunächst gehen wir davon aus, dass die Knoten direkt mit den Hubs verbunden sind. Die entsprechenden Kanten bezeichnet man als *Spokes*.[39] Auch hier sind unterschiedliche Topologien möglich: *Single* und *Multiple Allocation*. Im ersten Fall ist einem Knoten i genau ein Hub k zugeordnet. Sämtliche Güter, die aus dem Knoten i kommen bzw. zu ihm zu transportieren sind und unter Verwendung des Hubnetzes abgewickelt werden, setzen auf ihrem ersten bzw. letzten Transportabschnitt die Verbindung (i, k) bzw. (k, i) ein. Im zweiten Fall gibt es keine solche Festlegung. Ein Knoten kann Verbindungen zu beliebig vielen Hubs haben bzw. von diesen aus über eine Verbindung bedient werden. Dadurch lässt sich i.d.R. die Transportstrecke von der Quelle zum Ziel verkürzen. Die Single Allocation - Topologie hingegen hat den Vorteil einer stärkeren Bündelung

39 Betrachtet man isoliert nur einen Hub und die mit ihm direkt verbundenen Nichthubs, so hat der Graph die Struktur eines Rades. Der Hub befindet sich in der Mitte und die Spokes (Speichen) laufen sternförmig auf den Hub zu bzw. von diesem fort.

der Verkehrsflüsse auf den Spokes. Abbildung 2.4 zeigt Beispiele für die beiden Topologien.

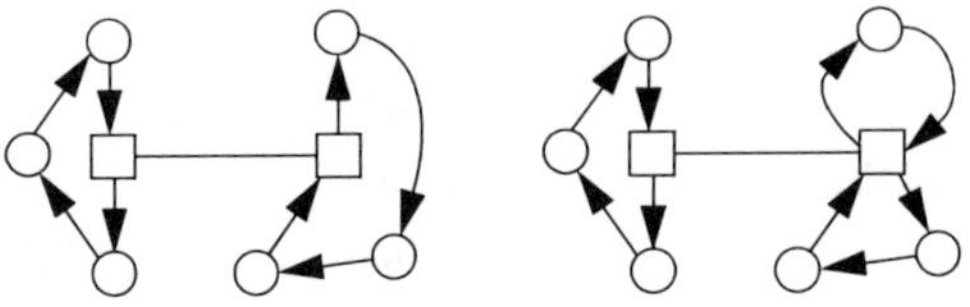

Abb. 2.5: Anbindung von Knoten über Rundreisen

Bei einer indirekten Anbindung von Knoten können wir ebenfalls zwischen einem Single und einem Multiple Allocation - Fall unterscheiden. Im ersten erfolgt der Zugang zum Hubnetz über genau einen Hub. Im zweiten Fall gibt es keine derartige Einschränkung. Ein Sonderfall der Single Allocation - Anbindung stellt die Rundreise dar. Die einem Hub zugeordneten Knoten werden jeweils durch eine Rundreise an das Hubnetz angebunden. Denkbar ist auch die Bedienung durch mehrere Rundreisen, wobei jeder Knoten in genau einer solchen enthalten ist (siehe Abbildung 2.5). Ferner gibt es die Möglichkeit, dass die einem Hub zugeordneten Knoten eine oder mehrere Ketten bilden, wobei für jeden Pfeil einer Kette auch einer in die Gegenrichtung existiert. Neben weiteren Anbindungsmöglichkeiten im Single Allocation - Fall gibt es auch für den Multiple Allocation - Fall eine Vielfalt an Variationsmöglichkeiten, auf die wir nicht näher eingehen.

Bezeichner	Beschreibung
SA	Single Allocation (direkt)
MA	Multiple Allocation (direkt)
SA-C	Single Allocation (direkt), Partition der Knoten in Cluster ist vorgegeben

Tabelle 2.2: Zugangsnetztopologie

Die Wahl der Hubs und die Zuordnung ist u.U. zusätzlich durch eine vorgegebene Unterteilung der Knoten in p unterschiedliche Cluster (Partition) eingeschränkt. Jeder Knoten ist hier genau einem Cluster zugeordnet. Je Cluster ist ein Hub zu wählen und alle Knoten eines Clusters sind diesem zuzuordnen (Single Allocation).

Neben der betrachteten zweistufigen Gliederung des Netzes (Hubnetz und Zugangsnetz) gibt es Netze mit mehr als zwei Gliederungsebenen. Diese lassen sich grundsätzlich durch eine Erweiterung des Klassifikationsschemas berücksichtigen. Aus Gründen der Übersichtlichkeit verzichten wir allerdings hierauf.[40]

40 Vgl. aber Wlcek (1998), Wasner und Zäpfel (2004) sowie Campbell et al. (2002, S. 380).

In manchen Anwendungen müssen nicht alle Transporte unter Verwendung des Hubnetzes durchgeführt werden. Vielmehr sind *Direktverbindungen* zwischen Nichthubknoten i und j erlaubt. Auch hier ist wie schon beim Zugangsnetz zwischen der Verwendung einer einzelnen direkten Verbindung (i, j) und einem entlang anderer Nichthubs führenden Weg von i nach j zu unterscheiden. Die Zwischenstationen haben keine Hubfunktionalität. Somit können in ihnen Güter zwar zu- oder abgeladen werden, aber ein Umladen auf andere Transportmittel erfolgt nicht. Aus diesem Grund gibt es nur vergleichsweise geringe Bündelungseffekte auf den entsprechenden Verbindungen.

Bezeichner	Beschreibung
D	Direktverbindungen (ohne Zwischenstationen)
p	Anzahl Hubs vorgegeben[a]
q	Anzahl Kanten des Hubnetzes vorgegeben

Tabelle 2.3: Sonstige Netztopologiecharakteristika

a. Zusätzliche Einschränkungen sind möglich wie bspw. $p \leq 3$. In diesem Fall ist die Anzahl der Hubs fest vorgegeben und übersteigt nicht die Zahl 3.

Weitere Eigenschaften des zu bildenden Netzwerkes sind die *Anzahl der einzurichtenden Hubs p* sowie die *Anzahl der Kanten*[41] *des Hubnetzes q*.

2.2.2 Hubcharakteristika

Den (potentiellen) Hubs eines Problems lassen sich kostenbezogene, wartezeitbezogene und kapazitätsbezogene Eigenschaften zuordnen.

Kosten für die Verwendung eines Knotens als Hub sind *mengenabhängig* oder *fix*. Mengenabhängige Kosten können proportional zu der durch den Hub fließenden Menge sein (und damit mengenunabhängige/konstante Stückkosten/ Durchschnittskosten aufweisen) oder sich nur durch eine nicht linear-homogene Funktion abbilden lassen.[42] Die dabei relevante Menge kann aus derjenigen bestehen, die in den Hub hinein-, aus ihm heraus- oder durch ihn hindurchfließt.[43]

Bezeichner	Beschreibung
FC	Fixkosten
VC	proportionale Kosten
VC-NLH	nicht linear-homogene variable Kosten
CAP	Kapazitätsbeschränkung

Tabelle 2.4: Hubcharakteristika

41 Eine Kante steht hierbei für eine Verbindung (i, j) und die dieser entgegengesetzten Verbindung (j, i).

42 Eine Funktion $f: \mathbb{R} \to \mathbb{R}$ ist linear-homogen, wenn $f(r \cdot x) = r \cdot f(x)$ für alle $x, r \in \mathbb{R}$. Vgl. Opitz (2004, S. 392).

Die Fixkosten entstehen durch das Vorhalten von Infrastruktur für das Umladen und Zwischenlagern von Gütern und die von der zu bearbeitenden Menge unabhängigen Kosten durch Umlade- bzw. Lagerhaltungsprozesse.

Wartezeiten in Hubs können durch Umladevorgänge ausgelöst werden. Diese hängen eventuell von der zu transportierenden Menge ab. Mengenabhängige Wartezeiten entstehen bspw. durch Warteschlangen, wie sie im Flugverkehr zu beobachten sind. Sind die Landekapazitäten knapp bemessen, so müssen Flugzeuge Warteschleifen drehen. Die Wartezeit steigt dabei überproportional mit der Auslastung an. Während bei einer geringen Auslastung so gut wie keine derartigen Verzögerungen eintreten, nehmen diese ab einem bestimmten Auslastungsgrad stark zu.

Unter Umständen reichen die in einem Hub für Umladungen/Bearbeitung vorgehaltenen Ressourcen nicht für eine beliebige Menge an Gütern aus.[44] Es gibt also eine fixe *Kapazitätsgrenze*. Variable Kapazitätsgrenzen, die sich unter Inkaufnahme zusätzlicher Kosten erweitern lassen, können wir über eine entsprechende nicht linear-homogene Kostenfunktion abbilden.

2.2.3 Verbindungscharakteristika

Für die Verwendung von Verbindungen fallen i.d.R. *Transportkosten* an. Diese sind bei den von uns betrachteten Problemen meist *mengenabhängig/variabel*. Es lässt sich dabei zwischen mit der Menge proportional steigenden Kosten (konstanten Durchschnitts-/Einheitstransport-/Stückkosten) und anderen Funktionsverläufen (nicht linear-homogene Kosten) unterscheiden. Einen großen Vorteil der Hub&Spoke-Netzwerke stellen die Möglichkeit der Bündelung von Verkehrsflüssen und damit einhergehende Kostenersparnisse dar. In vielen Anwendungsbereichen lassen sich durch unterproportional mit der Menge ansteigende Transportkosten Ersparnisse erzielen. Eine solche Kostenstruktur kann meist nur näherungsweise in einem Optimierungsmodell mit linearer Zielfunktion und linearen Nebenbedingungen abgebildet werden. Aus diesem Grund sind hauptsächlich Ansätze in der Literatur vertreten, welche die Kosten in Abhängigkeit vom *Verbindungstyp* (Quelle-Hub, Hub-Hub, Hub-Ziel, Quelle-Ziel) wählen. Dabei kommen auf jedem

---

43 Da ein Hub auch Quelle und Ziel von Transporten sein kann, ist diese Unterscheidung nötig.

44 Auch hier kommen als Bezugsgrößen die hinein-, hindurch- und hinausfließenden Transporte in Betracht. Vgl. hierzu bspw. Campbell (1994b) vs. Ebery et al. (2000). Wir führen aus Übersichtlichkeitsgründen nicht für jede Variante einen Bezeichner ein (vgl. Tabelle 2.4).

Abschnitt meist proportional von der Menge abhängige Kosten zum Einsatz. Es wird pauschal unterstellt, dass die Stückkosten auf Verbindungen zwischen Hubs günstiger sind als die auf anderen Verbindungen, weil höhere Transportmengen zu erwarten sind oder sich aufgrund der dort vorgehaltenen Infrastruktur eine andere Kostenstruktur ergibt. Bei jedem Typ von Verbindung wird für die Transportkosten die Gültigkeit der Dreiecksungleichung[45] unterstellt. Ein direkter Transport vom Hub k zum Hub m ist so nicht teurer als der über einen dritten Hub. Teilweise unterstellen die Autoren von der Menge direkt abhängige konkave Kostenverläufe, welche sie näherungsweise durch (zumeist auf Hub-Hub-Verbindungen beschränkte)[46] *stückweise Linearisierung*[47] einbeziehen.

Ferner fallen je nach Anwendungsgebiet *Fixkosten* für die Verwendung einer Verbindung an, welche z.B. durch die Bereitstellung entsprechender Infrastruktur wie einer Datenleitung in Telekommunikationsnetzwerken entstehen.[48]

Verbindungen sind – abgesehen von Telekommunikationsnetzwerken – in den meisten Fällen als *unkapazitiert* unterstellt. Es sind allerdings Fälle denkbar, in denen die dort transportierte Menge eine vorgegebene Grenze nicht überschreiten darf.[49] Zur Vermeidung von Lösungsanomalien wird vorgeschlagen, dass (bestimmte) Verbindungen nur dann einsetzbar seien sollten, wenn diese eine vorgegebene Mindestmenge überschreiten. Alternativ werden auch die Kosten pro Mengeneinheit für eine Verbindung zwischen Hubs beim Erreichen einer Mindesttransportmenge niedriger angesetzt.[50] Es kommen also spezielle stückweise linearisierte Kosten zum Einsatz.

45 Vgl. Domschke und Drexl (2005, S. 143).

46 Für andere Verbindungen wird dann eine Kostenfunktion mit konstanten Stückkosten angenommen.

47 Bei der stückweisen Linearisierung wird die Funktion durch eine in mehrere Abschnitte aufteilbare Funktion approximiert, wobei sie innerhalb jedes Abschnittes eine konstante Steigung aufweist. Vgl. Domschke und Drexl (2005, S. 206 ff.).

48 In diesem Fall sind Fixkosten meist nicht direkt einer einzelnen Verbindung (i,j), sondern gemeinsam den Verbindungen (i,j) und (j,i) zuzuordnen.

49 Unter Umständen teilen sich jeweils Hin- und Gegenrichtung (i,j) und (j,i) eine gemeinsame Kapazität.

50 Vgl. Abschnitt 3.1.3 und Podnar et al. (2002).

Bezeichner	Beschreibung
FC	Fixkosten; Zusätze zur Einschränkung des Typs der Verbindung: -OH, -HH, -HD, -OH-HD, -OD (Quelle-Hub, Hub-Hub, Hub-Ziel, gemeinsam für Quelle-Hub- und entgegengesetzte Hub-Ziel-Verbindung, Quelle-Ziel-Verbindung)
VC	variable Kosten; Zusätze wie unter FC und zusätzlich nach der Kostensstruktur (ohne Zusatz: proportional): -NLH, -SL (nicht linear-homogen, stückweise linear)
CAP	Kapazitätsbeschränkung; Zusätze wie unter FC und zusätzlich zur Art der Beschränkung: -MIN, -MAX (Mindestgrenze, Höchstgrenze)
TT	Transportzeit; Zusätze (ohne: mengenunabhängige Transportzeit): -VD, -ST (mengenabhängige Verzögerung, nur ein Transport innerhalb des Betrachtungszeitraums)

Tabelle 2.5: Verbindungscharakteristika

Einige Arbeiten berücksichtigen Zeiten für den Transport der Güter. Dabei stehen Warte- und Transportzeiten im Vordergrund, die sich Verbindungen zuordnen lassen. *Transportzeiten i.e.S.*[51] fallen durch den physischen Transport an. Diese sind weitestgehend mengenunabhängig und werden i.d.R. als durch die Länge der Strecke determiniert angenommen.[52] Aus verschiedenen Gründen können allerdings *Wartezeiten* auftreten, die sich einer Transportverbindung zuordnen lassen. Unterstellt man, dass innerhalb eines Planungszeitraumes für jede Verbindung genau ein Transport durchgeführt werden darf (oder mehrere, die aber zum gleichen Zeitpunkt starten müssen), so kann ein Transport vom Knoten k zu einem Knoten m erst dann starten, wenn alle auf der Verbindung (k, m) zu transportierenden Güter sich bereits im Knoten k befinden. Gilt die Full-Cross-Traffic Assumption[53], so kann man eine solche Verzögerung auch dem Hubknoten[54] k zuordnen, da der frühestmögliche Startzeitpunkt für alle von k ausgehenden Verbindungen gleichen Typs identisch ist.

Unterstellt man, dass die Abfahrtszeiten von Transportmitteln aus unterschiedlichen Gründen nicht oder zumindest nur bedingt aufeinander abgestimmt sind, so entstehen auch in Quellknoten und Hubs Wartezeiten, die sich einzelnen Verbin-

51 Zur Transportzeit i.w.S. vgl. Abschnitt 4.1.2.

52 Die Transportzeit i.e.S. muss nicht proportional zur Weglänge sein. Die Modelle und Lösungsansätze in der Literatur sind auch dann anwendbar, wenn kein proportionaler Zusammenhang besteht. Auch hier wird davon ausgegangen, dass die Dreiecksungleichung gilt.

53 Vgl. Abschnitt 2.2.4.

54 Man beachte, dass auf Quelle-Hub-Verbindungen ohnehin keine derartigen Verzögerungen entstehen können.

dungen zuordnen lassen. Aus Komplexitätsgründen ist es allerdings nicht möglich, einzelne Fahrzeuge bei der Betrachtung des strategischen Optimierungsproblems explizit zu berücksichtigen. Näherungsweise kann man diesem Sachverhalt durch die Verwendung von *mengenabhängigen Transportzeiten* Rechnung tragen, welche mit größeren Mengen abnehmen. Durch eine höhere Auslastung von Transportverbindungen sind auch Verzögerungen denkbar, die durch Staueffekte entstehen. Diese lassen sich ebenfalls durch – hier monoton steigende – mengenabhängige Transportzeiten darstellen.[55]

2.2.4 Quelle-Ziel-Charakteristika

Für ein Netzwerk sind verschiedene zusätzliche, güterbezogene Eigenschaften denkbar. Zumeist wird davon ausgegangen, dass der Transport über höchstens zwei Hubs verlaufen darf.[56] Die Mehrzahl der Arbeiten unterstellt, dass für die Durchschnittstransportkosten bzw. Transportzeiten eines Verbindungstyps die Dreiecksungleichung gilt, Transportkosten proportional zur Transportmenge zunehmen bzw. Transportzeiten mengenunabhängig sind und das Hubnetz einen vollständigen Digraphen bildet. Unter diesen Annahmen gibt es stets eine optimale Lösung, in der kein Gut über mehr als zwei Hubs hinweg transportiert wird. Allgemein bezeichnen wir Hub&Spoke-Netzwerke, bei denen Transportrouten entlang mehrerer Hubs verlaufen können, als *Multi-Hub-Netze*.[57]

Bezeichner	**Beschreibung**
H1, H2, ..., H∞	1, 2, ..., ∞ Hubs als Zwischenstationen erlaubt; ohne explizite Angabe gilt H2
TL/ITL	für alle Quelle-Ziel-Paare gibt es eine gemeinsame/individuelle Zeitschranke für die Transportdurchführung
NFCTA	Full-Cross-Traffic Assumption gilt nicht

Tabelle 2.6: Quelle-Ziel-Charakteristika

In einigen Netzen darf der Transport von der Quelle zum Ziel über lediglich einen Hub erfolgen. Im transportkostenfokussierten Fall lässt sich diese Art von Problemstellung allerdings leicht auf das wohlbekannte Warehouse Location Problem (in der Literatur auch als Facility Location Problem bezeichnet) bzw. das p-Median Problem reduzieren. Dabei wird jedes Paar von Knoten als Kunde und jeder

55 Vgl. Abschnitt 4.1.5.

56 Start- und Zielknoten werden dabei mitgezählt. Sind also bspw. sowohl Start- als auch Zielknoten Hubs, so ist kein dritter Hub als Zwischenstation erlaubt.

57 Vgl. Mayer (2001, S. 12 f.).

Hub als potentieller Standort für ein Lager betrachtet.[58] Für diese Probleme gibt es eine Fülle an Lösungsverfahren. Als Einstiegsliteratur seien an dieser Stelle Schildt (1994), Domschke und Drexl (1996, Kap. 3) sowie Klose und Drexl (2005) empfohlen.

Weiterhin sind teilweise *Zeitschranken*[59] für die Durchführung von Transporten zu berücksichtigen. Dabei können sowohl Verzögerungen in den Knoten als auch solche eine Rolle spielen, die Verbindungen zuzuordnen sind. Die Zeitschranke kann entweder für jedes Quelle-Ziel-Paar individuell oder für alle gleich gewählt werden.

In der Regel geht man in der Literatur davon aus, dass für jedes Paar von Knoten Güter zu transportieren sind. Kara und Tansel (2001, S. 1410) bezeichnen dies als *Full-Cross-Traffic Assumption.* Bei einigen zeitfokussierten Problemstellungen ermöglicht das Vorliegen der Full-Cross-Traffic Assumption, auch andere (schnellere) Lösungsansätze anzuwenden. Eine häufig unterstellte Ausnahme gibt es lediglich für den Transport von einem Knoten zu sich selbst. Der in Abschnitt 3.3.2.6 verwendete CAB-Datensatz sieht für diesen Fall keinen Transport vor. Dies ist aber nicht immer sinnvoll. Sind ausschließlich in Hubs Sortieranlagen vorhanden, die von jedem transportierten Gut durchlaufen werden müssen, so sind alle Güter zunächst zu einem Hub zu transportieren, auch wenn sie anschließend wieder zu ihrem Ursprungsort zurückbefördert werden.

2.2.5 Zielsetzung

Das in den meisten Arbeiten verfolgte Ziel ist die Minimierung der Kosten. Dabei sind die schon zuvor dargestellten hub- und/oder verbindungsbezogenen Kosten zu berücksichtigen. Ist die Anzahl der einzurichtenden Hubs vorgegeben, liegen proportionale Transportkosten auf Verbindungen vor und ist als Hubnetz ein vollständiger Digraph unterstellt, so spricht man von *p-Hub Median Problemen.* Ist hingegen die Anzahl der gewünschten Kanten – eine Kante steht für eine Verbindung (k, m) und die Verbindung in die Gegenrichtung (m, k) – im Hubnetz vorgegeben, so bezeichnet man das dazugehörige Problem als *Hub Arc Location Problem.*[60]

---

58 Vgl. Sasaki et al. (1999, S. 1413 f.).

59 In einigen Arbeiten, z.B. in Campbell (1994b), findet man auch die Annahme einer Obergrenze der Kosten pro Mengeneinheit für die Route eines Quelle-Ziel-Paares. Es ist allerdings schwierig, hierfür einen Anwendungsfall zu finden. Die in diesen Arbeiten vorgestellten Ansätze behandeln wir im Folgenden wie zeitrestringierte Problemstellungen.

Nach Mayer (2001, S. 78) handelt es sich um ein *Hub Location Problem i.e.S.*, wenn im Unterschied zum *p-Hub Median Problem* Fixkosten für die Einrichtung von Hubs zu berücksichtigen sind und es keine Beschränkung der Anzahl an Hubs gibt. Der Begriff *Hub Location Problem i.w.S.*[61] steht allgemeiner für Probleme, bei denen Standorte für Hubs zu bestimmen sind.

Werden in der Zielfunktion lediglich Fixkosten für Hubs oder die Anzahl der Hubs berücksichtigt und in den Nebenbedingungen Zeitschranken für Quelle-Ziel-Paare vorgegeben, so handelt es sich um *Hub Covering Probleme*. Campbell (1994b) ordnet auch die Maximierung der „abgedeckten" Transportmenge den Hub Covering Problemen zu. Dabei sind sowohl die Anzahl der Hubs als auch eine Zeitschranke für Quelle-Ziel-Paare vorgegeben. Nur solche Quelle-Ziel-Paare bzw. deren Transportmengen gelten als *abgedeckt*, deren Transportzeit (i.e.S.) die vorgegebene Schranke nicht überschreitet. Marianov et al. (1999) betrachten das im Kern gleiche Problem in einem anderen Anwendungsumfeld und geben ein dazugehöriges Hub Location Competitive Model an.

Einige Autoren betrachten zeitbezogene Zielsetzungen. Hier kann es darum gehen, die Summe der Transportzeiten oder die maximale Transportzeit für einzelne Quelle-Ziel-Paare zu minimieren.[62] Der zweite Fall wird als *p-Hub Center Problem* bezeichnet.

Kara und Tansel (2001) beschäftigen sich mit zeitbezogenen Zielsetzungen bei einem Single Allocation - Zugangsnetz. Hier geht es hauptsächlich darum, die Ankunftszeit des letzten Gutes (Center-Variante) bzw. die Anzahl der Hubs unter Beachtung einer vorgegebenen spätesten Ankunftszeit (Cover-Variante) zu minimieren. Dabei ist zu berücksichtigen, dass eine Verbindung innerhalb eines Planungshorizontes nur ein einziges Mal bedient werden kann und die Full-Cross-Traffic Assumption gilt. Die Autoren bezeichnen diese Art von Problemstellung als *Latest Arrival Hub Location Problem*. Wagner (2004d) zeigt allerdings, dass sich sowohl die Center- als auch die Cover-Variante auf das „klassische" Hub Center bzw. Covering Problem reduzieren lassen.

---

60 Vgl. Campbell et al. (2002).

61 „Hub Location Problem" ohne weiteren Zusatz steht in der vorliegenden Arbeit für „Hub Location Problem i.w.S.".

62 Analog zur Fußnote 59 gibt es auch hier Autoren wie O'Kelly und Miller (1991), die statt der Zeit die Transportkosten pro Mengeneinheit berücksichtigen. Wir ordnen diese Arbeiten den Ansätzen mit zeitbezogener Zielsetzung zu.

Um die Problemcharakteristika besser erfassen und auch zukünftig zu betrachtende Probleme besser einordnen zu können, weichen wir in unserem Klassifikationsschema von den obigen in der Literatur verwendeten Bezeichnungen ab. Jene verbinden mit der Beschreibung des Optimierungszieles zugleich andere Charakteristika. Ein Hub Location Problem i.e.S. und ein p-Hub Median Problem beziehen sich bspw. auf die gleiche Zielsetzung. Sie weichen lediglich in der Netztopologie und bei den Hubcharakteristika voneinander ab. Das Optimierungsziel der Kostenminimierung ist identisch.

Wir unterscheiden drei Optimierungsziele. Das meistbetrachtete ist die *Minimierung der Kosten.* Welche Kosten dabei zum Tragen kommen, ergibt sich aus Verbindungs- und Hubcharakteristika. Die Minimierung der *Anzahl an Hubs* stellt einen Spezialfall der Kostenminimierung dar, bei dem allen Hubs gleiche (positive) Einrichtungskosten zugeordnet werden.

Bezeichner	Beschreibung
MC	Kostenminimierung
MMT	Minimierung der maximalen Transportzeit
MF	Maximierung der abgedeckten Transportmenge

Tabelle 2.7: Zielsetzung

Ein weiteres Ziel ist, die *maximale Zeit zu minimieren*, welche für den Transport zwischen Quelle-Ziel-Paaren benötigt wird. In der Regel ist dieses Ziel verbunden mit einer fest vorgegebenen Anzahl einzurichtender Hubs. Eine vorgegebene Anzahl an Hubs lässt sich als Budgetrestriktion interpretieren, wenn man davon ausgeht, dass nur für die Einrichtung von Hubs Kosten entstehen und diese für jeden Standort identisch sind. Ferner gibt es das Ziel, die *abgedeckte Transportmenge zu maximieren.* Hierbei ist in der Literatur neben maximalen Transportzeiten für Quelle-Ziel-Paare (siehe Quelle-Ziel-Charakteristika) auch die Anzahl einzurichtender Hubs vorgegeben. Kombinierbar ist diese Zielsetzung allerdings auch mit einer fest vorgegebenen Anzahl an Kanten q zwischen Hubs.

2.2.6 Kurzschreibweise für Probleme

Mit Hilfe der zuvor eingeführten Charakteristika und den in den Tabellen 2.1 - 2.7 dargestellten Abkürzungen können wir eine Kurzschreibweise für Probleme einführen:

[Netztopologie | Hubcharakteristika | Verbindungscharakteristika | Quelle-Ziel-Charakteristika | Zielsetzung]

Dabei geben wir für jede Kategorie die zutreffenden Charakteristika an. Ist nichts Gegenteiliges spezifiziert, so unterstellen wir für die Hubnetztopologie einen vollständigen Digraphen und die Gültigkeit der Full-Cross-Traffic Assumption. Geben wir an, dass ein Lösungsansatz auf ein kapazitiertes Problem oder ein solches mit nicht linear-homogenen Kosten anwendbar ist, so bedeutet dies nicht (notwendigerweise), dass es sich für jede Art von Kapazitätsrestriktionen oder nicht proportionalen Kosten eignet. Vielmehr wird damit nur verdeutlicht, dass spezielle Varianten von kapazitierten Problemstellungen bzw. spezielle (bspw. nur konkave) nicht linear-homogene Kostenfunktionen berücksichtigt werden.

[SA, p | FC | VC | | MC] steht bspw. für ein Problem mit zu minimierenden Kosten. Als Kostenbestandteile kommen hier sowohl Fixkosten für die Einrichtung von Hubs als auch variable Transportkosten mit mengenunabhängigen Durchschnittstransportkosten zum Tragen. Bezüglich der Netztopologie ist vorgegeben, dass das Hubnetz einen vollständigen Digraphen bildet (da keine andere Topologie spezifiziert ist), jeder Knoten genau einem Hub zugeordnet und eine fest vorgegebene Anzahl an Hubs einzurichten ist. Neben der Full-Cross-Traffic Assumption – die ohne Zeitbezug aber nicht ins Gewicht fällt – sind keine besonderen Quelle-Ziel-Charakteristika zu berücksichtigen.

2.3 Literaturübersicht

Angesichts der Fülle an entsprechenden Arbeiten verzichten wir auf einen umfassenden Literaturüberblick und verweisen diesbezüglich auf Übersichtsarbeiten. Neben den neueren Arbeiten von Bryan und O'Kelly (1999), Mayer (2001) und Campbell et al. (2002) seien auch die schon etwas älteren Übersichtsartikel von Campbell (1994a), O'Kelly und Miller (1994) und Klincewicz (1998) genannt.

Unsere Literaturübersicht umfasst nur solche Arbeiten, die sich mit der Beschreibung von Lösungsverfahren beschäftigen. Hierzu zählen wir auch jene, die mathematische Modelle mit einer linearen Zielfunktion, linearen Nebenbedingungen sowie nichtnegativen kontinuierlichen und binären Entscheidungsvariablen (gemischt-binäre Optimierungsmodelle[63]) angeben. Diese lassen sich unmittelbar unter Verwendung einer entsprechenden Standardsoftware lösen, wie dem bei den Rechentests in den Kapiteln 3 und 4 eingesetzten Cplex von ILOG oder Xpress-MP von Dash Optimization. Zu jeder Arbeit geben wir mit Hilfe der in Abschnitt 2.2.6 eingeführten Kurzschreibweise an, welche Probleme behandelt werden, und ferner, ob das zum Lösen eingesetzte Verfahren eine Heuristik (**H**) oder ein exaktes Verfahren (**O**) ist. Rein modellbasierte Herangehensweisen zählen dabei auch zu den exakten Verfahren.

---

63 Vgl. Klein und Scholl (2004, S. 44).

Campbell (1994b): [MA, p | | TT | | MMT] O; [MA, p | | TT, CAP-OH-HD-MIN | | MMT] O; [SA, p | | TT | | MMT] O; [MA | FC | TT | ITL | MC] O; [MA, p | | TT | ITL | MF] O; [SA | FC | TT | ITL | MC] O; [SA, p | | TT | ITL | MF] O
Ernst et al. (2002): [SA, p | | TT | | MMT] H, O; [MA, p | | TT | | MMT] H, O
Ernst et al. (2005): [SA | FC | TT | TL | MC][a] O; [MA | FC | TT | TL | MC][a] O
Kara und Tansel (2000): [SA, p | | TT | | MMT] O
Kara und Tansel (2001): [SA, p | | TT-ST | | MMT][b] O
Kara und Tansel (2003): [SA | FC | TT | TL | MC][a] O
Marianov et al. (1999): [MA, p | | TT | ITL | MF] H, O
Pamuk und Sepil (2001): [SA, p | | TT | | MMT] H
Wagner (2004a): [SA | FC | TT | TL | MC][a] O; [SA | FC | TT-VD | TL | MC][a] O; [MA | FC | TT | TL | MC][a] O
Wagner (2004b): [MA, p | | TT | ITL | MF] O
Wagner (2004c): [SA | FC | TT-VD | TL | MC][a] O; [SA | FC | VC, TT-VD | TL | MC] O

Tabelle 2.8: Zeitfokussierte Probleme

a. Bei den vorgestellten Modellen fallen für alle Hubs Einrichtungskosten von 1 an.

b. Wagner (2004d) zeigt, dass dieses Problem äquivalent zum Problem [SA, p | | TT | | MMT] ist.

Auf einen umfassenden Vergleich der verschiedenen Lösungsansätze verzichten wir aus zwei Gründen: Zum einen sind die Rechentests – soweit solche angegeben sind – oft nicht direkt vergleichbar, weil sie bspw. unter Einsatz gänzlich unterschiedlicher Hard- und Software durchgeführt wurden. Zum anderen ist die Vorteilhaftigkeit eines Verfahrens gegenüber einem anderen, welche noch vor einigen Jahren bestand, heute u.U. aufgrund weiterentwickelter Computersysteme und Optimierungssoftware[64] nicht mehr gegeben. Ein Beispiel hierfür findet sich in Abschnitt 3.3.1.

Tabelle 2.8 enthält die Arbeiten, welche sich mit zeitfokussierten Problemstellungen befassen. Mit einer Ausnahme gehen sie alle von mengenunabhängigen Transportzeiten aus. Die kostenminimierenden Problemstellungen unterstellen zumeist fast ausschließlich Hubeinrichtungskosten von 1, so dass eine Minimierung der Anzahl an Hubs angestrebt wird. Allerdings lassen sie sich leicht so erweitern, dass sie auch beliebige Einrichtungskosten berücksichtigen können.

64 Vgl. Bixby (2002).

Für die meisten Problemstellungen benötigen gemischt-binäre Optimierungsmodelle im Zusammenspiel mit entsprechender Standardsoftware den geringsten Zeitaufwand für die Bestimmung optimaler Ergebnisse. Dies gilt allerdings nicht für das Problem [MA, p | | TT | | MMT], für welches das Verfahren von Ernst et al. (2002) meist schneller ist als das in Abschnitt 4.3.1 entwickelte Modell.[65] Bei den anderen Problemstellungen ergeben sich aus den im Kapitel 4 entwickelten bzw. als Zwischenergebnisse der vorliegenden Arbeit bereits in Wagner (2004a, 2004b und 2004c) beschriebenen Modellen und dem Modell von Ernst et al. (2002) für das Problem [SA, p | | TT | | MMT] die exakten Lösungsverfahren mit dem niedrigsten Rechenzeitbedarf.

Bryan (1998): [MA, p | | VC-OH, VC-HH-SL, VC-HD, CAP-HH-MAX | | MC] O; [MA, p | | VC-OH, VC-HH-SL, VC-HD, CAP-HH-MIN | | MC] O; [MA | | VC-OH, VC-HH-SL, VC-HD, CAP-HH-MIN | | MC] O
Elhedhli und Hu (2005): [SA, p | VC-NLH | VC | | MC] H
Kimms (2005): [MA, p | | FC, VC-SL | $H\infty$ | MC] O
Klincewicz (2002): [MA, p | | VC-OH, VC-HH-SL, VC-HD | | MC] H, O
Lapierre et al. (2004): [MA, D | | VC-NLH | H1 | MC][a] H
O'Kelly und Bryan (1998): [MA, p | | VC-OH, VC-HH-SL, VC-HD | | MC] O
Racunica und Wynter (2000): [MA, D | FC | VC-OH, VC-HH-SL, VC-HD-SL, VC-OD | | MC] H, O

Tabelle 2.9: Probleme mit mengenabhängigen Durchschnittstransportkosten

a. Bei der Berechnung der Transportkosten werden sowohl Volumen als auch Gewicht der transportierten Güter berücksichtigt.

Obwohl bei transportkostenfokussierten Problemstellungen zumeist von mengenabhängigen Stückkosten ausgegangen wird (vgl. Abschnitt 3.1.3), findet man dies nur selten (bis auf eine verbindungstypspezifische Unterscheidung der Kosten) explizit im Modell berücksichtigt. Tabelle 2.9 enthält Ausnahmen von dieser Regel. Bei diesen werden nicht proportionale Transportkosten durch stückweise Linearisierung approximiert bzw. nur ein Hub als Zwischenstation auf einer Transportroute erlaubt. Den Lösungsansatz von O'Kelly und Bryan (1998) untersuchen und erweitern wir unter Abschnitt 3.3.2. Für eine kleine Anzahl an Hubs liefert hier der enumerationsbasierte Ansatz von Klincewicz (2002) wesentlich schneller optimale

65 Aussagen über die Lösungsgeschwindigkeit von Optimierungsmodellen sind im Folgenden immer auf das Zusammenspiel des Modells mit entsprechender Standardsoftware zur Optimierung zu verstehen.

Lösungen. Elhedhli und Hu (2005) unterstellen durch Stau verursachte mengenabhängige Durchschnittskosten für Hubs.

Aykin (1994): [MA, D, p | FC, CAP | VC | MC] H, O
Boland et al. (2004): [MA, p | CAP | VC | | MC] O
Campbell (1994b): [MA, p | | FC-OH-HD, VC, CAP-OH-HD-MIN | | MC] O; [MA | FC, CAP | VC | | MC] O; [MA | FC | VC, CAP-OH-HD-MIN | | MC] O; [SA | FC, CAP | VC | | MC] O
Ebery et al. (2000): [MA | FC, CAP | VC | | MC] H, O
Ernst und Krishnamoorthy (1999): [SA | FC, CAP | VC | | MC] H, O
Labbé et al. (2005): [SA | FC, CAP | VC | | MC] O
Marianov und Serra (2003): [MA | FC, CAP | VC | | MC] H, O

Tabelle 2.10: Kapazitierte Problemstellungen

In Tabelle 2.10 sind Arbeiten aufgeführt, die sich mit kapazitierten Problemstellungen befassen. Zumeist beziehen sich die Kapazitätseinschränkungen auf Hubs, wobei die Bezugsgröße nicht einheitlich ist. Während bei Campbell (1994b) sämtliche Transporte, welche zu einem Hub, aus ihm heraus- oder durch ihn hindurchfließen, Kapazitäten verbrauchen, berücksichtigen Ebery et al. (2000), nur Transporte, die direkt von einer Quelle[66] kommen. Sie bilden damit Sortierkapazitäten ab, die in ihrem Anwendungsfall nur im ersten Hub einer Route vorgehalten werden müssen. Untergrenzen für die Auslastung von Verbindungen – wie sie von Campbell (1994b) und Bryan (1998) (vgl. Tabelle 2.9) eingesetzt werden – wirken sehr geringen Transportmengen entgegen, welche durch die in den Modellen nicht oder nur unzureichend abgebildete Mengenabhängigkeit der Durchschnittstransportkosten entstehen können.

Aykin (1995): [MA, D, p | FC | VC | | MC] H, O
Mayer (2001): [MA, D | FC | VC | | MC] H, O
Sung und Jin (2001): [SA-C, D | FC | VC | | MC] H, O
Wagner (2000a): [MA, D | FC | VC | | MC] O
Wagner (2000b): [MA, D | FC | VC | | MC] O
Wagner (2003): [SA-C, D | FC | VC | | MC] O

Tabelle 2.11: Probleme mit Direktverbindungen

66 Diese kann auch mit dem Hub identisch sein.

Die Arbeiten in den Tabellen 2.11 bis 2.14 beziehen sich auf unkapazitierte und zeitunabhängige Problemstellungen, bei denen bezüglich eines jeden Verbindungstyps konstante Durchschnittstransportkosten unterstellt sind.

Bei einigen Modellen lassen sich Direktverbindungen ohne (signifikanten) Mehraufwand berücksichtigen.[67] Dies machen sich die Lösungsansätze in Tabelle 2.11 sowie Aykin (1994) (vgl. Tabelle 2.10) zunutze.

In Tabelle 2.12 sind die Ansätze aufgeführt, welche sich mit Hub Arc Location Problemen auseinandersetzen. Zu erwähnen ist hier auch die Arbeit von Campbell et al. (2005a), in der ein Klassifikationsschema für Hub Arc Location Probleme dargestellt ist. Bis jetzt gibt es allerdings nur für wenige der im Klassifikationsschema beschriebenen Problemstellungen auch Lösungsansätze.

Campbell (1998): [GEN, MA, q | | VC | | MC] O
Campbell et al. (2003): [GEN, MA, q | | VC | | MC] O
Campbell et al. (2005b): [GEN, MA, q | | VC | H∞ | MC] O; [GEN, MA, q | | VC | | MC] O

Tabelle 2.12: Hub Arc Location Probleme

Die verbleibenden Arbeiten behandeln unkapazitierte kostenminimierende Problemstellungen ohne Direktverbindungen, wobei mengenunabhängige Durchschnittstransportkosten für Verbindungen unterstellt werden. Die Anzahl der einzurichtenden Hubs ist vorgegeben und/oder Fixkosten für die Einrichtung von Hubs sind zu berücksichtigen. Tabelle 2.13 zeigt die entsprechenden Ansätze für Single Allocation - und Tabelle 2.14 solche für Multiple Allocation - Probleme.

Bei den exakten Verfahren für das Single Allocation p-Hub Median Problem sind neben den Modellierungsansätzen von Ernst und Krishnamoorthy (1996) und Skorin-Kapov et al. (1996), auf die wir in Abschnitt 3.2.1 eingehen, insbesondere das modellbasierte Verfahren von Ebery (2001) und das spezialisierte Branch&Bound-Verfahren[68] von Ernst und Krishnamoorthy (1998b) zu erwähnen. Das Modell von Ebery (2001) ist nur für Instanzen mit höchstens drei Hubs geeignet, löst aber solche mit bis zu 200 Knoten und ist damit, soweit anwendbar, anderen Lösungsansätzen vorzuziehen. Der Ansatz von Ernst und Krishnamoorthy (1998b) erlaubt es zwar – zumindest wenn die Durchschnittstransportkosten auf Hub-Hub-Verbindungen wesentlich geringer sind als die auf anderen Verbin-

67 Vgl. auch die Abschnitte 3.2.1.1 und 3.3.1.1.

68 Zum Grundprinzip von Branch&Bound-Verfahren vgl. Domschke und Drexl (2005, S. 132 ff.).

<table>
<tr><td>Abdinnour-Helm (1998): [SA | FC | VC | | MC] H</td></tr>
<tr><td>Abdinnour-Helm und Venkataramanan (1993): [SA | FC | VC | | MC] H</td></tr>
<tr><td>Abdinnour-Helm und Venkataramanan (1998): [SA | FC | VC | | MC] H, O</td></tr>
<tr><td>Abdinnour-Helm und Venkataramanan (2001): [SA, p | | VC | | MC] H</td></tr>
<tr><td>Aykin (1995): [SA, p | FC | VC | | MC] H, O</td></tr>
<tr><td>Campbell (1994b): [SA | FC | VC | | MC] O</td></tr>
<tr><td>Campbell (1996): [SA, p | | VC | | MC] H, O</td></tr>
<tr><td>Domínguez et al. (2003): [SA, p | | VC | | MC] H</td></tr>
<tr><td>Ebery (2001): [SA, $p \leq 3$ | | VC | | MC] O</td></tr>
<tr><td>Ernst und Krishnamoorthy (1996): [SA, p | | VC | | MC] H, O</td></tr>
<tr><td>Ernst und Krishnamoorthy (1998b): [SA, p | | VC | | MC] O</td></tr>
<tr><td>Klincewicz (1991): [SA, p | | VC | | MC] H</td></tr>
<tr><td>Klincewicz (1992): [SA, p | | VC | | MC] H</td></tr>
<tr><td>Labbé et al. (2005): [SA | FC | VC | | MC] O</td></tr>
<tr><td>Labbé und Yaman (2004): [SA | FC | VC | | MC] O</td></tr>
<tr><td>Merino und Pérez (2004): [SA, p | | VC | | MC] H</td></tr>
<tr><td>O'Kelly (1987):[a] [SA, p | | VC | | MC] H</td></tr>
<tr><td>O'Kelly (1992): [SA | FC | VC | | MC] H</td></tr>
<tr><td>O'Kelly et al. (1996): [SA, p | | VC | | MC] O</td></tr>
<tr><td>Pérez et al. (2004): [SA, p | | VC | | MC] H</td></tr>
<tr><td>Pirkul und Schilling (1998): [SA, p | | VC | | MC] H</td></tr>
<tr><td>Skorin-Kapov und Skorin-Kapov (1994): [SA, p | | VC | | MC] H</td></tr>
<tr><td>Skorin-Kapov et al. (1996): [SA, p | | VC | | MC] O</td></tr>
<tr><td>Smith (1996): [SA, p | | VC | | MC] H</td></tr>
<tr><td>Smith et al. (1996): [SA, p | | VC | | MC] H</td></tr>
<tr><td>Smith et al. (1998): [SA, p | | VC | | MC] H</td></tr>
<tr><td>Sohn und Park (1997): [SA, $p = 2$ | | VC | | MC] O</td></tr>
<tr><td>Sohn und Park (2000): [SA, $p = 3$ | | VC | | MC] O</td></tr>
<tr><td>Topcuoglu et al. (2005): [SA | FC | VC | | MC] H</td></tr>
</table>

Tabelle 2.13: Unkapazitierte Single Allocation Hub Location Probleme i.e.S. und p-Hub Median Probleme

a. Vgl. hierzu auch Aykin (1990).

dungstypen –, auch Probleminstanzen mit mehr Hubs zu lösen. Er ist dem modellbasierten Ansatz von Ernst und Krishnamoorthy (1996) bei einer großen Anzahl an Hubs (ab ca. 5) jedoch nicht überlegen. Ansonsten ist er anderen Lösungsmethoden (bei $p > 3$) vorzuziehen. Diese Schlussfolgerungen basieren auf in Ernst und Krishnamoorthy (1998b) und Ebery (2001) angegebenen Testergebnissen, bei denen eine aus heutiger Sicht veraltete Version einer Optimierungssoftware zum Einsatz kam. Es ist anzunehmen, dass die modellbasierten Ansätze aufgrund weiterentwickelter Standardsoftware heute besser abschneiden,[69] der Vorsprung des spezialisierten Verfahrens aber trotzdem zumindest bei vielen Testinstanzen nicht eingeholt ist.

Bei den Heuristiken für das Single Allocation p-Hub Median Problem hat sich insbesondere der in Ernst und Krishnamoorthy (1996) dargestellte Simulated Annealing - Ansatz[70] bewährt. Für das Hub Location Problem i.e.S. erzielt der Genetische Algorithmus von Topcuoglu et al. (2005) auch bei großen Testinstanzen sehr gute Ergebnisse.

Boland et al. (2004): [MA, p | | VC | | MC] O
Campbell (1994b): [MA | FC | VC | | MC] O
Campbell (1996): [MA, p | | VC | | MC] H, O
Cánovas et al. (2004): [MA | FC | VC | | MC] O
Ernst und Krishnamoorthy (1998a): [MA, p | | VC | | MC] H, O
Ernst und Krishnamoorthy (1998b): [MA, p | | VC | | MC] O
Hamacher et al. (2004): [MA | FC | VC | | MC] O
Klincewicz (1996): [MA | FC | VC | | MC] O
Mayer und Wagner (2002): [MA | FC | VC | | MC] O
O'Kelly (1998b): [MA, p | FC | VC | H1 | MC][a] O
O'Kelly et al. (1996): [MA, p | | VC | | MC] O
Sasaki und Fukushima (2003): [MA, p | FC, CAP | VC, CAP | H1 | MC] O
Sasaki et al. (1997): [MA, p | | VC | H1 | MC] H, O
Sasaki et al. (1999): [MA, p | | VC | H1 | MC] H, O
Skorin-Kapov et al. (1996): [MA, p | | VC | | MC] O
Sohn und Park (1998): [MA, p | | VC | | MC] O
Sonneborn (2003): [MA, p | | VC | | MC] O; [MA | FC | VC | | MC] O

Tabelle 2.14: Unkapazitierte Multiple Allocation Hub Location Probleme i.e.S. und p-Hub Median Probleme

a. Der Autor unterscheidet zwischen Major- und Mini-Hubs.

Am schnellsten liefern die dual-ascent-basierten Lösungsansätze von Wagner (2000b), Mayer (2001) und Cánovas et al. (2004) für das Multiple Allocation Hub Location Problem i.e.S. optimale Lösungen.[71] Unter den exakten Verfahren für

69 Vgl. Bixby (2002).

70 Zu Metaheuristiken wie Simulated Annealing vgl. Blum und Roli (2003), Silver (2004) sowie Domschke und Drexl (2005, S. 130 ff.).

das Multiple Allocation p-Hub Median Problem sind das spezialisierte Branch&Bound-Verfahren von Ernst und Krishnamoorthy (1998b) sowie die modellbasierten Ansätze von Sonneborn (2003), Hamacher et al. (2004) und Boland et al. (2004) (als Erweiterung des Ansatzes von Ernst und Krishnamoorthy (1998a)) hervorzuheben. Bei den Heuristiken sind insbesondere der kürzeste-Wege-basierte Algorithmus von Ernst und Krishnamoorthy (1998a) für das p-Hub Median Problem und das Tabu Search - Verfahren von Mayer (2001) – welches auch für Probleme mit Direktverbindungen einsetzbar ist – für das Hub Location Problem i.e.S. zu erwähnen.

71 Das Verfahren Hublocator2 der beiden ersten Arbeiten eignet sich auch für Problemstellungen mit Direktverbindungen und ist deswegen in Tabelle 2.11 aufgeführt.

3 Transportkostenfokussierte Probleme

Unter transportkostenfokussierten Problemen verstehen wir solche, bei denen die Minimierung mengenabhängiger Kosten auf Transportverbindungen im Zentrum steht. Hierbei können auch weitere Kosten wie bspw. Einrichtungskosten für Hubs eine Rolle spielen. Aus der Literatur sind viele Problemstellungen und dazugehörige exakte wie auch heuristische Verfahren zu transportkostenfokussierten Problemen bekannt, die als Hubnetz einen vollständigen Digraphen und als Zwischenstationen für den Transport höchstens zwei Hubs unterstellen – wie auch wir es in den Abschnitten 3.2 und 3.3 tun. Auf eine umfangreiche Darstellung derselben verzichten wir hier und verweisen dafür auf die Literaturübersicht in Abschnitt 2.3.

Stattdessen gehen wir zunächst in Abschnitt 3.1 vertiefend auf die Struktur der Transportkosten in Hub&Spoke-Netzwerken ein. In den aus der Literatur bekannten Lösungsansätzen ist die Mengenabhängigkeit der Durchschnittstransportkosten, welche sehr häufig als die Ursache für den Einsatz von Hub&Spoke-Netzwerken angegeben ist, zumeist nur ungenau berücksichtigt. In den folgenden Abschnitten (3.2 bezieht sich auf Single und 3.3 auf Multiple Allocation - Problemstellungen) betrachten wir deshalb – neben solchen mit mengenunabhängigen Durchschnittstransportkosten – auch Modelle und modellbasierte Lösungsansätze, die geeignet sind, nicht linear-homogene Transportkosten zu berücksichtigen. Solche findet man teilweise in der Literatur bzw. wurden im Rahmen dieser Arbeit (weiter-)entwickelt. Wir untersuchen ebenfalls, ob eine vereinfachte Abbildung der Transportkosten bezüglich eines realitätsnahen Kostenmodells zu brauchbaren Resultaten führt. Das Kapitel schließt mit einer Zusammenfassung der Ergebnisse.

Eine adäquate Abschätzung der nicht proportionalen Transportkosten in Modellen mit mengenunabhängigen Durchschnittstransportkosten ist bei einer vorgegebenen Anzahl an Hubs besser möglich als bei einer variablen Anzahl. Aus diesem Grund betrachten wir hauptsächlich p-Hub Median Probleme. Da der Kostenaspekt im Zentrum steht, beschränken wir uns auf unkapazitierte Problemstellungen, wobei viele beschriebene Ansätze nach geringen Modifikationen unmittelbar Kapazitätsrestriktionen einbeziehen können.

3.1 Transportkosten

Zur Analyse der Transportkosten bedienen wir uns sogenannter *Erklärungsmodelle*. Diese beschreiben allgemein Ursache-Wirkungs-Zusammenhänge zwischen unabhängigen und abhängigen Variablen.[72] Im betrachteten Fall hängen für einzelne (direkte) Transportverbindungen die Transportkosten von der transportierten Menge ab. Gemeinhin wird bei der Betrachtung von Hub Location Problemen in der Literatur unterstellt, dass sich die durchschnittlichen Transportkosten mit zunehmender Menge verringern.

Um dies zu belegen, betrachten wir zunächst aus produktionstheoretischer Sicht theoretische Erklärungsmodelle. Hier greifen wir einige kostenrelevante Teilaspekte auf und zeigen exemplarisch, wie sich verschiedene Gegebenheiten auf den Verlauf der Kosten auswirken. Den Abschnitt 3.1.1 schließen wir mit einer kurzen Zusammenfassung und stellen dar, welche bezüglich der Kosten wichtigen Rahmenbedingungen bei verschiedenen Anwendungsgebieten zu erwarten sind. Neben den diskutierten Teilaspekten treten in der Realität weitere kostenrelevante Faktoren auf, die wir nicht vollständig erfassen und in einem integrierten Erklärungsmodell berücksichtigen können, welches die Realität hinreichend genau beschreibt.

Um einen groben Einblick in beobachtbare Mengen-Kosten-Zusammenhänge zu gewinnen, gehen wir unter Abschnitt 3.1.2 auf die unter Verwendung empirischer Daten ermittelten Ergebnisse ökonometrischer Untersuchungen ein. Diese geben uns Auskunft über die grundsätzliche Art des Kostenverlaufes (z.B., ob Durchschnittskosten mit zunehmender Menge (annähernd) konstant bleiben oder sinken), ohne die den Verlauf bestimmenden Mechanismen aufzuzeigen. Eine genaue Kostenfunktion erhalten wir hierdurch nicht, aber unsere im Anschluss an den Abschnitt 3.1 beschriebenen Modelle unterstellen ohnehin keine speziellen Kostenfunktionen, sondern sind jeweils beim Vorliegen bestimmter Typen von Kostenfunktionen (z.B. bei konkaven Kostenfunktionen) anwendbar.

In Abschnitt 3.1.3 ist dargestellt, von welchen Kostenfunktionen in der Literatur und für den Rest des Kapitels beim Lösen von Hub Location Problemen (i.w.S.) ausgegangen wird.

72 Vgl. Klein und Scholl (2004, S. 31).

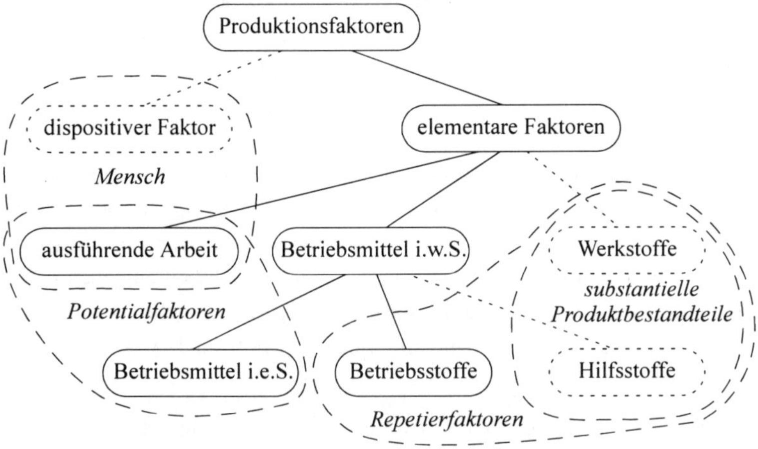

Abb. 3.1: Produktionsfaktoren in Anlehnung an Gutenberg (1983) und Heinen (1983)

3.1.1 Theoretische Erklärungsmodelle

In Anlehnung an die auf die Fertigungsindustrie bezogenen Überlegungen von Gutenberg (1983) betrachten wir den Transport von Gütern auf einer einzelnen Verbindung als Produktionsprozess. Ziel ist es nicht, den gesamten Produktionsprozess vollständig abzubilden, sondern lediglich den Teilbereich einer einzelnen Verbindung zwischen zwei Knoten des Netzwerkes herauszustellen. An diesem können wir die Auswirkungen einer Variation der Transportmenge auf die Kosten beobachten. So lassen sich für viele Anwendungsgebiete gültige (generische) Aussagen gewinnen. Der betrachtete Teilbereich ist deswegen so wichtig, weil der Verkehr auf den einzelnen Verbindungen in Hub&Spoke-Netzwerken typischerweise stark gebündelt wird und über diese Konsolidierung bei transportkostenfokussierten Problemstellungen die meisten und häufig sogar einzigen Kosteneinsparungen erzielbar sind.

3.1.1.1 Produktionsfaktoren

Im Vergleich zur Systematik von Gutenberg (1983) betrachten wir als *Produktionsfaktoren*[73] lediglich die elementaren Faktoren ausführende Arbeit[74] und Betriebsmittel i.w.S.[75] und beziehen den dispositiven Faktor (Geschäfts- und Be-

---

73 Vgl. Beuermann (1996).

triebsleitung)[76] nicht ein (siehe Abbildung 3.1). Zu den Betriebsmitteln i.w.S. gehören die Betriebsmittel i.e.S., welche aus allen Grundstücken und maschinellen Apparaturen bestehen, „deren der Betrieb zur Erfüllung seiner Aufgaben bedarf. Zu den Betriebsmitteln [i.w.S.] gehören auch diejenigen Hilfsstoffe und Betriebsstoffe, die notwendig sind, um den Betrieb arbeitsfähig zu machen und zu erhalten."[77] Der elementare Faktor Werkstoffe[78] (z.B. Holz in der Papierindustrie) wie auch die Hilfsstoffe[79] (z.B. Leim in einer Schreinerei) spielen allgemein bei Dienstleistungen und somit auch bei den hier betrachteten Transportdienstleistungen keine Rolle, da diese substantiell in das immaterielle Gut eingehen müssten. Betriebsstoffe werden im Produktionsprozess verzehrt und „gehen nicht substantiell in die Betriebserzeugnisse ein (z.B. Energie, Treib- und Brennstoffe, Kleinwerkzeuge)"[80].

Die angeführte Einteilung der Produktionsfaktoren nach Gutenberg ist nicht unumstritten.[81] Sie ist zweckmäßig für die von Gutenberg vorgenommenen Analysen, auf welche wir zum Teil nachfolgend zurückgreifen. Heute hat sich in der Literatur i.A. allerdings – bspw. bei Wöhe und Döring (2002, S. 80 f.), Thommen und Achleitner (2003, S. 34) sowie Domschke und Scholl (2005, S. 2) – eine auf Heinen (1983) zurückgehende verbrauchsorientierte Unterteilung durchgesetzt. Bei dieser unterscheidet man zwischen Potentialfaktoren und Repetierfaktoren. Potentialfaktoren (Gebrauchsgüter) „verkörpern in der Regel Nutzungspotentiale [, die] nur auf mehr oder weniger lange Sicht erschöpft [werden], ohne daß sich an der sinnlich wahrnehmbaren, physisch-mengenmäßigen Existenz der Faktoren etwas ändert"[82]. Ihnen sind die ausführende Arbeit und die Betriebsmittel i.e.S. zu-

---

74 Vgl. Domschke und Scholl (2005, S. 2). Gutenberg (1983, S. 3) spricht hierbei von „objektbezogener Arbeitsleistung".

75 Vgl. Beuermann (1996, S. 1500). Gutenberg (1983, S. 3) verwendet statt „Betriebsmittel i.w.S." die Bezeichnung „Betriebsmittel".

76 Vgl. Gutenberg (1983, S. 6).

77 Gutenberg (1983, S. 4).

78 Nach Gutenberg (1983, S. 122) gehören zu dem Produktionsfaktor Werkstoffe „alle Rohstoffe, Halb- und Fertigfabrikate (..), die als Ausgangs- und Grundstoffe für die Herstellung von Erzeugnissen zu dienen bestimmt sind, mithin nach der Vornahme von Form- oder Substanzänderungen oder nach dem Einbau in die Fertigerzeugnisse Bestandteile der neuen Produkte werden".

79 Vgl. Heinen (1983, S. 214).

80 Heinen (1983, S. 214).

81 Vgl. Beuermann (1996, S. 1500).

82 Heinen (1983, S. 215).

zuordnen. Die Repetierfaktoren (Verbrauchsgüter) Werkstoffe, Hilfsstoffe und Betriebsstoffe werden im Produktionsprozess verbraucht „und müssen daher in relativ kurzen Zeitabständen neu beschafft werden“[83].

Nach der von Gutenberg eingeführten *Produktionsfunktion vom Typ B*[84] hängen die Faktorverbräuche sowohl von der Ausbringungsmenge als auch von dem Zustand der eingesetzten Betriebsmittel i.e.S. ab. So ist es bspw. denkbar, die Intensität der Maschinennutzung durch eine höhere Produktionsgeschwindigkeit in gewissen Grenzen zu erhöhen. Dies hat u.U. neben einer zunehmenden Ausbringungsmenge die Auswirkung, dass sich der Betriebsstoffverbrauch (überproportional) erhöht und sich über ausgeprägteren Verschleiß auch die Nutzungsdauer der Maschine reduziert und damit der Verbrauch an Betriebsmitteln i.e.S. (überproportional) ansteigt.[85] Ferner lässt sich die Ausbringungsmenge durch die Anzahl der eingesetzten Maschinen (quantitative Anpassung) bzw. die Auswahl der Maschinen, wenn solche unterschiedlichen Typs zur Verfügung stehen (selektive Anpassung), und die als in gewissen Grenzen frei wählbar angesehene Laufzeit der Maschinen (zeitliche Anpassung) variieren.

Weitere auf die Sachgüterproduktion zugeschnittene Produktionsfunktionen sind in Schweitzer und Küpper (1997) sowie Steven (1998) dargestellt. Diese eignen sich für den hier zu beschreibenden dienstleistungsbezogenen Sachverhalt aufgrund ihrer stärkeren Spezialisierung mit einem anderen Schwerpunkt nur in geringerem Maße.

Bei der von uns betrachteten Problemstellung sind als ausführende Arbeit die für die Durchführung eines Transportes notwendige Arbeitszeit des Fahrers[86], als Betriebsmittel i.e.S. ausschließlich (fahrbare) Transportmittel sowie die für deren Einsatz benötigten Betriebsstoffe zu berücksichtigen, welche im Wesentlichen aus dem Energieträger (Treibstoff) bestehen.[87] Im Anwendungsfall des Straßengüter-

83 Heinen (1983, S. 247).

84 Vgl. Gutenberg (1983, S. 326 ff.).

85 Da sich in Abhängigkeit des Zustandes der Maschine die Faktorverbräuche pro Produkteinheit für Betriebsmittel i.e.S., Betriebsstoffe und Hilfsstoffe ändern, ist es sinnvoll, diese Faktoren der gemeinsamen Gruppe der Betriebsmittel i.w.S. zuzuordnen. Die Faktorverbräuche von Werkstoffen (im Sinne von Gutenberg (1983)) hängen ausschließlich von der Ausbringungsmenge ab (vgl. Heinen (1983, S. 216)).

86 Je nach Anwendungsgebiet kann es sich auch um einen oder mehrere Piloten sowie Crew-Personal, einen Schiffskapitän, einen Zugführer oder anderes Personal handeln.

87 Eine detaillierte Darstellung der relevanten Kostenarten in Rogler (1997a, S. 1093 f.).

verkehrs haben wir als Transportmittel den LKW, als menschliche Arbeitskraft den LKW-Fahrer und als Energieträger den Dieselkraftstoff.

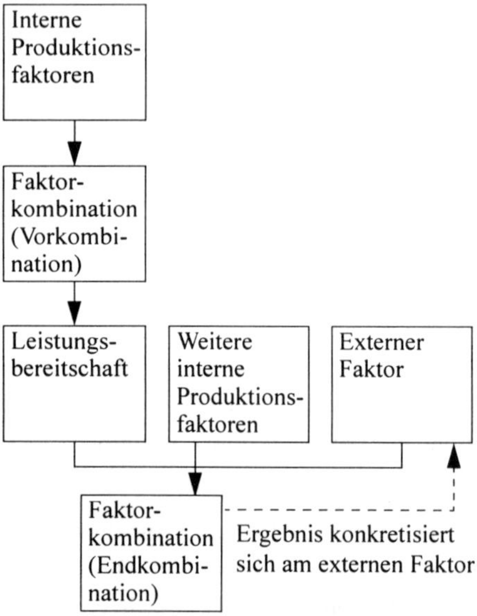

Abb. 3.2: Grundstruktur der Dienstleistungsproduktion nach Corsten (1993, S. 768)

Im Allgemeinen lassen sich auf materielle Güter zugeschnittene Produktionsprozesse nur bedingt für die Betrachtung von Dienstleistungen anwenden, wobei selbst eine einheitliche Definition von „Dienstleistungen“ Schwierigkeiten bereitet.[88] Mit Bezug auf Corsten (1996, S. 339) betrachten wir eine *Dienstleistung* als immaterielle Leistung, die sich nutzbringend auf einen externen Faktor auswirkt.

Externe Faktoren (auch Objekt- oder Fremdfaktoren) sind von Abnehmern/Auftraggebern eingebrachte Faktoren, in unserem Fall zu transportierende Güter bzw. Personen. Für die Erstellung der Dienstleistung benötigt man neben dem externen Faktor interne Produktionsfaktoren, welche in unserem Falle die Betriebsmittel i.w.S. und die ausführende Arbeit darstellen (siehe Abbildung 3.2). Vor der Erbringung der eigentlichen Leistung am externen Faktor sind Vorarbeiten notwendig, um die Leistungsbereitschaft zu gewährleisten. In der vorliegenden Situation ist sicherzustellen, dass die benötigten Fahrzeuge, die Betriebsstoffe und das Personal in ausreichender Zahl, zur richtigen Zeit und in der benötigten Art zur Verfügung stehen. Die Bereitstellung des Leistungspotentials spielt je nach Anwendungsumfeld eine mehr oder weniger große Rolle. Liegen symmetrische[89] Transportströme mit ausreichendem Volumen vor, so lässt sich ein Transportmittel im Pendelverkehr einsetzen. Ist das Transportvolumen hingegen sehr gering und sind häufige Wartungsarbeiten an ausgewählten Standorten von Nöten, so lassen sich für ein Transportmittel viele Leerfahrten[90] oder lange Wartezeiten mit ent-

88 Vgl. Corsten (1990, S. 17 ff.).

89 In der Hin- ist genauso viel zu transportieren wie in der Rückrichtung.

sprechenden Kosten nicht vermeiden. Explizit wollen wir das in unseren weiteren Betrachtungen nicht berücksichtigen, da dies nicht mit unserem generischen Ansatz vereinbar wäre.

Corsten (1985) gibt eine Reihe von wirtschaftszweigunabhängigen Produktionsfaktorensystemen wieder und stellt einen weiterentwickelten Ansatz vor. Diese sind nicht wie der in Abbildung 3.1 dargestellte Ansatz von Gutenberg auf einen speziellen Anwendungsbereich beschränkt, sondern sollen nach Möglichkeit sämtliche Wirtschaftszweige abdecken. Darüber hinaus wurden auf einzelne Dienstleistungsbetriebe zugeschnittene Faktorensysteme entwickelt, auch für Verkehrsbetriebe. Corsten (1985) stellt entsprechende Ansätze kurz vor und kommt zu einem eigenen Produktionsfaktorensystem, das allerdings für den hier betrachteten Teilaspekt zu umfangreich erscheint.

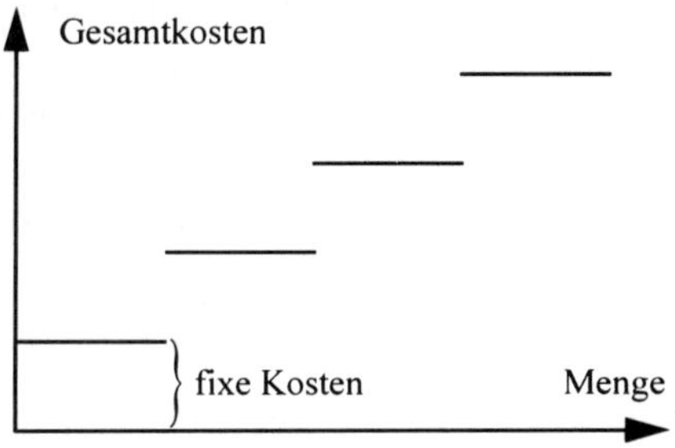

Abb. 3.3: Gesamtkosten in Abh. von der Transportmenge; vgl. Schmalenbach (1963, S. 60)

Diederich (1966) geht von der für Industriebetriebe entwickelten Systematik von Gutenberg aus und diskutiert die Unterschiede. Er kommt zu dem Schluss, dass es zwar bei der Dienstleistungsproduktion in den Verkehrsbetrieben keinen Werkstoff gibt, welcher seine bisherige Form oder Substanz verliert. Allerdings sind für ihn auch der Aufenthaltsort eines Gutes sowie der Zeitpunkt, zu dem ein Gut existiert, ökonomisch wesentliche Eigenschaften. „Folgerichtig muß dann aber auch das Heranziehen eines Gutes zu einem betrieblichen Prozeß, in dem eine dieser Eigenschaften verändert wird, die Aussage rechtfertigen, daß ein Gut 'zur Leistungserstellung eingesetzt' wird, also ein Produktionsfaktor ist.“[91] Zur Abgrenzung gegenüber dem Werkstoff nach Gutenberg nennt er die zu bewegenden Güter bzw. Personen *Transportobjekte*, welche im Produktionsprozess analog zu den Werkstoffen eingesetzt werden. Diese Transportobjekte sind in der Terminologie nach Corsten (1996, S. 339) externe Faktoren.

90 Vgl. Stieglitz (1997).

91 Diederich (1966, S. 44 f.).

3.1.1.2 Fixkostendegression[92]

Wir gehen zunächst davon aus, dass der Faktorverbrauch eines Transportmittels beladungsunabhängig ist. Bei konstanten Faktorpreisen sind damit auch die Kosten für den Einsatz eines Transportmittels auf einer fest vorgegebenen Strecke mengenunabhängig. Bis zu einem gewissen Grad kann man hiervon im Flugverkehr ausgehen, da bspw. die Grenzkosten für die Beförderung eines weiteren Passagiers sehr gering sind.[93] Ferner nehmen wir vereinfachend an, dass eine beliebige Anzahl bezüglich der Kostenstruktur und Kapazität identischer Transportmittel zur Verfügung steht. Solange die Transportmenge nicht die Kapazität eines Fahrzeugs übersteigt, bleiben die anfallenden Kosten konstant. Diese steigen sprunghaft, wenn es erforderlich ist, ein weiteres Transportmittel einzusetzen. Insgesamt ergibt sich ein konstanter Kostenverlauf außer an den Stellen, an denen ein zusätzliches Transportmittel benötigt wird. Schmalenbach (1963) bezeichnet die beschriebenen Kosten (siehe auch Abbildung 3.3) als fixe Kosten.[94] Betrachten wir die Transportmenge als Maß für den Beschäftigungsgrad[95], so gilt die Definition von Schmalenbach (1963, S. 59): „*Fixe Kosten* sind solche Kosten, die innerhalb bestimmter Beschäftigungsgrenzen vom jeweiligen Beschäftigungsgrad unabhängig sind. Werden die Beschäftigungsgrenzen nach oben oder nach unten überschritten, so verändert sich auch die Höhe der fixen Kosten, und zwar sprunghaft."

Abbildung 3.4 stellt den Verlauf der Stückkosten dar. Diese nehmen bis zu einem (stets gleichen) Minimum ab, bei dem sämtliche eingesetzten Transportmittel vollständig ausgelastet sind. Anschließend steigen sie sprunghaft, da ein weiteres Transportmittel benötigt wird und dementsprechend die Kosten für die nicht genutzte Kapa-

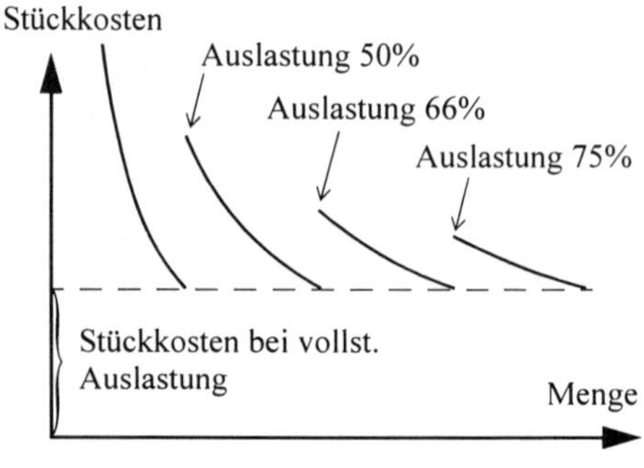

Abb. 3.4: Stückkosten in Abh. von der Transportmenge; vgl. Schmalenbach (1963, S. 61)

---

92 Vgl. auch Gutenberg (1983, S. 379 ff.).

93 Vgl. Pompl (2002, S. 44).

94 Präziser wäre nach Schmalenbach (1963, S. 42) die Bezeichnung *beschäftigungsfixe Kosten*, oder auf die vorliegende Problemstellung übertragen: *transportmengenfixe Kosten*.

95 Vgl. Schmalenbach (1963, S. 42 ff.).

zität des neuen Transportmittels anteilsmäßig von allen transportierten Gütern getragen werden muss. Das Verhältnis zwischen Transportmittelkapazität und insgesamt zu befördernder Menge wird allerdings mit zunehmender Transportmenge immer kleiner, so dass auch die sprunghaften Anstiege immer weniger ins Gewicht fallen. Die *Degressionswirkung der fixen Kosten*[96] nimmt mit zunehmender Transportmenge ab. Bei großen Mengen ergibt sich ein näherungsweise proportionaler Kostenverlauf.

Abbildung 3.5 zeigt einen Gesamtkostenverlauf, bei dem zusätzlich absolut fixe Kosten[97] und zur Transportmenge proportionale Kosten berücksichtigt werden. *Absolut fixe Kosten* fallen unabhängig von der Transportmenge an und sind dann relevant, wenn Kosten für das Vorhalten von Transportwegen – insbesondere bei Eisenbahnen – (weitestgehend) verwendungsunabhängig auftreten. Handelt es sich hingegen um nutzungsabhängige Kosten (wie z.B. Straßenmaut), so sind diese den bereits oben angeführten fixen Kosten zuzuordnen.

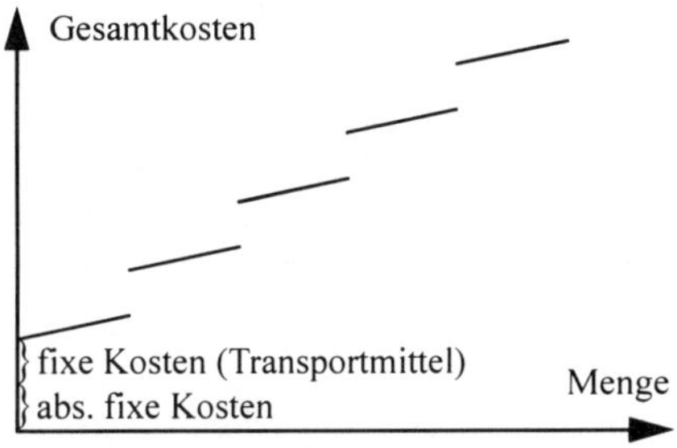

Abb. 3.5: Gesamtkosten in Abh. von der Transportmenge; vgl. Gutenberg (1983, S. 381) und Ebner (1997, S. 135)

Aufgrund der absolut fixen Kosten sind die Stückkosten bei vollständiger Auslastung aller Transportmittel umso geringer, je mehr Transportmittel eingesetzt werden (siehe Abbildung 3.6). Proportionale Kosten bewirken eine konstante Anhebung der Stückkosten. Es ergibt sich aber keine prinzipielle Änderung des Kostenverlaufes. Selbst

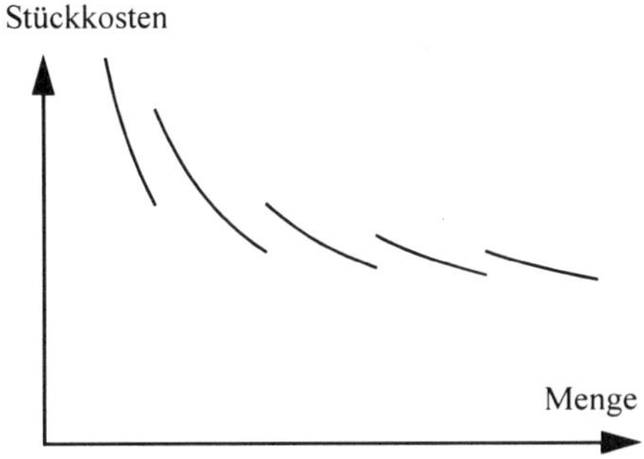

Abb. 3.6: Stückkosten in Abh. von der Transportmenge; vgl. Steffen und Schimmelpfeng (2002, S. 99)

96 Vgl. Schmalenbach (1963, S. 60).

97 Vgl. Schmalenbach (1963, S. 49).

bei unterproportional steigenden mengenabhängigen Kosten (ohne (absolut) fixe Kosten) können sich aufgrund der Degressionswirkung der fixen Kosten u.U. bis zu der Menge, bei welcher ein zweites Transportmittel benötigt wird, monoton fallende Stückkosten ergeben. Schmalenbach (1963, S. 69) bezeichnet dies als Beschäftigungsdegression.

Insgesamt lässt sich festhalten, dass unter der Annahme von Fixkosten (inklusive absoluten Fixkosten), proportionalen variablen Kosten und identischer Transportmittel die Stückkosten mit der Transportmenge fallen. Allerdings gibt es Sprungstellen, an denen eine Erhöhung der Stückkosten zu beobachten ist. Diese nehmen jedoch mit zunehmender Ausbringungsmenge immer weiter ab. Eine Erhöhung der Transportmenge wirkt sich – abgesehen von den Sprungstellen – insbesondere auf einem Ausgangsniveau mit geringen Transportmengen sehr günstig auf die Durchschnittskosten aus. Sind die Transportmengen ohnehin schon groß, so bewirkt eine Variation fast keine Änderung.

3.1.1.3 Auslastungsmäßige Anpassungen

Eine direkte Berücksichtigung proportionaler variabler Kosten ist grundsätzlich möglich, da man deren Höhe unmittelbar anhand der Transportmenge bestimmen kann. Streng genommen hängt der Verbrauch an Betriebsstoffen allerdings nicht direkt von der gesamten Transportmenge, sondern von der Auslastung der eingesetzten Transportmittel ab. Ist ein solches mehr beladen, wird es also intensiver genutzt, so steigt der Verbrauch. Je nach Transportmittel kann dieser Verbrauch proportional, unterproportional oder überproportional steigen bzw. der Typ des Funktionsverlaufes kann in unterschiedlichen Abschnitten

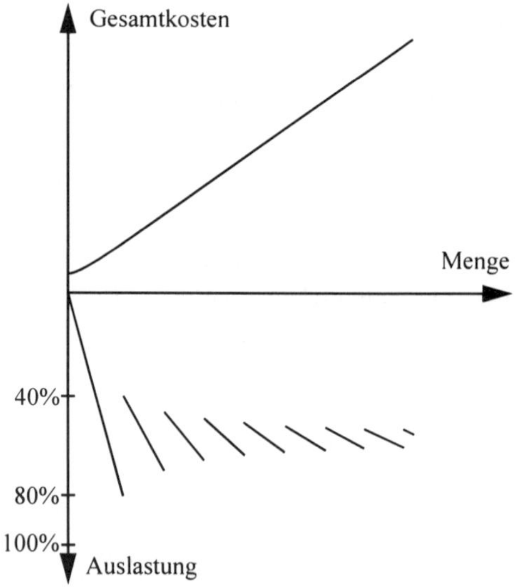

Abb. 3.7: Gesamtkosten und Auslastung in Abh. von der Transportmenge bei überproportional steigenden Kosten

wechseln. Daher fassen wir im Folgenden analog zu Gutenbergs *intensitätsmäßiger Anpassung*[98] den Verbrauch an Betriebsstoffen als von der Auslastung der Transportmittel und nur indirekt/mittelbar von der gesamten Transportmenge abhängig auf. Statt von intensitätsmäßiger Anpassung sprechen wir von *auslastungsmäßiger Anpassung*, um Verwechslungen mit Diederich (1977, S. 147 ff.) zu vermeiden. Dort versteht man unter intensitätsmäßiger Anpassung eine Variation der Transportmittelgeschwindigkeit. Diese spielt bei unseren Überlegungen keine Rolle.

Solange wir von proportionalen variablen Kosten ausgehen, ändert sich gegebenüber dem in den Abbildungen 3.5 und 3.6 dargestellten Kostenverlauf nichts. Für den Fall überproportional steigender Kosten kann es bei einer Transportmengenausweitung sogar sinnvoll sein, die Anzahl der Transportmittel zu erhöhen, statt die zuvor verwendeten stärker auszulasten. Kostenminimal ist eine Strategie, bei welcher die gesamte Menge gleichmäßig auf alle Transportmittel aufgeteilt wird. Abbildung 3.7 zeigt einen entsprechenden Kostenverlauf und auch die Auslastung der eingesetzten Transportmittel. Gegenüber den vorherigen Darstellungen weist der Kostenverlauf hier keine Sprungstellen auf. Dies hängt jedoch davon ab, wie stark sich die variablen Kosten verändern. Ist die Veränderung gering, so wird jedes eingesetzte Transportmittel nach Möglichkeit voll ausgelastet und der Kostenverlauf ähnelt dem in Abbildung 3.5 dargestellten.

Unter der Annahme proportionaler variabler Kosten spielt die Aufteilung auf die Transportmittel keine Rolle. Für den Fall unterproportional steigender variabler Kosten sind möglichst viele Transportmittel voll auszulasten. Es verbleibt höchstens ein Transportmittel, das nur zum Teil beladen eingesetzt wird. Grundsätzlich ergibt sich ein ähnlicher Kostenverlauf wie bei proportionalen Kosten. Erst wenn die Kapazität der Transportmittel nicht mehr ausreicht, wird auf ein zusätzliches Fahrzeug zurückgegriffen.

---

98 Vgl. Gutenberg (1983, S. 361 ff.).

3.1.1.4 Selektive Anpassungen[99]

In vielen Anwendungsfällen stehen unterschiedliche Typen von Transportmitteln mit entsprechenden Kostenstrukturen und Kapazitäten zur Verfügung. In der Regel fallen für kleinere Transportmittel (mit geringerer Kapazität) niedrigere Fixkosten, aber dafür eventuell höhere variable Stückkosten an. Für jede Transportmenge ergibt sich eine individuell optimale Wahl an Transportmitteln, welche sich anhand eines kombinatorischen Optimierungsproblems bestimmen lässt.

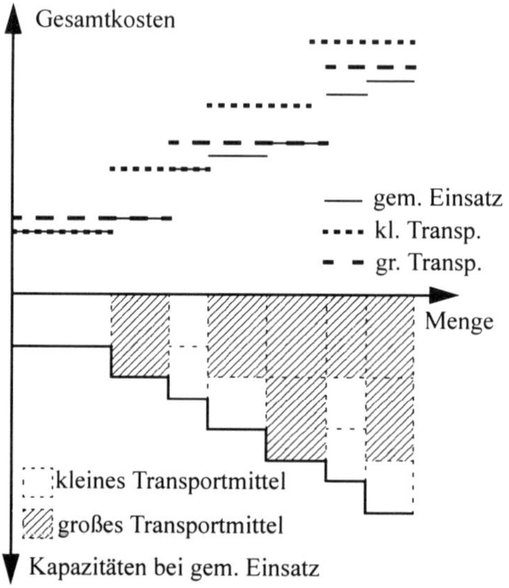

Abb. 3.8: Gesamtkosten und Auslastung in Abh. von der Transportmenge

Um nicht zu viele Effekte zu überlagern, gehen wir von einem Beispiel aus, bei dem keine variablen Kosten anfallen. Wir betrachten kleine und große Transportmittel, wobei die ersten sowohl niedrigere Fixkosten (Verhältnis 5 zu 6) als auch eine geringere Kapazität (Verhältnis 5 zu 8) aufweisen. Abbildung 3.8 stellt die Gesamtkosten bei optimaler Selektion der Transportmittel (siehe auch den in Abbildung 3.9 skizzierten Stückkostenverlauf) sowie bei Verwendung ausschließlich kleiner oder ausschließlich großer Transportmittel dar.

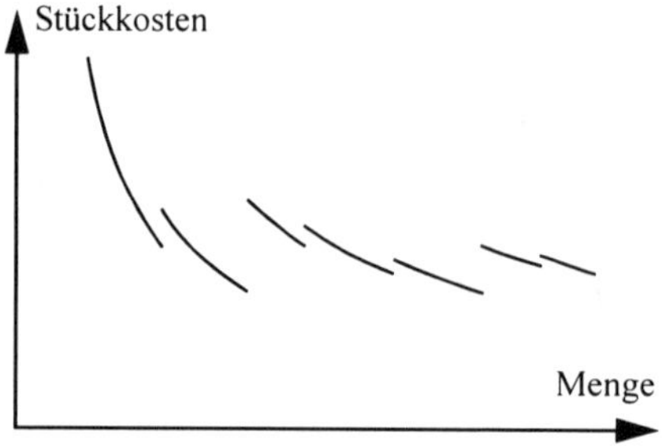

Abb. 3.9: Stückkosten bei gemischtem Einsatz

Anfangs verwendet die gemischte Strategie kein großes Transportmittel. Später kommen nur noch für einen kurzen Bereich ausschließlich kleine Transportmittel

99 Vgl. Gutenberg (1983, S. 386 ff.).

in Betracht. Ansonsten lässt sich ohne den Einsatz großer Transportmittel nur eine vergleichsweise teure Lösung erzielen. Allerdings ist selbst bei großen Transportmengen ein Teil der Güter mit einem kleinen Transportmittel zu befördern. Jedoch ist der Unterschied zwischen einer gemischten Strategie und einer nur auf große Transportmittel zurückgreifenden bei großen Transportmengen zwar vorhanden, aber relativ gering. Dementsprechend kann die *Größendegression* nach Schmalenbach (1963, S. 103), welche besagt, dass bei voller Auslastung ein leistungsfähigeres Aggregat einen geringeren Faktorverbrauch je Ausbringungseinheit beansprucht und damit auch niedrigere Stückkosten verursacht, nur einen Teil des Einsparpotentials erklären. Grundsätzlich nähern sich die Stückkosten allerdings auch hier asymptotisch den Stückkosten bei voller Auslastung des großen Transportmittels an.

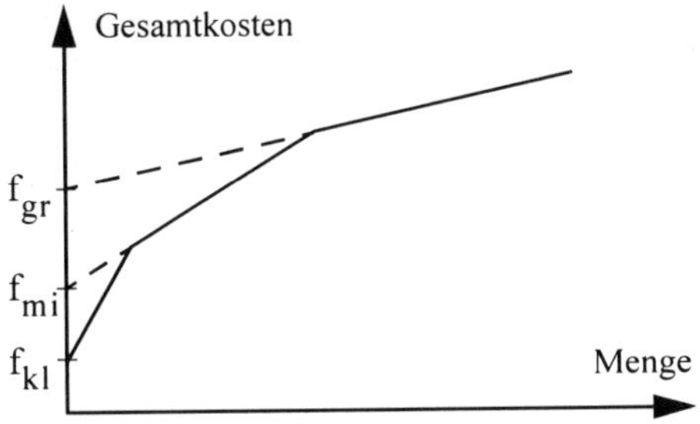

Abb. 3.10: Gesamtkosten in Abh. von der Transportmenge; vgl. z.B. Lücke (1962, S. 317) und Daganzo (1996, S. 39)

Sind die Transportmengen so gering, dass es sich nicht lohnt, mehrere große Fahrzeuge einzusetzen, so ergibt sich eine andere Situation, in welcher den variablen Kosten eine große Bedeutung zukommt. Der in Abbildung 3.10 zu sehende konkave Gesamtkostenverlauf kommt dadurch zustande, dass bei kleinen/mittleren/großen Transportmengen ein kleines/mittleres/großes Fahrzeug mit hohen/mittleren/niedrigen variablen Stückkosten und niedrigen/mittleren/hohen Fixkosten ($f_{kl}/f_{mi}/f_{gr}$) eingesetzt wird. Der Wechsel des Transportmittels ist in dem dargestellten Fall nicht kapazitätsbedingt, sondern durch die Kostenstruktur verursacht.[100]

3.1.1.5 Ausführungszeitliche Anpassungen

Gutenberg (1983, S. 371 ff.) schlägt zur Kostenreduzierung vor, die Laufzeit von Maschinen zu variieren. Diederich (1977, S. 145 ff.) überträgt diese Vorgehensweise auf Verkehrsdienstleistungen. Durch eine höhere Geschwindigkeit der Transportmittel stehen diese länger zur Verfügung und können dementsprechend auch mehr transportieren. Angewendet auf unsere Problemstellung bringt diese

100 Vgl. hierzu auch das *Gesetz der Massenproduktion* nach Bücher (1910, S. 441 f.).

Vorgehensweise keinen Vorteil, weil ein Transportmittel lediglich einen Transport durchführt und anschließend nicht weiter betrachtet wird. Die Geschwindigkeit ist also bedeutungslos.

Eine andere Art der zeitlichen Anpassung ist aber durchaus interessant. Müssen nicht alle Transporte innerhalb eines engen Zeitfensters durchgeführt werden, sondern sind Verschiebungen für zumindest einen Teil der Transporte möglich, so ergibt sich ein kostensparendes Optimierungspotential. Um Verwechslungen mit der zeitlichen Anpassung nach Diederich (1977, S. 145 ff.) zu vermeiden, bezeichnen wir diese Art der Anpassung als *ausführungszeitliche Anpassung*. Sie ist an keine Eigenschaften der Produktionsfaktoren gebunden,[101] sondern ein Charakteristikum des externen Faktors.

Nehmen wir an, es gäbe die Möglichkeit, einen Teil der an einem Tag eigentlich zu transportierenden Menge erst am nächsten Tag zu befördern. Damit ergeben sich zusätzliche Spielräume, die einer nur teilweisen Nutzung eines Betriebsmittels i.e.S. entsprechen. Dies wollen wir anhand eines Beispieles veranschaulichen. Täglich seien 75 Pakete zu transportieren. Für diese Aufgabe steht ein Fahrzeug mit einer Kapazität von 100 Paketen zur Verfügung. Falls der Transport am gleichen Tag durchgeführt werden muss, fallen täglich 100% der Fahrtkosten an.[102] Das würde der vollständigen Maximallaufzeit eines Betriebsmittels bei Gutenberg entsprechen. Ist es hingegen möglich, den Transport um einen Tag zu verschieben, wird am ersten Tag nichts transportiert, während an den drei folgenden Tagen ein Fahrzeug mit 100%iger Auslastung eingesetzt werden kann. Alle Pakete erreichen mit dieser Vorgehensweise bei einem Weitertransport in Reihenfolge des Eintreffens innerhalb der Zeitvorgabe ihr Ziel, wobei durchschnittlich am Tag lediglich 75% der Fahrtkosten anfallen. Obwohl der technische Hintergrund ein gänzlich anderer ist, hat dies ähnliche Konsequenzen wie die zeitliche Anpassung der Laufzeit eines Betriebsmittels bei Gutenberg. Bei Gutenberg hat die Anpassung keine Auswirkungen auf das Produkt, im Transportbeispiel hingegen schon.

Mit dieser Vorgehensweise lässt sich allerdings nicht stets eine 100%ige Auslastung der eingesetzten Fahrzeuge erreichen. Würden in obigem Beispiel täglich 45 bzw. 60 zu transportierende Pakete erscheinen, so betrüge die durchschnittliche

---

101 Soweit man den externen Faktor nicht wie Diederich (1966, S. 44 f.) als Produktionsfaktor ansieht.

102 Zur Vereinfachung gehen wir hier davon aus, dass keine mengenabhängigen Fahrtkosten vorliegen. An dem prinzipiellen Effekt würde sich durch die Berücksichtigung variabler Kosten nichts ändern.

Auslastung nur 90%. Im ersten Fall müsste an jedem zweiten Tag ein nur mit 90 Paketen beladenes Fahrzeug starten, im zweiten würde(n) (bei einer möglichen optimalen Strategie) in einem 3-Tage-Zyklus an einem Tag nichts, am darauffolgenden 100 Pakete und am Tag später 80 Pakete (20 von diesen können nicht auf den nächsten Tag warten!) transportiert.

3.1.1.6 Erwartete Kosten

Geht man von einem Anwendungsfall aus, in dem eine Transportdienstleistung nicht einmalig, sondern häufig durchgeführt wird und die Transportmenge eine stochastische Größe ist, so interessieren aus einer strategischen Planungsperspektive nicht primär die tatsächlichen Kosten in Abhängigkeit von einer Transportmenge, sondern die erwarteten Kosten in Abhängigkeit von der durchschnittlichen (prognostizierten) Transportmenge.[103] Für die erwarteten Stückkosten ergibt sich je nach für die Transportmenge unterstellter Zufallsverteilung ein gegenüber den tatsächlichen Stückkosten mehr oder weniger geglätteter Funktionsverlauf.

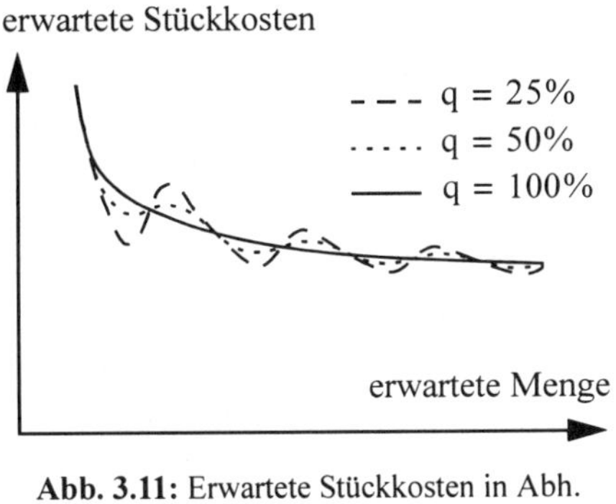

Abb. 3.11: Erwartete Stückkosten in Abh. der erwarteten Transportmenge

Abbildung 3.11 verdeutlicht den Zusammenhang zwischen der Schwankungsbreite der Zufallsverteilung und den erwarteten Kosten. Dabei gehen wir wieder von dem in Abbildung 3.3 dargestellten Kostenverlauf aus. Unterstellt wird eine Dreiecksverteilung[104] für die Transportmenge derart, dass die tatsächliche Menge höchstens um q% einer Transportmittelkapazität vom Erwartungswert abweichen darf. Ist diese maximale Abweichung größer als die erwartete Menge, so wird sie auf den Erwartungswert reduziert. Mit zunehmender Schwankungsbreite gibt es immer flachere Abschnitte mit steigenden erwarteten Kosten. Für q = 100% fallen die erwarteten Kosten sogar monoton. Berücksichtigt man zusätzlich variable Kosten und unterschiedliche Fahrzeugtypen, so stellt sich auch schon bei einer geringeren Schwankungsbreite eine signifikante Glättung des Funktionsverlaufes ein.

---

103 Vgl. hierzu den durchschnittsmengenbasierten Kostenverlauf nach Wlcek (1998, S. 92 ff.).

104 Vgl. Domschke und Drexl (2005, S. 226).

3.1.1.7 Zusammenfassung und Anwendungsgebiete

Nach den vorangehenden Überlegungen gibt es eine Reihe von Gründen, die zu fallenden Stückkosten bei zunehmender Transportmenge führen können. Je nach Anwendungsfall sind diese mehr oder weniger gegeben. Die Stückkosten fallen allerdings nicht stets monoton. Da unsere Berechnungen jedoch auf erwarteten und nicht auf tatsächlichen Transportmengen basieren, ist es sinnvoll, mit erwarteten Stückkosten statt mit tatsächlichen Stückkosten zu arbeiten. Dadurch ergibt sich eine weitgehende Monotonie der relevanten Stückkostenfunktion.

Eine detaillierte Untersuchung verschiedener Anwendungsgebiete wäre nicht mit dem gewählten generischen Ansatz vereinbar. Deswegen wollen wir nur kurz auf die Gegebenheiten bei verschiedenen Verkehrsträgern[105] eingehen, wobei zu bedenken ist, dass in einem Logistiknetzwerk auch ein kombinierter Einsatz (z.B. im kombinierten Verkehr[106]) möglich ist und die einzelnen Verkehrsträger u.U. bezüglich einzelner Verbindungen in Konkurrenz stehen:

- Flugverkehr: Die Kostenstruktur ist gekennzeichnet durch hohe Fixkosten und niedrige variable Kosten und Grenzkosten.[107] Hierdurch ergibt sich die Möglichkeit, durch die Fixkostendegression Kostenvorteile zu erzielen. Darüber hinaus sind die Kosten pro Sitzplatz in einem hohen Maße von der Größe des eingesetzten Flugzeuges abhängig.[108] Somit kommt auch die Größendegression zum Tragen.
- Eisenbahn: Unabhängig davon, ob die Eisenbahninfrastruktur – bspw. von Schienenwegen – vom Transportbetrieb zu unterhalten ist oder dieser für die Nutzung derselben bezahlen muss, fällt für ihn ein großer Fixkostenblock an.[109] Die transportmengenabhängigen Kosten für einen einzelnen Zug sind vergleichsweise gering, solange sich die Kapazität durch das Anhängen eines Wagens erweitern lässt.[110] Erst wenn ein zweiter Zug eingesetzt werden muss, müsste für die Nutzung der Strecke mehr bezahlt werden bzw. – wenn sich das Schienennetz im Besitz des Transportbetriebes befindet – steht die Strecke während der Nutzung durch den zweiten Zug nicht für eine alternative Ver-

105 Vgl. Klatt (1997).

106 Vgl. Seidelmann (1997).

107 Vgl. Pompl (2002, S. 44).

108 Vgl. z.B. Liu und Lynk (1999, S. 1084), Stanbury und Ross (1999, S. 7), Phillips (1985, S. 19), Oster und Pickrell (1986, S. 379) sowie Braeutigam (1999, S. 92).

109 Vgl. Heimerl und Weigelt (1997, S. 210), Braeutigam (1999, S. 59 f.) und Aberle (2003, S. 252 ff.).

110 Vgl. Bauz (1997, S. 476).

wendung zur Verfügung.[111] Insbesondere der Fixkostendegressionseffekt spielt hier eine große Rolle. Dies zeigt sich auch anhand des Deutschen Eisenbahn-Güter- und Tiertarifes, bei dem die Stückkosten mit steigender Transportmenge (näherungsweise) monoton fallen.[112] Dieser hat zwar heute keine Bedeutung mehr[113], spiegelt aber – wenn auch nicht in Reinform, da auch weitere Aspekte für dessen Verlauf eine Rolle spielen dürften – die Kostenstruktur wieder.

- Seeschifffahrt: In den letzten Jahren sind die Schiffsgrößen dramatisch angestiegen. Während im Jahr 1992 das größte Containerschiff eine Kapazität von 4400 TEU (twenty feet equivalent unit, Standardcontainer mit einer Länge von 20 Fuß) hatte, so sind es heute bereits 8000 TEU. Die Entwicklung geht weiter in diese Richtung.[114] Die Ursache für den Einsatz solcher Schiffe ist in den Kosteneinsparungen (vornehmlich Personal- und Kapitalkosten) aufgrund der Schiffsgrößenerweiterung zu suchen. Biebig et al. (2004, S. 57) geben (mit Bezug auf das Jahr 1987) bspw. an, dass die Kosten pro Tonnenkilometer (bei jeweils 70%iger Auslastung) auf einem Containerschiff mit 2700 TEU um 54% niedriger sind als auf einem mit 1500 TEU. Allerdings gibt es auch Gründe, die gegen den Einsatz solch großer Schiffe sprechen. So sind nur vergleichsweise wenige Häfen für derartige Schiffe ausgelegt.[115] Neben den Größendegressionseffekten wirken sich aufgrund des niedrigen Anteils an variablen Kosten insbesondere auch Fixkostendegressionseffekte aus.[116]
- Straßengüterverkehr: Aufgrund der eingeschränkten Kapazität der Fahrzeuge sind hier nur vergleichsweise selten Größendegressionseffekte bei der Betrachtung einer einzelnen Verbindung zu erwarten. Dies ist höchstens bei vergleichsweise kleinen zu transportierenden Mengen der Fall. Eine hohe Auslastung und die Vermeidung von Leerfahrten sind aufgrund der „in sehr hohem Grad von Fixkosten bestimmt[en] [Kostenstruktur]“[117] von entscheidender Bedeutung. Wlcek (1998) betrachtet einen Fall, bei dem sich insbesondere durch den Einsatz von Hub&Spoke-Netzwerken Kostenvorteile erzielen lassen, indem Güter direkt zum Ziel transportiert werden, solange sich hier-

---

111 Es entstehen also Opportunitätskosten. Vgl. hierzu Rogler (1997b) sowie Domschke und Klein (2004).

112 Vgl. Paraschis (1989, S. 24).

113 Seit dem Jahr 1993 entfällt durch das Tarifaufhebungsgesetz die Pflicht zur Aufstellung eines solchen Tarifes. Vgl. Wegscheider (1997, S. 217).

114 Vgl. Reise (2004, S. 60).

115 Vgl. Aberle (2003, S. 265 f.).

116 Vgl. Biebig et al. (2004, S. 404 und 406).

117 Bauz (1997, S. 476).

durch eine volle Fahrzeugkapazität ausnutzen lässt. Darüber hinausgehende Mengen werden zusammen mit für andere Ziele bestimmten „übrig gebliebenen“ Transportgütern gemeinsam zu einem Hub und dann von dort aus zum Ziel transportiert. Auf dem zweiten Transportabschnitt werden Güter mit unterschiedlicher Quelle, aber gleichem Ziel geladen. Auf diese Weise lässt sich die Fahrzeugauslastung optimieren und damit Kosten einsparen. Das Einsparungspotential ist gleichwohl begrenzt. Wlcek (1998, S. 6) berichtet von 2,5%igen Kostensenkungen. Bei einer isolierten Betrachtung einer einzelnen Verbindung kann dieses Einsparungspotential nicht erschlossen werden.
Der seit der Deregulierung in den 90er Jahren[118] nicht mehr verpflichtend vorgeschriebene Güterfernverkehrstarif (GFT)[119], liefert nur mittelbar Einsicht in den Kostenverlauf. Dieser Tarif diente u.a. dem Schutz der Eisenbahn, weswegen er dem Eisenbahntarif ähnelte.[120] Hierdurch war der Tarif für kleine Transportmengen zu niedrig angesetzt.[121] Daraus lässt sich folgern, dass Stückkosten mit zunehmender Transportmenge noch stärker fallen, als dies durch den GFT erscheint.[122] Preisempfehlungen der Vereinigung der Sammelgutspediteure im BSL weisen auch fallende Durchschnittspreise mit zunehmender Transportmenge auf.[123] In einer Untersuchung von Swenseth und Godfrey (1996, S. 215, f.) ergibt sich ebenfalls ein solcher Preisverlauf und McCann (2001, S. 671) sowie Lapierre et al. (2004, S. 176) berichten Vergleichbares. Zu beachten ist aber, dass es einen Unterschied macht, ob eigene Fahrzeuge eingesetzt oder – und auf diesen Fall beziehen sich die Tarife – Transporte fremd vergeben werden.[124]

3.1.2 Empirische Erklärungsmodelle

Nachdem wir im vorangehenden Abschnitt anhand verschiedener Aspekte theoretisch untersucht haben, wie sich auf einer einzelnen Transportverbindung die Kosten in Abhängigkeit der Transportmenge ändern, greifen wir nun empirische Untersuchungen auf. Diese geben Aufschluss über tatsächliche Kostenverläufe. Sie stellen Wirkungs-, aber keine Kausalzusammenhänge dar. Dies ist für unsere Zwe-

118 Vgl. Baum (1997a, S. 1023).

119 Dieser ersetzte seit 1989 den materiell inhaltsgleichen Reichskraftwagentarif (RKT); vgl. Baum (1997b, S. 895).

120 Vgl. Baum (1997c, S. 1028) und Paraschis (1989, S. 24).

121 Vgl. Klaus et al. (1993, S. 18).

122 Vgl. Paraschis (1989, S. 19 ff.).

123 Vgl. Vereinigung der Sammelgutspediteure im BSL (2003).

124 Vgl. Pankratz (2002, S. 30).

cke allerdings hinreichend, da wir für unsere Untersuchungen lediglich die Art des Kostenverlaufes kennen müssen.

Economies of Scale (zu Deutsch: Skaleneffekte, Größeneffekte)[125] beziehen sich auf einen Wirkungszusammenhang zwischen der geplanten Produktionskapazität und den erwarteten gesamten Herstellstückkosten. Sie liegen vor, wenn die Herstellstückkosten mit zunehmender, anhand der möglichen Ausbringungsmenge spezifizierter Kapazität sinken.[126] Bleiben die Stückkosten konstant bzw. steigen sie, so spricht man von Constant Economies of Scale bzw. Diseconomies of Scale.[127]

Verwandt mit dem Konzept der Economies of Scale ist das der *Returns to Scale* (zu Deutsch: Skalenerträge). Dieses stellt einen Zusammenhang zwischen der Änderung der Ausbringungsmenge und einer totalen Faktorvariation[128] der Inputfaktoren her. Bewirkt eine Erhöhung der Inputfaktoren einen überproportionalen, proportionalen bzw. unterproportionalen Anstieg der Ausbringungsmenge, so liegen Increasing, Constant bzw. Decreasing Returns to Scale (zunehmende, konstante bzw. abnehmende Skalenerträge) vor.[129] Häufig findet man die Aussage, dass Economies of Scale gleichbedeutend mit Increasing Returns to Scale sind bzw. die beiden Bezeichnungen werden synonym[130] verwendet.[131] Panzar (1989, S. 9 f.) liefert sogar einen entsprechenden Beweis. Tatsache ist allerdings, dass diese Äquivalenz nur dann gilt, wenn man eine *homothetische Produktionsfunktion*[132] unterstellt,[133] mit der wir aber bspw. keine Größendegression abbilden können und die auch sonst ungeeignet ist, die für uns interessanten (Teil-)Produktionspro-

---

125 Häufig wird die Bezeichnung „Skaleneffekt" (und seltener „Economies of Scale") auch mit einer anderen Bedeutung verwendet. Um Missverständnisse zu vermeiden, wählen wir im Folgenden die englischsprachige Bezeichnung.

126 Vgl. Bell (1988, S. 331), Antoniou (1991, S. 160) und Bohr (1996, S. 375).

127 Vgl. Bell (1988, S. 331).

128 Bei einer totalen Faktorvariation werden alle Faktoren proportional zu einem gleichen Skalar $\lambda \geq 0$ variiert. Vgl. Ellinger und Haupt (1996, S. 28 ff.) und Steven (1998, S. 38).

129 Vgl. Neumann (1991, S. 56), Samuelson und Nordhaus (1998, S. 131 f.) und Steven (1998, S. 38).

130 Ortner (2005, S. 68) setzt bei einer *synonymen* Verwendung von Bezeichnern – er bezieht sich auf Worte statt auf Bezeichner, was aber bei einer Folge von Worten wie „Economies of Scale" ungeeignet erscheint – voraus, dass diese sich auf den gleichen (abstrakten) Begriff beziehen. Unterstellt man, dass – wie wir hier – zwei Bezeichner unterschiedlichen Begriffen zugeordnet werden müssten, so liegt ein Sprachdefekt *homonymer* Art vor.

zesse abzubilden. Unter der Annahme konstanter Faktorpreise stellen Increasing Returns to Scale allerdings eine hinreichende Bedingung für Economies of Scale dar.[134] Bei steigenden Faktorpreisen ist dies nicht notwendigerweise der Fall.[135]

In den obigen Definitionen zu Economies, Constant Economies und Diseconomies of Scale sowie zu Increasing, Constant und Decreasing Returns to Scale wird jeweils unterstellt, dass die entsprechende Eigenschaft für eine Funktion als Ganzes gilt. Es ist aber auch denkbar, dass in unterschiedlichen Funktionsabschnitten verschiedene Verlaufsformen vorliegen. Unter anderem aus diesem Grund gibt es neben den obigen globalen Definitionen, welche sich auf den gesamten Verlauf einer Kosten- bzw. Produktionsfunktion beziehen, auch lokale, auf Elastizitäten beruhende.

Die *Elastizität* $E_{x,y}$ einer abhängigen Variablen y bezüglich einer mit dieser funktional verbundenen unabhängigen Variablen x berechnet sich aus dem Quotient der relativen Änderung von y und der relativen Änderung von x:[136]

$$E_{x,y} = \frac{\frac{dy}{y}}{\frac{dx}{x}} = \frac{dy}{dx} / \frac{y}{x} = \frac{d\log(y)}{d\log(x)} \qquad (3.1)$$

Die relative Änderung von x ist dabei infinitesimal klein gewählt.

Mit den Kosten c als abhängige Variable und der Ausbringungsmenge x als unabhängige Variable können wir mittels $E_{x,c}$ für einen Punkt x einen Grad der Economies of Scale EoSc spezifizieren. Ist $EoSc = 1/E_{x,c}$ kleiner, gleich bzw. grö-

131 Vgl. bspw. Samuelson (1980, S. 25 f.), Caves et al. (1984, S. 474), Werner (1988b, S. 133 f.), Kreikebaum (1997, S. 100), Schäfer-Kunz und Tewald (1998, S. 33) sowie Mayer (2001, S. 21).
Darüber hinaus geben manche Autoren eine korrekte Definition für Economies of Scale an, verwenden dafür aber einen nach unserer Definition „falschen" Bezeichner, wobei dies teilweise durch fehlerhafte Übersetzungen zu erklären ist. Vgl. bspw. Samuelson und Nordhaus (1998, S. 763 f.), Hensher und Brewer (2001, S. 23 und 143) und Mankiw (2001, S. 284).

132 Eine Produktionsfunktion f ist homothetisch, wenn eine streng monoton steigende Funktion g und eine homogene Funktion h existieren, so dass $f(x) = g(h(x))$ für alle x. Vgl. Hesse und Linde (1976, S. 108).

133 Vgl. Bell (1988, S. 331).

134 Vgl. Bell (1988, S. 331 f.).

135 Vgl. Cohn (1992).

136 Vgl. Woll (2003, S. 128 ff.) und Karmann (2003, S. 177 ff.).

ßer als 1, so liegen Diseconomies, Constant Economies bzw. Economies of Scale vor.[137] Diese lokale Definition hat auch den Vorteil, dass man sich mit Hilfe der Höhe des Grades ein genaueres Bild von den Auswirkungen einer relativen Änderung der Ausbringungsmenge machen kann.[138]

Über geeignete ökonometrische Modelle und empirische Daten, welche u.a. die Gesamtkosten, Ausbringungsmenge und Faktorpreise (teilweise über mehrere Jahre hinweg) umfassen, lässt sich $E_{x,c}$ mittels multivariater Regression schätzen.[139] Ältere Arbeiten unterstellen dabei eine Cobb-Douglas Produktionsfunktion, also eine spezielle homothetische Produktionsfunktion, die kaum geeignet ist, unseren „Produktionsprozess" geeignet zu beschreiben.[140] Neuere Ansätze[141] unterstellen meist keinen speziellen Verlauf der Kostenfunktion und approximieren mittels einer *Translog*[142]*-Funktion*[143] den natürlichen Logarithmus der Kostenfunktion als Taylorpolynom 2. Grades.[144] Betrachtet man operative Kostenfunktionen, bspw. die in den Abbildungen 3.5 und 3.6 dargestellte, so erscheint es zweifelhaft, ob eine solche Approximierung zumindest für bestimmte „Produktionsprozesse" hinreichend genau ist. Es ist allerdings zu beachten, dass die empirisch ermittelten Kosten und die Ausbringungsmenge hochaggregierte Werte darstellen. Damit lässt sich für die empirischen Daten ein „geglätteter" Funktionsverlauf, wie er bspw. in Abbildung 3.11 dargestellt ist, annehmen, welcher sich weitaus besser approximieren lässt.

Economies of Scale können sich auf unterschiedlichste Prozesse beziehen. Betrachtet man nur die Kosten auf einer einzelnen Transportverbindung, so ist es in der Literatur unstrittig, dass dort in den unterschiedlichen Anwendungsbereichen mit Economies of Scale zu rechnen ist.[145] Nach unseren Überlegungen im vorangehenden Abschnitt verwundert dies nicht, auch wenn wir dort auch nur Teilas-

137 Vgl. Baumol et al. (1982, S. 21) und Caves et al. (1984, S. 474).

138 Sie hat den Nachteil, dass es Ausnahmenfälle gibt – welche allerdings praktisch keine Schwierigkeiten bereiten dürften –, in denen für einen Punkt die Durchschnittskosten zwar fallen, EoSc aber 1 beträgt. Vgl. Baumol et al. (1982, S. 22).

139 Zur Vorgehensweise vgl. bspw. Christensen und Greene (1976).

140 Vgl. Braeutigam (1999, S. 71 f.) sowie Oum und Waters (1996, S. 427).

141 Siehe hierzu die in Braeutigam (1999) aufgeführten Arbeiten.

142 Kurzschreibweise für *transcendental logarithmic*.

143 Vgl. Christensen et al. (1971), Christensen et al. (1973) und Greene (2003, S. 366 ff.).

144 Vgl. Caves et al. (1984, S. 473), Oum und Waters (1996, S. 428 f.), Braeutigam (1999, S. 72).

145 Vgl. z.B. Laaser (1991, S. 69), Fleischmann (1993, S. 32), Lederer und Nambimadom (1998, S. 787 f.) sowie McCann (2001, S. 671).

pekte des Transportes beleuchtet haben. Insbesondere Fixkostendegression und Größendegression führen unmittelbar zu Economies of Scale. Von uns nicht weiter betrachtete Gegebenheiten können die Vorteile einer zunehmenden Transportmenge nicht überkompensieren.

Bezieht man sich auf ein komplettes Netzwerk, so wird die Betrachtung komplizierter. Ein isolierter Bezug auf die Ausbringungsmenge erlaubt hier kaum eine sinnvolle Aussage. Dann würde bspw. eine Gesellschaft, die nur eine Verbindung zwischen zwei Orten unterhält, als gleichwertig mit einer anderen Gesellschaft angesehen, welche bei gleichem Verkehrsvolumen eine große Anzahl an Orten bedient. Es ist aber anzunehmen, dass die Kostenstrukturen dieser beiden Gesellschaften sehr unterschiedlich sind. Zur Vermeidung solcher Schwierigkeiten sind im Regressionsmodell zusätzliche Charakteristika einzubeziehen, die u.a. die Netzwerkgröße berücksichtigen.[146] Im Flugverkehr schlagen Caves et al. (1984, S. 473 f.) vor, die Netzwerkgröße anhand der Anzahl bedienter Flughäfen zu spezifizieren. Im Eisenbahnverkehr greift man stattdessen auf die Länge des Schienenetzes zurück.[147] Das Regressionsmodell liefert Elastizitäten $E_{x,c}$ der Kosten c bezüglich einer Änderung der Ausbringungsmenge x und $E_{s,c}$ der Kosten c bezüglich einer Änderung der Netzwerkgröße s. Mit Hilfe dieser Elastizitäten kann man den Grad der *Economies of Density* EoD und *Economies of Size* EoSz bestimmen:[148] $EoD = 1/E_{x,c}$ bzw. $EoSz = 1/(E_{x,c} + E_{x,s})$. Economies of Density liegen vor, wenn sich die Durchschnittskosten mit zunehmender Ausbringungsmenge bei unveränderter Größe des Netzwerkes, also bei zunehmender Dichte, reduzieren. Economies of Size[149] hingegen betrachten eine Veränderung der Kosten in Abhängigkeit der Netzwerkgröße, aber bei unveränderter Dichte. Ist EoD [EoSz] kleiner als 1, gleich 1 bzw. größer als 1, so sprechen wir von Diseconomies, Constant Economies bzw. von Economies of Density [Size].

Vor allem im Vorfeld der Deregulierungen von Verkehrsmärkten in den USA in den 70er Jahren und in Europa in den 90er Jahren war zu untersuchen, ob es durch Deregulierungen zur Bildung von natürlichen Monopolen kommt. Economies of Density und Size sind wertvolle Instrumente, um dies beurteilen zu können. Auch

146 Weitere Charakteristika sind z.B. die durchschnittliche Flugstreckenlänge und die durchschnittliche Auslastung der Flüge.

147 Vgl. Caves et al. (1984, S. 473).

148 Vgl. Caves et al. (1984, S. 474).

149 Auch hier ist die Bezeichnung in der Literatur wieder unterschiedlich und irreführend. Manche – wie bspw. Caves et al. (1984) – verwenden für Economies of Size auch den Bezeichner Economies of Scale.

bei der kartellrechtlichen Beurteilung von Unternehmenszusammenschlüssen spielen diese eine große Rolle. Hat ein fusioniertes Unternehmen alleine durch seine Größe Kostenvorteile (Economies of Size), so ist der Eintritt eines neuen (und zunächst kleinen) Konkurrenten in den Markt nicht zu erwarten. Noch vorhandene (kleinere) Konkurrenz wird langfristig aufgrund ihrer ungünstigeren Kostenstruktur vom Markt verschwinden.[150] Gibt es hingegen lediglich Vorteile durch eine höhere Verkehrsdichte und keine anderen relevanten Faktoren wie bspw. Vorteile bei der Vermarktung (z.B. durch Frequent Flyer Programme[151]), so können auch kleinere und neue Unternehmen in Nischenmärkten bestehen, soweit keine Marktzutrittsschranken[152] vorliegen. Auf eine ausführliche Diskussion wettbewerbspolitischer Gesichtspunkte verzichten wir an dieser Stelle und verweisen auf Werner (1988a), Werner (1988b), Laaser (1991) und Borenstein (1992). Für unsere Zwecke sind lediglich die Ergebnisse der empirischen Untersuchungen von Interesse.

Übersichten über Ergebnisse stellen z.B. Antoniou (1991), Laaser (1991), Oum und Waters (1996) sowie Braeutigam (1999) dar. Aufgrund unterschiedlicher Untersuchungstechniken und zugrunde liegender empirischer Daten ergibt sich kein einheitliches Bild. Eine große Anzahl an Untersuchungen kommt zum Schluss, dass sich bei Eisenbahnen und im Flugverkehr Economies of Density nachweisen lassen. Der Straßengüterverkehr ist diesbezüglich nicht sehr intensiv untersucht worden, aber auch hier berichten die entsprechenden Arbeiten von Economies of Density. Das Vorhandensein von Economies of Size in allen drei Bereichen wurde zunächst mehrheitlich verneint.[153] Neuere Ergebnisse deuten allerdings darauf hin, dass es im Flugverkehr Economies of Size gibt.[154] Auch vermehrte Zusammenschlüsse von Fluggesellschaften zu strategischen Allianzen, die letztlich eine Art virtueller Fusionierung verschiedener Fluggesellschaften darstellen, legen den Schluss nahe, dass sich alleine aus der Unternehmensgröße Vorteile ergeben.

Für unsere Betrachtungen sind die Economies of Size aber nicht weiter von Belang. Wichtig ist, dass mit zunehmender Verkehrsdichte bezogen auf das gesamte Netzwerk die Stückkosten sinken (Economies of Density). Dies ist ein starkes Indiz dafür, dass sich auch die durchschnittlichen Transportkosten auf einer einzelnen Verbindung mit zunehmender Transportmenge senken lassen. Aufgrund unserer Betrachtungen im vorangehenden Abschnitt war dies zwar zu vermuten,[155] sie

150 Vgl. Aberle (2003, S. 104).

151 Vgl. Borenstein (1992, S. 61 ff.) und Pompl (2002, S. 388).

152 Vgl. Laaser (1991, S. 71).

153 Vgl. Braeutigam (1999, S. 77).

154 Vgl. Antoniou (1991) und Liu und Lynk (1999, S. 1090 f.).

stellen aber jeweils nur Teilausschnitte des gesamten Produktionsprozesses dar. Das Vorhandensein von Economies of Density weist darauf hin, dass es keine in Abschnitt 3.1.1 nicht betrachteten Aspekte gibt, die insgesamt fallende Stückkosten verhindern.

Neben den Economies of Scale, Density und Size spielen auch Economies of Scope (Verbundeffekte) im Zusammenhang mit Hub&Spoke-Netzwerken eine Rolle. Von *Economies of Scope* spricht man allgemein, wenn die gemeinsame Produktion unterschiedlicher Produkte kostengünstiger als die getrennte Produktion in unterschiedlichen Produktionsprozessen ist.[156]

In Hub&Spoke-Netzwerken werden auf einzelnen Verbindungen Güter mit unterschiedlicher Quelle und/oder unterschiedlichem Ziel transportiert. Dies ermöglicht den Einsatz größerer Transportmittel bzw. deren bessere Auslastung und bringt dementsprechend Kostenvorteile, die sich aus Economies of Scale für einzelne Verbindungen ergeben. Ein weiterer Vorteil der Verbundproduktion[157] ergibt sich über geringere vorzuhaltende Reservekapazitäten. Die Menge der von einer Quelle zu einem Ziel zu transportierenden Güter lässt sich zumeist nicht genau vorhersagen. Dementsprechend ist es notwendig, bei der Planung Reservekapazitäten zu berücksichtigen. Diese hängen von der Varianz des die Gütermenge beschreibenden Zufallsprozesses ab. Im Falle der Verbundproduktion ist die Varianz (auf einer Verbindung) von verschiedenen Zufallsprozessen abhängig. Sie ist geringer als die Summe der Einzelvarianzen. Dementsprechend sind bei der Verbundproduktion weniger Kapazitätsreserven notwendig als bei einer getrennten Produktion. Henning (1997) bezeichnet dies als statistischen Ausgleichseffekt.[158]

Eine weitere Ursache für Economies of Scope stellt die gemeinsame Nutzung eines Transportmittels für unterschiedliche Arten von „Transportgütern“ dar. Ein Passagierflugzeug kann neben Personen auch Fracht befördern, wodurch sich die Auslastung verbessern lässt. Erscheint eine große Anzahl an potentiellen Passagieren trotz entsprechender Buchung nicht zum Abflug oder ist der Flug nicht ausgebucht, so kann die Restkapazität des Flugzeuges mit entsprechend mehr Fracht ausgenutzt werden. Außerdem sind Passagierflugzeuge im Nachteinsatz auch für

---

155 Vgl. auch Braeutigam (1999, S. 92).

156 Vgl. Panzar und Willig (1981, S. 268 f.), Femerling (1997) sowie Hensher und Brewer (2001, S. 146 ff.).

157 Vgl. Woll (2000, S. 760).

158 Houtman (2002, S. 62) wählt hierfür die Bezeichnung „Konsolidierungseffekt“, setzt diesen aber mit Economies of Density gleich. Vgl. auch Barla und Constantatos (2000, S. 174).

den Frachttransport verwendbar.[159] Neben den Transportmitteln lässt sich auch die Infrastruktur in nichtkonkurrierender Art gemeinsam nutzen, was mit entsprechenden Kostenvorteilen einhergeht. Ein Beispiel hierfür stellt die Bahn dar. Während tagsüber vornehmlich Personen transportiert werden, finden nachts hauptsächlich Gütertransporte statt.[160] Ähnliches lässt sich bei den Sortieranlagen der Deutschen Post AG beobachten. Während Briefe mit einer kurzen Laufzeit in engen Zeitfenstern bearbeitet werden müssen, würden die Sortieranlagen bei fehlender alternativer Nutzung in der übrigen Zeit stillstehen und ungenutzt bleiben. In diesen „freien“ Zeiten werden Sendungen mit niedrigerer Zustellungspriorität (bspw. Infopost) auf den gleichen Sortieranlagen bearbeitet.[161]

Zu beachten ist, dass einige Ursachen sowohl zu Economies of Density als auch zu Economies of Scope führen können, dies aber nicht immer der Fall ist. Die gemeinsame Beförderung von Passagieren auf einer (Teil-)Verbindung führt, unterstellt man, dass hierdurch ein größeres Flugzeug mit einer günstigeren Kostenstruktur eingesetzt werden kann, sowohl zu Economies of Scope als auch zu Economies of Density. Gelingt es, bspw. durch geeignete Marketingaktivitäten, insgesamt die Verkehrsdichte zu erhöhen, so ergeben sich Economies of Density auch ohne eine Verbundproduktion. Erreicht man es hingegen, durch eine verbesserte Koordinierung der Abflugszeiten, Passagiere in einem gemeinsamen Flugzeug zu transportieren statt in unterschiedlichen, so resultieren hieraus Economies of Scope. Da auf einzelnen Verbindungen hierdurch die Anzahl der zu befördernden Passagiere unverändert bleibt, ergeben sich keine Economies of Density.

Bei unserer Betrachtung lassen sich Economies of Scope aufgrund der strategischen und damit hochaggregierten Sichtweise (wir betrachten lediglich Güterströme, ohne auf einzelne Transportobjekte und -mittel einzugehen) nicht direkt berücksichtigen. Es ist bspw. nicht festzustellen, ob eine zeitliche Koordinierung möglich ist, bei der Personen mit unterschiedlichem Ziel auf einer Teilverbindung das gleiche Flugzeug verwenden können. Dies lässt sich nur sehr vage antizipieren, indem man unterstellt, dass eine gemeinsame Nutzung dann einfacher realisierbar ist, wenn ingesamt auf dem Teilabschnitt mehr transportiert wird. Economies of Scope werden also allenfalls durch eine überhöhte Berücksichtigung von Economies of Scale bezüglich einzelner (Teil-)Verbindungen bzw. Economies of Density in die Kostenbetrachtung einbezogen.

159 Vgl. Aberle (2003, S. 262).

160 Vgl. Heimerl et al. (1997, S. 50).

161 Vgl. Tumm und Fischer (1994, S. 141 f.).

3.1.3 Berücksichtigung in der Literatur

Obwohl die Literatur i.d.R. mengenabhängige Kosteneinsparungen durch fallende Durchschnittskosten auf Verbindungen (Economies of Scale) als Motivation für die Verwendung von Hub&Spoke-Netzwerken unterstellt, sind in den meisten Modellen und entsprechenden Lösungsverfahren ausschließlich proportionale Transportkosten zu finden.[162] Man geht pauschal davon aus, dass auf Verbindungen zwischen Hubs ein höheres Transportvolumen zu erwarten ist. Deswegen werden die Basistransportkosten c_{ij}, welche angeben, wie viel der (direkte) Transport einer Mengeneinheit vom Knoten i zum Knoten j kostet, gemeinhin mit einem (konstanten) Skalierungsfaktor $\alpha \in [0;1]$ multipliziert, um die Transportkosten pro Mengeneinheit auf einer Hub-Hub-Verbindung (i,j) zu bestimmen. Teilweise kommen in der Literatur auch für die anderen Typen von Verbindungen Skalierungsfaktoren zum Einsatz: α_1 und α_2 für Quelle-Hub- und Hub-Ziel- sowie β für Quelle-Ziel-Verbindungen. Es wird davon ausgegangen, dass α_1 und α_2 nicht kleiner als α und nicht größer als β sind.

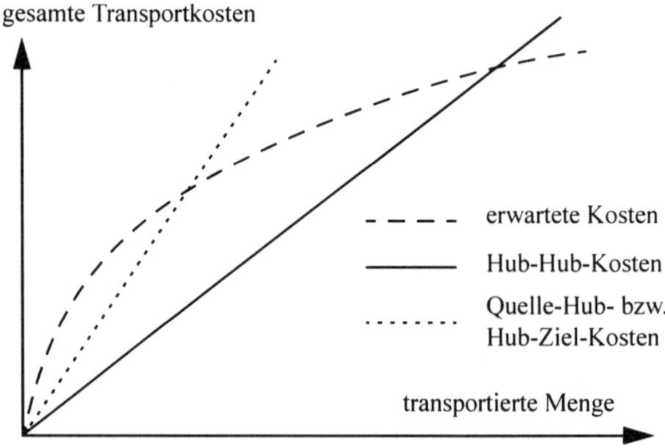

Abb. 3.12: Approximierung einer Kostenfunktion

Abbildung 3.12 gibt einen erwarteten Kostenverlauf wieder, der durch das Vorliegen von Größendegressionseffekten zustande kommen kann.[163] Zusätzlich sind die Kosten eingezeichnet, welche bei der Verwendung von Skalierungsfaktoren für Hub-Hub-Verbindungen bzw. Quelle-Hub- und Hub-Ziel-Verbindungen in den Modellen unterstellt werden.[164] Trifft die a priori in Abhängigkeit des Verbin-

---

162 Vgl. Abschnitt 2.3.

163 Vgl. Abbildung 3.10 und Abschnitt 3.1.1.6.

164 Es gilt $\alpha_1 = \alpha_2$.

dungstyps angenommene Transportmenge in etwa zu, so ist auch der tatsächliche Kostenverlauf vergleichsweise gut abgebildet. Kommt es zum Einsatz mehrerer Fahrzeuge und ergibt sich für die Kosten hierdurch ein Funktionsverlauf wie der in Abbildung 3.7 dargestellte, so lässt sich der Kostenverlauf auf Hub-Hub-Verbindungen besser mittels konstanter Skalierungsfaktoren approximieren. Die Kostenfunktion für große Transportmengen entspricht hier ohnehin fast einer Funktion mit mengenunabhängigen Durchschnittskosten und nähert sich einer solchen asymptotisch an. Für die anderen Verbindungstypen – für welche man mit kleineren Transportmengen rechnet – führt die Annahme eines proportionalen Kostenverlaufes zu Schwierigkeiten. In Abbildung 3.7 ist allerdings noch nicht berücksichtigt, dass uns primär erwartete Kosten interessieren und bei sehr kleinen Transportmengen u.U. eine verzögerte Bedienung möglich ist, wie wir sie in Abschnitt 3.1.1.5 thematisiert haben. Bezieht man diese Aspekte ein, so ergibt sich eine besser approximierbare Funktion.

Da im Modell die Mengenabhängigkeit der Stückkosten bezüglich eines Verbindungstyps nicht direkt einbezogen ist, kommt es zu unrealistischen optimalen Lösungen.[165] So gibt es nicht selten optimale Lösungen, bei denen einem Hub kein Nichthub zugeordnet ist. Der Grund hierfür liegt in den niedrigen Kosten auf Hub-Hub-Verbindungen. Diese lassen sich in einem solchen Fall aber nicht rechtfertigen, weil die auf den entsprechenden Verbindungen transportierten Mengen dort nicht größer sind. Im Gegenteil: Würde ein solcher Knoten als Nichthub behandelt, so wären die transportierten Mengen auf den ihn mit dem Hubnetz verknüpfenden Verbindungen i.d.R. größer. Im auf der vereinfachten Kostenstruktur basierenden Modell würden sie aber als teurer eingestuft. Wir verdeutlichen dies anhand eines Single Allocation - Beispiels mit drei Knoten. Zur Veranschaulichung des Effektes sei vereinfachend angenommen, dass lediglich Güter vom Knoten 1 zu den Hubknoten 2 und 3 zu transportieren seien. Als Problemparameter seien $c_{12} = c_{23} = 2$, $c_{13} = 3$, $\alpha = 0{,}75$, $\alpha_1 = \alpha_2 = 1$ und $w_{12} = w_{23} = 1$ angenommen. Ist der Knoten 1 ein Hub, so unterstellt das Modell auf der Hub-Hub-Verbindung $(1, 2)$ Kosten in Höhe von 1,5 Geldeinheiten pro Mengeneinheit (GE/ME). Ist im Knoten 1 hingegen kein Hub eingerichtet und läuft deswegen der Transport von 1 nach 3 nicht direkt, sondern über den Hub 2, so liegt auf der Quelle-Hub-Verbindung eine höhere Transportmenge und eine höhere Kostenbewertung von 2 GE/ME vor. Dies läuft der grundsätzlich unterstellten Annahme zuwider, dass eine höhere Transportmenge zu niedrigeren durchschnittlichen Transportkosten führen müsste.

---

165 Vgl. Aykin (1996, S. 3 f.) und Campbell (1994b, S. 391).

Um dieser Problematik entgegenzuwirken, führt Aykin (1996) ein Problem ein, bei dem ein Hub nur dann eingerichtet werden darf, wenn eine vorzugebende Mindestmenge an Verkehrsvolumen ihn als Zwischenstation nutzt. Bryan (1998) schlägt vor, dass eine Verbindung zwischen Hubs nur dann einsetzbar sein sollte, wenn auf dieser eine Mindestmenge transportiert wird.

Campbell (1994b) greift eine weitere Schwierigkeit auf, die bei einer nur ungenauen Berücksichtigung der Kosten im Multiple Allocation - Fall entsteht. Um die Transportwege und damit -kosten zu verkürzen, neigen optimale Lösungen dazu, einem Knoten viele Hubs zuzuordnen, welche jeweils aufgrund der mengenunabhängigen Stückkosten schlecht ausgelastet sind. Aus diesem Grund führt er für jede Kante zwischen Knoten und Hubs (also gemeinsam für eine Quelle-Hub- und die entgegengesetzte Hub-Ziel-Verbindung) Fixkosten und eine vorzugebende Mindestnutzung ein.

Diese Ansätze wirken lediglich ungewollten Symptomen entgegen und versuchen nicht explizit, die Kostenstruktur genauer abzubilden. Einen anderen Weg gehen O'Kelly und Bryan (1998). Sie führen einen Kostenverlauf mit fallenden Durchschnittskosten ein und approximieren diesen mittels stückweiser Linearisierung. Die Durchschnittskosten berechnen sich als

$$\hat{c}_{km}(M_{km}) = c_{km} \cdot \left(1 - \theta \cdot \left(\frac{M_{km}}{w^{\Sigma}}\right)^{\gamma}\right), \tag{3.2}$$

wobei M_{km} für die Menge steht, welche auf der betrachteten Verbindung (k, m) transportiert wird. $w^{\Sigma} = \sum_{i,j} w_{ij}$ gibt an, wie viel über das gesamte Netzwerk zu transportieren ist. Über die (nichtnegativen) Parameter θ und γ lässt sich die maximal mögliche Einsparung angeben bzw. die Krümmung der Kostenkurve steuern. Hat der Parameter γ einen Wert von 1, so fallen die Durchnittskosten mit konstanter Steigung; ist er kleiner/größer, dann fallen/steigen die Grenzdurchschnittskosten mit zunehmender Transportmenge.

Aus $\hat{c}_{km}(M_{km})$ ergibt sich als konkave Gesamtkostenfunktion tc_{km}:

$$tc_{km}(M_{km}) = M_{km} \cdot \hat{c}_{km}(M_{km}) \tag{3.3}$$

Der Gesamtkostenverlauf sollte monoton steigen. Um dies für alle möglichen Mengen $M_{km} \in [0, w^{\Sigma}]$ sicherzustellen, müssen die Parameter der Bedingung $(\gamma + 1) \cdot \theta \leq 1$ genügen.[166]

166 Vgl. Horner und O'Kelly (2001, S. 258).

Für unsere Untersuchungen verwenden wir die Kostenfunktion tc_{km} mit unterschiedlichen Parametern θ und γ. Wir ziehen drei Szenarien in Betracht (Vgl. Abbildung 3.13):

- A: $\theta = 0{,}8$; $\gamma = 0{,}2$
- B: $\theta = 0{,}5$; $\gamma = 0{,}5$
- C: $\theta = 0{,}1$; $\gamma = 0{,}9$

Die Kostenfunktion ist gut geeignet, um einen primär durch Größeneffekte bestimmten Kostenverlauf geeignet abzubilden. In unseren Rechentests greifen wir auf diese als nicht linear-homogene Kostenfunktion zurück. Zeigt sich, dass wir Instanzen mit einer solchen Kostenfunktion hinreichend gut durch solche mit mengenunabhängigen Durchschnittstransportkosten approximieren können, so ist dies auch für solche anzunehmen, bei denen sich die Kosten für große Mengen einem proportionalen Kostenverlauf annähern.

Die Verwendung konstanter Skalierungsfaktoren dient nicht nur dazu, Kostenverläufe mit mengenabhängigen Durchschnittstransportkosten in vereinfachter Form abzubilden. Sie eignen sich insbesondere dann, wenn auf den einzelnen Verbindungstypen technologiebedingt verschiedene Transportmittel mit einer entsprechend unterschiedlichen Transportkostenstruktur zum Einsatz kommen. Ein Beispiel hierfür stellt der kombinierte Verkehr mit den Verkehrsträgern Straße und Schiene dar. Während für den ersten und den letzten Abschnitt des Transportes LKWs zum Einsatz kommen, ist für den Hauptlauf der Einsatz von Zügen sinnvoll. Die Verwendung von Zügen auf den anderen Verbindungen lohnt sich zum einen wegen der niedrigen Transportmengen auf den Verbindungen nicht. Zum anderen ist es für die günstigere Technologie auch losgelöst von diesem Beispiel eventuell erforderlich, entsprechende Umladekapazitäten vorzuhalten, deren Einsatz nur dann wirtschaftlich ist, wenn eine hinreichend große Menge umzuschlagen ist. Eine solche ist bei Hubs gemeinhin zu erwarten.

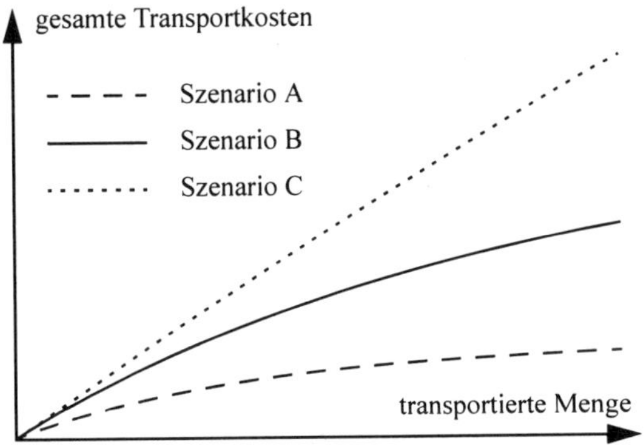

Abb. 3.13: Kostenverläufe der Szenarien

Wlcek (1998) und Kimms (2005) berücksichtigen bei ihren Lösungsansätzen einen Kostenverlauf, wie er in Abbildung 3.5 dargestellt ist. Ersterer arbeitet mit erwarteten Kosten, so dass sich ein geglätteter Verlauf der Durchschnittskosten ergibt, wie wir ihn in Abbildung 3.11 dargestellt haben.[167] Kimms (2005) hingegen bildet die operative Kostenfunktion direkt in seinem Lösungsansatz ab. Somit ist man auf eine genaue Prognose der Transportmengen angewiesen, da sich bereits eine geringfügige Änderung der Daten deutlich auf die Bewertung einer Lösung auswirkt.

3.2 Single Allocation - Probleme

Dieser Abschnitt beschäftigt sich mit verschiedenen Single Allocation - Problemstellungen. Wir beginnen mit den Problemen [SA, p | | VC | | MC] und [SA, D, p | | VC | | MC], für die wir aus der Literatur bekannte Modellierungsansätze darstellen und verbessern. Es folgt ein Vergleich verschiedener Varianten der Ansätze. Anschließend betrachten wir zwei Modelle für das clusterbasierte Problem [SA-C, D | FC | VC | | MC] und zeigen, wie sich eines dieser Modelle auch beim Vorliegen (spezieller) nicht linear-homogener Transportkosten anwenden lässt. Dies ermöglicht es auch – wie in Abschnitt 3.2.3 gezeigt wird –, das Single Allocation - Problem ohne vorgegebene Partition mit nicht linear-homogenen Kosten heuristisch zu lösen. Ein Vergleich von damit gewonnenen heuristischen Lösungen mit optimalen Lösungen bezüglich entsprechender Instanzen für das Problem mit proportionalen Kostenfunktionen zeigt auf, inwiefern „klassische" (auf mengenunabhängigen Durchschnittstransportkosten basierende) Lösungsansätze beim sehr häufig unterstellten Vorliegen von Economies of Density bzw. Scale auf Transportverbindungen geeignet sind.

3.2.1 Mengenunabhängige Durchschnittstransportkosten

Für das Problem [SA, p | | VC | | MC] ist anzunehmen, dass sich selbst bei einer Vorgabe der Hubstandorte das verbleibende Zuordnungsproblem nicht mit polynomialem Rechenaufwand[168] lösen lässt, wenn die Anzahl der Hubs mindestens drei beträgt. Dies folgt (unter der Annahme $NP \neq P$ [169]) aus dem Beweis von Sohn und

167 Vgl. das Anwendungsgebiet „Straßengüterverkehr" in Abschnitt 3.1.1.7.

168 Sei $r(n)$ der (maximale) Berechnungsaufwand eines Lösungsverfahrens bei einer Probleminstanz der Größe n. Der Aufwand beträgt größenordnungsmäßig $f(n)$ (kurz: $O(f(n))$), wenn gilt: Es existieren positive reelle Zahlen n_0 und c, so dass $r(n) \leq c \cdot f(n)$ für jedes $n \geq n_0$ gilt. Ist $f(n)$ ein Polynom, so bezeichnet man den Berechnungsaufwand als polynomial. Vgl. Domschke und Drexl (2005, S. 125).

Park (2000), welcher zeigt, dass das Zuordnungsproblem NP-hart[170] ist. Daher kann man nur vergleichsweise kleine Instanzen des allgemeineren Problems [SA, p | | VC | | MC] optimal lösen. Für große Instanzen ist man auf Heuristiken angewiesen, auf die wir an dieser Stelle nicht eingehen, sondern diesbezüglich auf Abschnitt 2.3 verweisen. Durch Fortschritte bei der zur Verfügung stehenden Computerhardware und der Software für das Lösen von Optimierungsmodellen in den letzten Jahren sowie verbesserten Modellierungsansätzen, wie wir sie auch im Rahmen dieser Arbeit entwickeln, lassen sich allerdings Probleminstanzen mit einer beachtlichen Größenordnung optimal lösen.[171]

3.2.1.1 Modelle mit Routenvariablen

Skorin-Kapov et al. (1996) verbessern ein von Campbell (1994b) vorgeschlagenes Modell für das Problem [SA, p | | VC | | MC]. In beiden Fällen gibt es zwei Typen von Entscheidungsvariablen. Zum einen sind dies Binärvariablen A_{ik}, welche genau dann den Wert 1 annehmen, wenn der Knoten i dem Hub k zugeordnet wird. Zum anderen benötigen die Modelle Routenvariablen X_{ijkm}. Diese geben an, welcher Anteil der insgesamt von i nach j zu transportierenden Güter über die Hubs k und m (in dieser Reihenfolge) an ihr Ziel gebracht wird. Dabei steht eine Variable X_{ijkk} für einen Transport, der lediglich über den Hub k führt. Startet bzw. endet ein Transport in einem Hub, so sind in der entsprechenden Routenvariablen X_{ijkm} i und k bzw. j und m identisch. Ist für die Transportzeit (i.e.S.) eine Schranke vorgegeben, so lässt sich das berücksichtigen, indem man die Variablen für Routen, welche zu einer Überschreitung führen würden, zu 0 fixiert bzw. aus dem Modell entfernt.[172]

---

169 Die Mengen P bzw. NP umfassen die Problemstellungen, welche mit einer deterministischen bzw. nichtdeterministischen Turingmaschine mit polynomialem Zeitaufwand gelöst werden können. Genau dann, wenn diese beiden Mengen identisch sind, können auch alle in NP enthaltenen Probleme – wie bspw. das Travelling Salesman Problem – mit polynomialem Aufwand unter Verwendung von Registermaschinen (z.B. PCs) gelöst werden bzw. existieren entsprechende Algorithmen mit polynomialem Rechenaufwand. Vgl. Wegener (1999, Kap. 2 u. 3). Trotz jahrzehntelanger intensiver Forschung ist es bis jetzt nicht gelungen nachzuweisen, ob $NP \neq P$ oder $NP = P$. Aus praktischer Sicht ist bis zum Beweis des Gegenteils davon auszugehen, dass $NP \neq P$; vgl. Tovey (2002, S. 33).

170 Für die Klasse der NP-harten Probleme existiert kein Algorithmus mit polynomialer Laufzeit, wenn $NP \neq P$. Findet man für ein beliebiges NP-hartes Problem einen Algorithmus mit polynomialer Laufzeit, so folgt hieraus $NP = P$. Vgl. u.a. Garey und Johnson (1979) und Wegener (1999, Kap. 3).

171 Vgl. bspw. die Abschnitte 3.2.1.3, 3.2.2.5 und 3.3.1.3 sowie Bixby (2002).

Die Kosten, welche entstehen, wenn sämtliche von i nach j zu transportierenden Güter entlang der Hubs k und m (in dieser Reihenfolge) befördert werden, lassen sich zusammenfassen zu $\tilde{c}_{ijkm} = w_{ij} \cdot (\alpha_1 \cdot c_{ik} + \alpha \cdot c_{km} + \alpha_2 \cdot c_{mj})$.[173]

Da es sich um ein unkapazitiertes Problem handelt und wir davon ausgehen können, dass die Basistransportkosten c_{ij} nie negativ sind und die Dreiecksungleichung für Transportkosten gilt, gibt es stets eine optimale Lösung, bei der jeder Hub sich selbst als Knoten zugeordnet wird. Dementsprechend interpretieren wir die Variable A_{kk} als Entscheidungsvariable für die Einrichtung eines Hubs im Knoten k. Das Modell von Skorin-Kapov et al. (1996) lässt sich nun folgendermaßen formulieren:

$$\text{Minimiere} \sum_{i,j,k,m} \tilde{c}_{ijkm} \cdot X_{ijkm} \tag{3.4}$$

unter den Nebenbedingungen

$$\sum_k A_{kk} = p \tag{3.5}$$

$$\sum_k A_{ik} = 1 \qquad \text{für alle i} \tag{3.6}$$

$$A_{ik} \leq A_{kk} \qquad \text{für alle i und k} \tag{3.7}$$

$$A_{ik} \in \{0, 1\} \qquad \text{für alle i und k} \tag{3.8}$$

$$\sum_m X_{ijkm} = A_{ik} \qquad \text{für alle i, j und k} \tag{3.9}$$

$$\sum_k X_{ijkm} = A_{jm} \qquad \text{für alle i, j und m} \tag{3.10}$$

$$X_{ijkm} \geq 0 \qquad \text{für alle i, j, k und m} \tag{3.11}$$

Mit der Zielfunktion (3.4) werden die Transportkosten minimiert. Die Nebenbedingung (3.5) stellt sicher, dass genau p Hubs ausgewählt werden. Jedem Knoten i wird nach (3.6) genau ein Hub k zugeordnet. Eine solche Zuordnung ist entsprechend (3.7) nur dann zulässig, wenn in k auch ein Hub eingerichtet ist. In den Nebenbedingungen (3.9) und (3.10) weicht das Modell von dem in Campbell (1994b)

172 Dies gilt auch bei entsprechenden Modellen für Multiple Allocation - Probleme.

173 Für jedes i unterstellen wir, dass $c_{ii} = 0$.

vorgeschlagenen ab, wodurch sich eine Verschärfung der LP-Relaxation[174] ergibt.[175] In jedem Fall ist hier sicherzustellen, dass genau dann, wenn ein Knoten i einem Hub k zugeordnet ist, sämtliche Transporte von bzw. nach i so ablaufen, dass unmittelbar nach dem Verlassen bzw. vor dem Erreichen von i der Knoten k besucht wird. (3.8) und (3.11) spezifizieren den Wertebereich der Variablen.

Skorin-Kapov et al. (1996) zeigen mit numerischen Tests, dass die LP-Relaxation des Modells (3.4) - (3.11) sehr gute Schranken und meistens direkt eine ganzzahlige Lösung liefert. Der Nachteil dieses Modells ist, dass die Anzahl der Variablen größenordnungsmäßig n^4 beträgt.[176] Der daraus resultierende Speicherplatzbedarf macht es unmöglich, große Probleminstanzen anzugehen.

Preprocessing: Durch die eindeutige Zuordnung von Knoten zu Hubs muss stets $X_{ijkm} = X_{jimk}$ gelten. Somit können wir die X_{ijkm} durch Variablen $X_{\{(i,k),(j,m)\}}$[177] substituieren.[178] Eine solche Variable steht für den Anteil des Transportes von i nach j bzw. von j nach i, der über die Hub-Hub-Verbindung (k, m) bzw. (m, k) zu transportieren ist. Aufgrund der festen Zuordnung von Knoten zu Hubs können wir darüber hinaus auf Variablen $X_{\{(i,k),(i,m)\}}$ mit $k \neq m$ verzichten und $X_{\{(i,k),(i,k)\}}$ durch A_{ik} ersetzen.

Damit halbieren wir nicht nur in etwa die Anzahl der Variablen, sondern können auch auf nun redundante Nebenbedingungen des Typs (3.10) verzichten. Die Änderungen lassen sich folgendermaßen zu einem modifizierten Modell zusammenfassen:

---

174 Bei der LP-Relaxation verzichtet man auf Ganzzahligkeitsbedingungen des Modells. Vgl. Domschke und Drexl (2005, S. 135).

175 Eine schärfere LP-Relaxation verkleinert die Menge zulässiger Lösungen für das LP-relaxierte Modell, liefert sehr häufig bessere Schranken und beschleunigt damit den Lösungsprozess im Rahmen eines Branch&Bound-Verfahrens. Vgl. Domschke et al. (2002, S. 849).

176 Analog zur Abschätzung des Rechenaufwandes eines Algorithmus, wie bspw. von Domschke und Drexl (2005, S. 125) beschrieben, geben wir hier eine (Größen-) Ordnung $f(n)$ in Abhängigkeit der Probleminstanzgröße n für die Anzahl der Variablen $AV(n)$ (und später auch für die der Nebenbedingungen $AN(n)$) an. Ist die Anzahl der Variablen bzw. Nebenbedingungen nicht eindeutig über die Probleminstanzgröße n bestimmt, so geben $AV(n)$ bzw. $AN(n)$ die höchstens erreichbare Anzahl an. Eine Größenordnung von $f(n)$ (oder kurz $O(f(n))$) liegt vor, wenn gilt:
Es gibt ein $n_0 \in \mathbb{R}_+$ und ein $c \in \mathbb{R}_+$, so dass für jedes $n \geq n_0$ die Anzahl der Variablen $AV(n) \leq c \cdot f(n)$ bzw. die der Nebenbedingungen $AN(n) \leq c \cdot f(n)$ ist.

177 $\{i, j\}$ ist gleichbedeutend mit $\{j, i\}$. Dementsprechend stehen $X_{\{(i,k),(j,m)\}}$ und $X_{\{(j,m),(i,k)\}}$ für ein und dieselbe Variable.

$$\text{Minimiere} \quad \sum_{i,j,k,m \text{ mit } i<j} (\tilde{c}_{ijkm} + \tilde{c}_{jimk}) \cdot X_{\{(i,k),(j,m)\}} + \sum_{i,k} \tilde{c}_{iikk} \cdot A_{ik} \tag{3.12}$$

unter den Nebenbedingungen

$$\sum_m X_{\{(i,k),(j,m)\}} = A_{ik} \qquad \text{für alle i, j und k mit } i \neq j \tag{3.13}$$

$$X_{\{(i,k),(j,m)\}} \geq 0 \qquad \text{für alle i, j, k und m mit } i<j \tag{3.14}$$

sowie (3.5) - (3.8)

Bei den numerischen Tests werden zusätzlich folgende Nebenbedingungen berücksichtigt:

$$\sum_{\{(i,k),(j,m)\}} X_{\{(i,k),(j,m)\}} = 1 \qquad \text{für alle i und j mit } i<j \tag{3.15}$$

Diese sind zwar sogar bezüglich der LP-Relaxation redundant. Sie beschleunigen jedoch den Lösungsprozess durch eine schnellere Bestimmung der unteren Schranke(n) erheblich.

Preprocessing: Unter der Annahme, dass für die Basistransportkosten c_{ij} die Dreiecksungleichung erfüllt ist, lässt sich auch dieses Modell weiter durch Vorüberlegungen verfeinern. Sind k und m Hubs und gilt ferner

$$(\alpha_1 \cdot c_{im} + \alpha \cdot c_{mk}) \cdot o_i + (\alpha \cdot c_{km} + \alpha_2 \cdot c_{mi}) \cdot d_i < \alpha_1 \cdot c_{ik} \cdot o_i + \alpha_2 \cdot c_{ki} \cdot d_i$$

mit $o_i = \sum_j w_{ij}$ und $d_i = \sum_j w_{ji}$, dann ist in einer optimalen Lösung eine Zuordnung des Knotens i zum Hub k nicht möglich, falls auch im Knoten m ein Hub eingerichtet wird. Eine solche Lösung ließe sich stets durch eine alternative Zuordnung des Knotens i zum Hub m verbessern. Die Kosten für „Umleitungstransporte" von i nach k bzw. von k nach i, welche als Zwischenstation den Hub m haben, sind in jedem Fall günstiger als der Transport ohne zusätzliche Zwischenstation. Aufgrund der Dreiecksungleichung ist es damit für jeden Hub k' vorteilhaft, Transporte von i nach j bzw. von j nach i unter Verwendung der Routen i – m – k' – j bzw. j – k' – m – i (welche günstiger sind als die Routen i – m – k – k' – j bzw. j – k' – k – m – i) durchzuführen, statt die Routen i – k – k' – j bzw. j – k' – k – i einzusetzen. Somit ist es für alle j nicht erforderlich, Variablen $X_{\{(i,k),(j,m)\}}$, für

178 Vgl. hierzu auch O'Kelly et al. (1996, S. 127 f.) sowie Sohn und Park (1998, S. 122), wo mit dem Argument der Kosten- und Flusssymmetrie bei den dort verwendeten Testdaten die Anzahl der Variablen ebenfalls reduziert wird.

welche obige Bedingung erfüllt ist, im Modell zu berücksichtigen.[179] Es ist zu beachten, dass sowohl k als auch m Hubs sein müssen. Daher lässt sich das gleiche Argument nicht auf Variablen $X_{\{(i,k),(j,m')\}}$ mit $m' \neq m$ übertragen.

Das Modell ist unmittelbar so erweiterbar, dass es auch Fixkosten f_k für die Einrichtung von Hubs k und mögliche Direktverbindungen zwischen Quelle-Ziel-Paaren berücksichtigt. Variablen $X_{\{i,j\}}$ (mit $i \neq j$) geben an, welcher Anteil der von i nach j sowie der von j nach i zu transportierenden Güter direkt, d.h. ohne Rückgriff auf Hubs, zu befördern ist. Beträgt dieser Anteil 100%, so entstehen dabei für den Transport von i nach j Kosten in Höhe von $\tilde{c}_{ij} = w_{ij} \cdot \beta \cdot c_{ij}$ und für die andere Richtung entsprechende Kosten. Transporte von einem Knoten i zu sich selbst verursachen wegen $c_{ii} = 0$ bei der Verwendung von Direktverbindungen stets Kosten in Höhe von 0 und können somit außer Acht gelassen werden. Nachfolgend ist das modifizierte Modell angegeben:

$$\text{Minimiere} \sum_{i,j,k,m \text{ mit } i<j} \begin{pmatrix} \min\{\tilde{c}_{ijkm}, \tilde{c}_{ij}\} \\ + \min\{\tilde{c}_{jimk}, \tilde{c}_{ji}\} \end{pmatrix} \cdot X_{\{(i,k),(j,m)\}} + \tag{3.16}$$

$$+ \sum_{i,j \text{ mit } i<j} (\tilde{c}_{ij} + \tilde{c}_{ji}) \cdot X_{\{i,j\}} + \sum_k f_k \cdot A_{kk}$$

unter den Nebenbedingungen

$$X_{\{i,j\}} + \sum_{\{(i,k),(j,m)\}} X_{\{(i,k),(j,m)\}} = 1 \quad \text{für alle i und j mit } i<j \tag{3.17}$$

$$\sum_m X_{\{(i,k),(j,m)\}} \leq A_{ik} \quad \text{für alle i, j und k mit } i \neq j \tag{3.18}$$

$$X_{\{i,j\}} \geq 0 \quad \text{für alle i und j mit } i<j \tag{3.19}$$

sowie (3.5) - (3.8) und (3.14)

In der Zielfunktion (3.16) werden nun zusätzlich Kosten für die Einrichtung der Hubs und Transportkosten auf Direktverbindungen berücksichtigt. Wenn für den Transport von i nach j Hubs eingesetzt werden, so ist dies nicht zwingend für die

179 Vgl. hierzu auch Ebery (2001, S. 453) und Campbell et al. (2002, S. 395). Die erste Arbeit stellt ähnliche Überlegungen für ein Modell mit vorgegebenen Hubstandorten an. Die andere setzt eine Symmetrie der Transportkosten voraus und formuliert eine für den Fall $\alpha_1 \neq \alpha_2$ schwächere Bedingung. Die in der vorliegenden Arbeit angegebene Bedingung erlaubt es, u.U. durch eine geeignete Berücksichtigung der Transportmengen mehr Variablen auszuschließen.

Rückrichtung der Fall. Aus diesem Grund bedeutet eine Verwendung der Variablen $X_{\{(i,k),(j,m)\}}$ nicht notwendigerweise, dass der Transport von i nach j [j nach i] über die Hubs k und m [m und k] (in dieser Reihenfolge) durchgeführt wird. Ist die Direktverbindung von i nach j bzw. von j nach i günstiger, so bedeutet ein Wert von 1 für $X_{\{(i,k),(j,m)\}}$, dass die entsprechende Direktverbindung zum Einsatz kommt. Gibt es sowohl für die Hin- als auch die Rückrichtung keinen Vorteil der Hubroutenverbindung gegenüber der Direktverbindung, so kann man auf die Berücksichtigung der Variablen $X_{\{(i,k),(j,m)\}}$ verzichten, da ein Wert von 1 für diese stets durch das Setzen der Variablen $X_{\{i,j\}}$ auf 1 substituiert werden kann.[180]

Da Direktverbindungen erlaubt sind, müssen nicht mehr alle Transporte über Hubrouten laufen, wodurch die Nebenbedingungen (3.13) nicht mehr einsetzbar sind. Um daher zu gewährleisten, dass für jedes Quelle-Ziel-Paar eine Route ausgewählt wird, werden die Nebenbedingungen (3.17) eingeführt. Die Ungleichungen (3.18) stellen sicher, dass eine Route nur dann über eine Verbindung von einem Knoten zu einem Hub bzw. umgekehrt führen darf, wenn der Knoten auch diesem Hub zugeordnet wird. Für die Direktverbindungsvariablen $X_{\{i,j\}}$ gibt (3.19) den Wertebereich an.

Preprocessing: Da a priori nicht bekannt ist, welcher Anteil des Transportes für ein Quelle-Ziel-Paar (i,j) nicht über eine Direktverbindung transportiert wird, können wir nicht mit Hilfe der für das Modell (3.12) - (3.14) und (3.5) - (3.8) entwickelten Preprocessing-Technik die Anzahl der Variablen $X_{\{(i,k),(j,m)\}}$ reduzieren. Nur wenn für i, j, k und m die (schwächere) Bedingung

$$\alpha_1 \cdot c_{im} + \alpha \cdot c_{mk} < \alpha_1 \cdot c_{ik} \text{ und } \alpha \cdot c_{km} + \alpha_2 \cdot c_{mi} < \alpha_2 \cdot c_{ki}$$

gilt, kann man davon ausgehen, dass die Variable $X_{\{(i,k),(j,m)\}}$ in einer optimalen Lösung stets den Wert 0 annimmt.[181]

3.2.1.2 Mehrgüterflussmodelle

Ein alternatives, von Ernst und Krishnamoorthy (1996) vorgeschlagenes Modell kommt gegenüber den zuvor diskutierten Modellen mit wesentlich weniger Variablen aus. Sie formulieren das Problem als Mehrgüterflussmodell (**MGF**-Modell). Dabei werden die von einem Knoten i ausgehenden Transportflüsse als einheitli-

---

180 Aus Gründen einer übersichtlicheren Darstellbarkeit verzichten wir darauf, dies explizit im Modell darzustellen.

181 Vgl. hierzu auch Ebery (2001, S. 453) und Campbell et al. (2002, S. 395).

ches Transportgut i interpretiert. Knoten i stellt o_i Mengeneinheiten dieses Gutes zur Verfügung und die Knoten j fragen jeweils w_{ij} Mengeneinheiten dieses Gutes nach. Angebot und Nachfrage der einzelnen Güter müssen voll ausgeschöpft bzw. befriedigt werden. Die Hubs stellen dabei Umladeknoten dar. Der Vorteil dieses Modells ist, dass die vierfach indizierten Variablen X_{ijkm} bzw. $X_{\{(i,k),(j,m)\}}$ durch Variablen P^i_{km} ersetzt werden können.[182] Eine Variable diesen Typs gibt an, welches Volumen an Gütern i von Hub k nach Hub m zu transportieren ist.

Jeder Knoten einer Probleminstanz tritt hier in drei Rollen auf: als Quellknoten, als Zielknoten und als Hubknoten. Abbildung 3.14 stellt die Knoten eines Modells für eine Probleminstanz mit drei Knoten dar. Darin stehen bspw. die Knoten 1a, 1b und 1c für den Knoten 1 in seinen Rollen als Quellknoten, Hubknoten bzw. Zielknoten. Eine Transportverbindung kann ausschließlich für den Transport eines entsprechenden Gutes i eingesetzt werden. In der Abbildung sind lediglich die Transportverbindungen eingezeichnet, welche für den Transport eines (aus dem Knoten 1a stammenden) Gutes 1 geeignet sind. Dabei gibt es drei Typen von Verbindungen: Quelle-Hub-Verbindungen (z.B. von 1a nach 1b), Hub-Hub-Verbindungen (z.B. von 1b nach 2b) und Hub-Ziel-Verbindungen (z.B. von 3b nach 2c). Für den ersten beträgt im Modell die Transportmenge $A_{1k} \cdot o_1$. Ist der Knoten 1 nicht dem Hub k zugeordnet, so kann auf der Quelle-Hub-Verbindung auch nichts transportiert werden. Andernfalls ist über sie so viel zu transportieren, dass die gesamte Nachfrage der Zielknoten nach dem Gut 1 auch erfüllbar ist. Für den zweiten gibt die Variable P^1_{km} an, wie viel auf der für den Transport von Gut 1 geeigneten und von k nach m führenden Verbindung zu befördern ist. Für den letzten Typ von Verbindungen zwischen Hubknoten mb und Zielknoten jc gilt, dass für den Fall einer Zuordnung von j zu m die komplette Nachfrage von j nach Gut 1 über diese Verbindung befriedigt werden muss. Andernfalls lässt sich hier nichts transportieren. Die Transportmenge beträgt entsprechend $A_{jm} \cdot w_{1j}$. Zu beachten

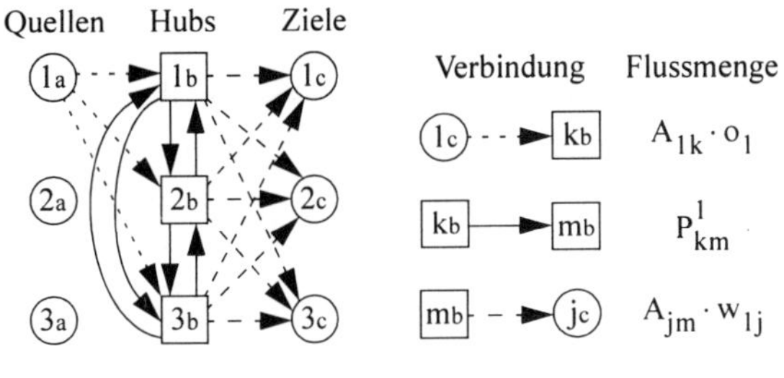

Abb. 3.14: Eine MGF-Modellinstanz mit drei Knoten

182 Durch diese Substitution lassen sich keine Zeitschranken für Transportrouten mehr berücksichtigen.

ist, dass es auch Verbindungen von Knoten zu sich selbst geben kann, bspw. von 1a nach 1b. Für solche fallen allerdings keine Kosten an.

Das Modell lässt sich folgendermaßen formulieren:

$$\text{Minimiere } \sum_i \left(\sum_k (\alpha_1 \cdot c_{ik} \cdot o_i + \alpha_2 \cdot c_{ki} \cdot d_i) \cdot A_{ik} + \sum_{k,m} \alpha \cdot c_{km} \cdot P^i_{km} \right) \tag{3.20}$$

unter den Nebenbedingungen

$$o_i \cdot A_{ik} + \sum_m P^i_{mk} = \sum_m P^i_{km} + \sum_j w_{ij} \cdot A_{jk} \quad \text{für alle i und k} \tag{3.21}$$

$$P^i_{km} \geq 0 \quad \text{für alle i, k und m} \tag{3.22}$$

sowie (3.5) - (3.8)

Entsprechend (3.20) sind die Transportkosten zu minimieren. Der erste Teil der Zielfunktion berücksichtigt die Kosten, welche auf den beiden Verbindungen zwischen einem Knoten i und dem ihm zugeordneten Hub k entstehen. Der zweite Teil enthält die Kosten für Transporte zwischen Hubknoten.

Gegenüber dem Modell (3.4) - (3.11) muss zusätzlich sichergestellt werden, dass die Variablen P^i_{km} angeben, wie viel an Gut i von Hub k nach Hub m zu transportieren ist. Laut (3.22) sind negative Mengen nicht erlaubt. Durch die Nebenbedingungen (3.21) muss alles, was an Gut i entweder direkt von Knoten i oder von einem anderen Hub m zum Hub k transportiert wird, auch aus diesem Hub heraustransportiert werden. Transportziel kann dabei entweder ein Hub sein oder ein Knoten j, der das Gut i nachfragt.

Preprocessing: Auch hier können wir wieder, unter der Annahme, dass die Dreiecksungleichung für c_{ij} erfüllt ist, jene Variablen P^i_{km} außer Acht lassen, für die

$$(\alpha_1 \cdot c_{im} + \alpha \cdot c_{mk}) \cdot o_i + (\alpha \cdot c_{km} + \alpha_2 \cdot c_{mi}) \cdot d_i < \alpha_1 \cdot c_{ik} \cdot o_i + \alpha_2 \cdot c_{ki} \cdot d_i$$

gilt. Vgl. hierzu die für das Modell (3.12) - (3.14) und (3.5) - (3.8) beschriebene Preprocessing-Technik.

Ein Nachteil des obigen Modells ist, dass sich Direktverbindungen nicht unmittelbar wie bei dem Modell mit den vierfach indizierten Variablen berücksichtigen lassen. Eine Möglichkeit, Direktverbindungen einzuführen, besteht darin, das MGF-Modell zunächst zu modifizieren.[183] Jeder Knoten tritt nun in vier Rollen auf: Als Quellknoten, als erster Hub auf einem Transport, als zweiter Hub auf einem Transport und als Zielknoten. Transporte können nun über höchstens zwei Hubs führen. Da wir davon ausgehen, dass für die Transportkosten auf Hub-Hub-Verbindungen die Dreiecksungleichung gilt, stellt diese Annahme keine Einschränkung dar, welche einen Einfluss auf den optimalen Zielfunktionswert hat. In der Abbildung 3.15 ist wieder für ein Beispiel mit drei Knoten jeder dieser Knoten

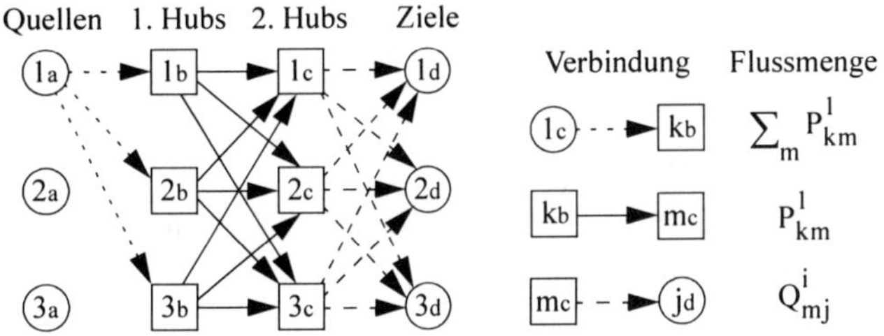

Abb. 3.15: Eine modifizierte MGF-Modellinstanz mit drei Knoten

in all seinen Rollen dargestellt. Wir haben erneut drei Typen von Verbindungen und es sind nur solche Verbindungen aufgeführt, die geeignet sind, um Gut 1 zu transportieren. Die Variable P^1_{km} gibt nun an, wie viel vom Knoten kb zum Knoten mc an Gut 1 befördert wird. Addiert man für alle m P^1_{km} auf, so erhält man die Menge an Gut 1, welche auf der Verbindung von der Quelle 1a zum ersten Hub kb transportiert wird. Die Transportmenge von einem Quellknoten zu einem ersten Hub kann hier nicht wie zuvor in Abhängigkeit der Variablen A_{ik} dargestellt werden, weil durch die Verwendung von Direktverbindungen eventuell nur noch ein Teil des Transportes über solche Verbindungen abgewickelt wird. Die gleiche Schwierigkeit ergibt sich bei den Verbindungen von den zweiten Hubs zu den Zielknoten (z.B. von 3c nach 2d). Daher benötigen wir hier einen neuen Typ von Variablen: Q^i_{mj}. Diese geben an, welche Menge an Gut i vom zweiten Hub mc zum Ziel jd zu befördern ist. Aus Gründen der Übersichtlichkeit sind die Direktverbin-

183 Eine weitere Variante, die sich anhand numerischer Tests bei Probleminstanzen mit kleinem α als etwas besser und für solche mit größerem α als etwas schlechter herausgestellt hat, erhält man, indem man das Modell (3.80) - (3.83), (3.71) und (3.74) - (3.78) für das Multiple Allocation - Problem [MA, D, p | | VC | | MC] um Zuordnungsvariablen ergänzt und die Verwendung der Variablen O_{ik} und P^i_{km} in Abhängigkeit der Zuordnungsvariablen A_{ik} einschränkt.

dungen nicht in der Abbildung dargestellt. Für jedes Quelle-Ziel-Paar (i, j) und jeden Hub k gibt es eine Variable R_{ij}^k, die angibt, wie viel direkt von i nach j transportiert wird, wenn der Knoten j dem Hub k zugeordnet ist. Falls der Knoten j einem anderen Hub zugeordnet ist, so hat diese Variable stets einen Wert von 0. Die Notwendigkeit der Einführung dreifach indizierter Variablen für Direktverbindungen wird erst bei der Betrachtung des Optimierungsmodells deutlich:

$$\text{Minimiere } \sum_i \left(\sum_{k,m} (\alpha_1 \cdot c_{ik} + \alpha \cdot c_{km}) \cdot P_{km}^i + \sum_{k,j} \alpha_2 \cdot c_{kj} \cdot Q_{kj}^i + \beta \cdot c_{ij} \cdot R_{ij}^k \right) \quad (3.23)$$

unter den Nebenbedingungen

$$\sum_m P_{km}^i \leq o_i \cdot A_{ik} \qquad \text{für alle i und k} \quad (3.24)$$

$$\sum_m P_{mk}^i = \sum_j Q_{kj}^i \qquad \text{für alle i und k} \quad (3.25)$$

$$R_{ij}^k + Q_{kj}^i = w_{ij} \cdot A_{jk} \qquad \text{für alle i, j und k} \quad (3.26)$$

$$P_{km}^i \geq 0 \qquad \text{für alle i, k und m} \quad (3.27)$$

$$Q_{kj}^i \geq 0 \qquad \text{für alle i, j und k} \quad (3.28)$$

$$R_{ij}^k \geq 0 \qquad \text{für alle i, j und k} \quad (3.29)$$

sowie (3.5) - (3.8)

Die Zielfunktion berücksichtigt die auf allen Teilabschnitten des Transportes anfallenden Kosten. Dabei bedient sie sich zur Bestimmung der Transportmengen auf den einzelnen Verbindungen der Variablen P_{km}^i, R_{ij}^k und Q_{kj}^i. Die Nebenbedingungen (3.24) stellen sicher, dass nur dann Güter i von der Quelle i zu einem ersten Hub k bzw. von einem ersten Hub k zu einem zweiten Hub m transportiert werden können, wenn der Knoten i dem Hub k zugeordnet ist. Entsprechend der Gleichungen (3.25) ist alles, was an Gut i im zweiten Hub m ankommt, von dort aus an den Zielknoten j weiterzuleiten. Über die Bedingungen (3.26) ist sichergestellt, dass jedes Ziel j genau die Menge an Gut i erhält, die es nachfragt. Dabei kann die Belieferung über eine Direktverbindung (R_{ij}^{k}) oder eine Verbindung von einem zweiten Hub zum Ziel (Q_{kj}^{i}) erfolgen. Sie ist nur für den Hub k möglich, dem der Knoten j zugeordnet ist. Die weiteren Nebenbedingungen stellen lediglich die Nichtnegativität der kontinuierlichen Variablen sicher bzw. wurden schon an früherer Stelle erläutert.

Die Variablen R_{ij}^{k} lassen sich durch Terme $w_{ij} \cdot A_{jk} - Q_{kj}^{i}$ ersetzen. Die Gleichungen (3.26) können entfallen, wenn Nebenbedingungen sicherstellen, dass die Terme nie negativ werden. Damit kommen wir zu folgender optimierten Formulierung:[184]

$$\text{Minimiere} \sum_{i}\left(\sum_{k,m}(\alpha_1 \cdot c_{ik} + \alpha \cdot c_{km}) \cdot P_{km}^{i} + \sum_{k,j}\alpha_2 \cdot c_{kj} \cdot Q_{kj}^{i} + \beta \cdot c_{ij} \cdot (w_{ij} \cdot A_{jk} - Q_{kj}^{i})\right) \qquad (3.30)$$

unter den Nebenbedingungen

$$Q_{kj}^{i} \le w_{ij} \cdot A_{jk} \qquad \text{für alle i, j und k} \qquad (3.31)$$

sowie (3.5) - (3.8), (3.24), (3.25), (3.27) und (3.28)

Bemerkung 3.1: Die Summe aus Struktur- und Schlupfvariablenanzahl[185] ändert sich durch die vorgenommene Modifikation nicht, wenn man die LP-Relaxation des primalen[186] Modells betrachtet. Allerdings lässt sich das optimierte Modell offensichtlich aufgrund der Modellstruktur mit Hilfe der für die Tests eingesetzten Standardsoftware ILOG Cplex 9.0 schneller lösen. Diese verwendet das zur LP-Relaxation duale[186] Modell zur Bestimmung unterer Schranken im Branch&Bound-Verfahren[187].

184 Grundsätzlich lässt sich diese Vorgehensweise auch auf das Modell (3.16) - (3.19), (3.5) - (3.8) und (3.14) übertragen, bringt dort aber keine signifikanten Vorteile.

185 Vgl. Domschke und Drexl (2005, S. 17).

186 Vgl. Domschke und Drexl (2005, S. 31).

187 Die Standardsoftware setzt verfeinerte Techniken ein und fügt bspw. sogenannte Schnittebenen hinzu. Streng genommen handelt es sich bei dem erweiterten Branch&Bound-Verfahren um ein Branch&Cut-Verfahren. Vgl. Neumann und Morlock (2002, S. 533 f.).

Preprocessing: Da i.d.R. nicht mehr alles entlang von Hubs transportiert wird, lassen sich hier die für das Modell (3.20) - (3.22) und (3.5) - (3.8) angeführten Überlegungen zur Reduzierung der Anzahl der P^i_{km} Variablen nicht mehr anwenden. Stattdessen kann eine solche Variable nur ausgeschlossen werden, wenn $\alpha_1 \cdot c_{ik} + \alpha \cdot c_{km} < \alpha_1 \cdot c_{im}$ sowie $\alpha \cdot c_{mk} + \alpha_2 \cdot c_{ki} < \alpha_2 \cdot c_{mi}$ gelten. Die Variable Q^i_{kj} lässt sich entfernen, falls $\alpha \cdot c_{ik} + \alpha_2 \cdot c_{kj} \geq \beta \cdot c_{ij}$. Dann ist die Direktverbindung unter der (plausiblen) Annahme $\beta \geq \alpha_1$[188] mindestens so gut wie eine über k als zweiten Hub führende Route.

3.2.1.3 Rechentests

Für den Vergleich der Modelle greifen wir auf den sogenannten AP-Datensatz[189] zurück. Dieser wurde von Ernst und Krishnamoorthy (1996) in der Literatur eingeführt. Er enthält die Koordinaten von 200 Knoten, welche für Quellen und Ziele von Briefaufkommen der australischen Post stehen. Aus den Koordinaten lassen sich die Distanzen zwischen den verschiedenen Knoten berechnen. Wir unterstellen, dass die Basistransportkosten c_{ij} mit diesen Distanzen übereinstimmen. Das zwischen zwei Knoten i und j zu transportierende Volumen an Briefen ist ebenfalls durch den Datensatz vorgegeben. Die Autoren stellen ein Programm zur Verfügung, mit dem sich mehrere Knoten zur Generierung kleinerer Testinstanzen zusammenfassen lassen. Mit diesem wurde ein 40 Knoten umfassender Datensatz generiert, auf dem die nachfolgenden Tests basieren.

Als Testumgebung diente ein handelsüblicher PC ausgestattet mit einem Intel Pentium IV Prozessor (3 GHz), 1 GB Hauptspeicher und Windows XP Professional als Betriebssystem. Für die Implementierung des Preprocessing kam die Programmiersprache C++ zum Einsatz und als Compiler MS Visual Studio .NET 2003. Als Standardsoftware für das Lösen der Optimierungsmodelle wurde ILOG Cplex 9.0 (mit Default-Einstellungen) verwendet, wobei der Zugriff auf dieses über die Schnittstellensoftware ILOG Concert Technology 2.0 erfolgte.

Die durchgeführten Berechnungen beziehen sich auf das Problem mit und auf das ohne Direktverbindungen. Aus dem 40 Knoten umfassenden Datensatz ergeben sich jeweils durch Variation der Parameter $p \in \{2, 3, 4, 5\}$ und $\alpha \in \{0{,}2;$

---

188 Vgl. Abschnitt 3.1.3.

189 Der AP-Datensatz ist als Bestandteil der OR-Library verfügbar unter der Internetadresse http://people.brunel.ac.uk/~mastjjb/jeb/info.html.

0,4; 0,6; 0,8; 1} 20 Testinstanzen. Die Parameter α_1 und α_2 haben den Wert 1. Bei Instanzen für das Problem mit Direktverbindungen ist der Skalierungsfaktor β auf 3 gesetzt.

		MGF		MGF+P		RV+P		RV+RN		RV+P+RN	
p	α	B&B	Cpu	B&B	Cpu	B&B	Cpu	B&B	Cpu	B&B	Cpu
2	0,2	0	61,796	0	*25,765*	0	2714,8	0	310,24	0	323,97
	0,4	10	66,688	8	*35,797*	0	2925,1	0	377,95	0	432,56
	0,6	53	80,422	49	*58,843*	0	3621,5	0	531,64	0	586,92
	0,8	195	123,14	125	*104,00*	0	2878,7	0	770,64	0	742,41
	1,0	405	*178,20*	384	183,64	0	4840,5	0	857,49	0	853,30
3	0,2	20	70,984	17	*31,984*	0	2531,4	0	395,23	0	365,84
	0,4	43	93,234	60	*65,375*	0	2560,2	0	441,25	0	426,20
	0,6	284	207,97	311	*156,36*	0	3166,6	0	636,92	0	616,91
	0,8	1570	640,19	1340	*565,91*	4	4204,7	4	1215,8	15	1168,2
	1,0	3574	*1071,1*	3631	1842,8	2	6943,0	4	1684,3	4	1495,8
4	0,2	20	73,468	27	*34,480*	0	2811,7	0	359,97	0	443,61
	0,4	45	94,343	43	*60,090*	0	2403,7	0	324,75	0	301,94
	0,6	285	186,66	230	*171,48*	0	3103,8	0	311,97	0	369,27
	0,8	1860	685,53	2175	686,30	0	3617,3	0	552,05	0	*549,47*
	1,0	8670	2969,1	6346	2181,3	3	6434,7	3	*1272,5*	3	1424,7
5	0,2	29	83,266	24	*37,156*	0	2704,6	0	261,34	0	297,94
	0,4	218	170,78	210	*102,16*	0	3200,3	0	407,11	0	386,54
	0,6	1607	802,47	2543	873,89	0	3425,4	0	487,50	0	*427,75*
	0,8	12360	4555,4	12503	4510,5	0	4150,5	0	*802,77*	0	820,65
	1,0	19337	6690,4	16797	6343,6	2	5346,5	2	1581,0	2	*1555,0*

Tabelle 3.1: Rechenergebnisse für das Problem ohne Direktverbindungen

Tabelle 3.1 stellt die Rechenergebnisse für das Problem ohne Direktverbindungen dar. Die ersten beiden Spalten charakterisieren die Testinstanz. In den übrigen sind für die unterschiedlichen eingesetzten Lösungsansätze – welche aus der Anwendung eines Optimierungsmodells mit Hilfe der Software ILOG Cplex 9.0 und zum Teil vorangestelltem Preprocessing[190] bestehen – jeweils die benötigte Anzahl an Verzweigungen im Branch&Bound-Verfahren (**B&B**) und die Rechenzeit in Sekunden (**Cpu**) angegeben. Die Lösungsansätze sind:

190 Mit vorangestelltem Preprocessing ist nicht das in Cplex integrierte Preprocessing gemeint. Dieses wird in jedem Fall zusätzlich durchgeführt.

- **MGF**: Modell (3.20) - (3.22) und (3.5) - (3.8); kein Preprocessing.
- **MGF+P**: Modell (3.20) - (3.22) und (3.5) - (3.8); Verwendung des im Anschluss an die Modellbeschreibung aufgeführten Preprocessing.
- **RV+P**: Modell (3.12) - (3.14) und (3.5) - (3.8); Verwendung des im Anschluss an die Modellbeschreibung aufgeführten Preprocessing.
- **RV+RN**: Modell (3.12) - (3.15) und (3.5) - (3.8); kein Preprocessing.
- **RV+P+RN**: Modell (3.12) - (3.15) und (3.5) - (3.8); Verwendung des im Anschluss an die Modellbeschreibung aufgeführten Preprocessing.

Kursiv dargestellt ist für jede Instanz jeweils die Rechenzeit des schnellsten Lösungsansatzes.

Der Literatur[191] ist zu entnehmen, dass das Modell (3.20) - (3.22) und (3.5) - (3.8) dem Modell (3.4) - (3.11) (jeweils ohne Preprocessing) deutlich überlegen ist. Ein Vergleich der Lösungsansätze MGF mit RV+P zeigt, dass selbst die Ausnutzung der Symmetrie und die Anwendung der in der vorliegenden Arbeit entwickelten Preprocessing-Techniken hieran nichts ändert. Interessanterweise ergibt sich für die Routenvariablenmodelle (**RV**-Modelle) – selbst ohne Preprocessing – eine starke Beschleunigung, wenn die redundanten Nebenbedingungen (3.15) einbezogen werden. An der Anzahl der im Branch&Bound-Verfahren zu betrachtenden Teilprobleme ändert diese Nebenbedingung (fast) nichts. In beiden Fällen liefert die LP-Relaxation sehr gute Schranken.[192] Es hat sich gezeigt, dass zur Lösung der LP-Relaxation des Modells mit redundanten Nebenbedingungen weniger Iterationen des hierfür von Cplex verwendeten Verfahrens notwendig sind. Erwähnenswert ist, dass Cplex (bei den hier beschriebenen Modellen) – soweit die Standardeinstellungen verwendet werden – die Schranken berechnet, indem es auf das duale Modell den Simplex-Algorithmus anwendet. Zusätzliche Nebenbedingungen für das primale Modell bedeuten zusätzliche Variablen für das duale Modell. Diese zusätzlichen Variablen werden vermutlich häufig als Pivotspalten gewählt

191 Vgl. Bryan und O'Kelly (1999, S. 282) und Campbell et al. (2002, S. 376), welche sich auf Ergebnisse der schon etwas älteren Arbeit von Ernst und Krishnamoorthy (1996) beziehen. Diese wurden vermutlich mit einem aus heutiger Sicht mit wenig Hauptspeicher ausgestatteten Computersystem erzielt (die Autoren geben hierzu keine hinreichenden Informationen an). Zum Einsatz kam ferner die mittlerweile veraltete Version 3.0 der Software Cplex. Bixby (2002) stellt die dramatischen Verbesserungen neuerer Versionen der Software (bis einschließlich Version 7.1) dar.

192 Wenn man die Modifikationen des in ILOG Cplex 9.0 enthaltenen Presolvers vernachlässigt, müssten sogar genau die gleichen Schranken herauskommen.

und führen schneller zu einer optimalen Lösung, als wenn man diese nicht einbezieht.[193]

Berücksichtigt man sowohl die zusätzlichen Nebenbedingungen als auch das Preprocessing (RV+P+RN), so ist diese Vorgehensweise für Instanzen mit einer großen Anzahl an Hubs p und großen Werten für α dem MGF-Ansatz überlegen, unabhängig davon, ob auf diesen die angegebenen Preprocessing-Techniken angewendet werden oder nicht. Die Hauptursache hierfür liegt in der unterschiedlichen Qualität der mit den beiden Modellierungsvarianten erzielbaren unteren Schranken. Die große Anzahl an Branch&Bound-Teilproblemen, welche bei der Verwendung des MGF-Modells betrachtet werden müssen, deutet hierauf hin. Die RV-Ansätze benötigen fast keine Verzweigung von Teilproblemen. Allerdings lassen sich hier optimale Lösungen der LP-Relaxation nur mit wesentlich größerem Aufwand bestimmen, da die Anzahl der Variablen größenordnungsmäßig n^4 statt n^3 beträgt. Man beachte auch, dass sich die Rechenzeiten bei RV-Modellen – solange kein Verzweigen erforderlich ist – kaum in Abhängigkeit der Anzahl an Hubs p ändern. Im Gegensatz hierzu nehmen die Rechenzeiten der MGF-Modelle offensichtlich durch die große Anzahl an zu betrachtenden Teilproblemen für große α deutlich zu. Die Erhöhung der Rechenzeiten bei zunehmendem α und konstantem p lässt sich (zumindest zum Teil) durch das Preprocessing erklären, durch welches vor allem bei Instanzen mit kleinem α viele Routenvariablen vorab aus dem Modell eliminiert werden können. Bei den RV-Modellen können wir diesen Effekt direkt an der Tabelle ablesen.

Der Unterschied zwischen MGF und MGF+P nimmt mit zunehmendem α deutlich ab. In einigen Fällen wirkt sich die Anwendung des Preprocessing sogar negativ auf die Rechenzeit aus. Dies liegt nicht an der für das Preprocessing notwendigen Rechenzeit – welche nur einen vernachlässigbar kleinen Anteil der gesamten Rechenzeit ausmacht –, sondern an der Standardsoftware für die Optimierung. Ändert sich eine Testinstanz geringfügig, so hat dies u.U. Auswirkungen auf die Anzahl der Simplexiterationen, den Presolver, die Problemverzweigung und damit auf die Rechenzeit.

Insgesamt lässt sich festhalten, dass MGF-Modelle besser geeignet sind, wenn sowohl α als auch p klein sind. Besonders für kleine α bringt das im Rahmen dieser Arbeit weiterentwickelte Preprocessing deutliche Vorteile (bei $\alpha = 0{,}2$ jeweils mehr als eine Halbierung der Rechenzeit). Bei großen α und p ist der RV-Ansatz

193 Zur Dualisierung linearer Optimierungsmodelle und zum Simplex-Algorithmus vgl. Domschke und Drexl (2005, Kap. 2).

vorteilhaft, wenn die redundanten Nebenbedingungen berücksichtigt werden. Hier ist allerdings zusätzlich zu beachten, dass neben der Rechenzeit der benötigte Speicherplatz eine wichtige Rolle spielt. Aufgrund der großen Variablenanzahl stößt man mit dem RV-Modell schneller an durch das Computersystem vorgegebene Grenzen. So sind bei der für die Tests eingesetzten Implementierung bereits teilweise mehr als 2 GB virtueller Speicher[194] nötig, um die Testinstanzen mit RV-Modellen zu lösen. Das verwendete Betriebssystem lässt aber höchstens die Nutzung von 3 GB zu.[195] Die Speicherproblematik hat sich allerdings in den letzten Jahren durch die bessere Ausstattung der Rechner mit Hauptspeicher schon teilweise entschärft. Mit der Verbreitung von 64-Bit-Prozessoren im sogenannten Desktop-Bereich und der Anpassung der Betriebssysteme wird die Speichergrenze weiter nach oben verschoben.[196] In wesentlich teureren Workstations sind solche Prozessoren schon länger im Einsatz.[197]

Tabelle 3.2 enthält die Rechenergebnisse für Tests mit Direktverbindungen. Sie ist analog zu Tabelle 3.1 aufgebaut. Die verwendeten Lösungsansätze sind hier:

- **MGF+P**: Modell (3.23) - (3.29) und (3.5) - (3.8); Verwendung des im Anschluss an die Bemerkung 3.1 aufgeführten Preprocessing.
- **MGF+P-DVV**: Modell (3.30), (3.31), (3.5) - (3.8), (3.24), (3.25), (3.27) und (3.28); Verwendung des im Anschluss an die Bemerkung 3.1 aufgeführten Preprocessing.
- **RV**: Modell (3.16) - (3.19), (3.5) - (3.8) und (3.14); kein Preprocessing.[198]

---

194 Ein Anwendungsprogramm arbeitet auf *virtuellem Speicher*. Reicht der Hauptspeicher nicht aus, so werden Teile des virtuellen Speichers auf die Festplatte ausgelagert und bei Bedarf wieder in den Hauptspeicher zurückgeschrieben. Ist letzteres häufig der Fall, so reduziert sich die Arbeitsgeschwindigkeit dramatisch. Dieser Effekt ist auch als *Page Trashing* bekannt. Werden hingegen Teile des vom Programm benötigten Speichers selten genutzt, so hat die Auslagerung kaum negative Auswirkungen, was bei den vorgenommenen Testrechnungen zutrifft. Zu weiteren Details bezüglich der Speicherverwaltung von Betriebssystemen vgl. Borrmann (1999, S. 644 ff.).

195 Diese Grenze liegt bei einem kleineren Wert (2 GB), wenn man nicht mit einem speziellen Bootparameter arbeitet.

196 Computer mit 64-Bit-Prozessoren können einen größeren (virtuellen und Haupt-) Speicher verwalten als 32-Bit-Systeme, die auf weniger als 4 GB begrenzt sind. Die führenden Hersteller für PC-Prozessoren, Intel und AMD, haben solche (x86-)Prozessoren für den Consumer-Markt bereits eingeführt. Vgl. Benz (2005). Während Linux schon seit längerem 64-Bit-Architekturen unterstützt, ist dies bei MS Windows (Windows XP Professional x64 bzw. Servervarianten) abgesehen von 64-Bit-Editionen für den Server- und Workstation-Prozessor Itanium erst neuerdings der Fall. Vgl. Lau (2005).

- **RV+P**: Modell (3.16) - (3.19), (3.5) - (3.8) und (3.14); Verwendung des im Anschluss an die Modellbeschreibung aufgeführten Preprocessing.[198]

		MGF+P		MGF+P-DVV		RV		RV+P	
p	α	**B&B**	**Cpu**	**B&B**	**Cpu**	**B&B**	**Cpu**	**B&B**	**Cpu**
2	0,2	12	2147,6	18	934,97	0	243,72	0	158,52
	0,4	21	2288,1	21	1067,3	0	298,86	0	217,19
	0,6	111	2516,8	192	2635,4	0	661,98	0	427,06
	0,8	450	6861,8	291	3742,0	0	896,69	0	587,63
	1,0	603	9471,2	569	6627,0	0	1259,3	0	431,66
3	0,2	37	2427,1	77	1409,2	0	368,71	0	323,52
	0,4	90	3001,3	103	2048,2	0	413,66	0	367,92
	0,6	512	7319,6	476	4648,2	0	744,72	0	610,45
	0,8	3713	24232	2944	17819	8	2325,7	10	978,55
	1,0	-	>36000	-	>36000	16	3074,3	12	870,77
4	0,2	63	2787,6	56	1339,1	0	260,80	0	199,11
	0,4	88	3103,9	102	2082,8	0	329,92	0	213,80
	0,6	479	5572,8	340	3978,3	0	585,00	0	440,94
	0,8	-	>36000	5368	29761	0	1910,0	0	1078,9
	1,0	-	>36000	-	>36000	4	2192,4	2	1003,8
5	0,2	121	3669,6	97	1830,5	0	209,25	0	145,16
	0,4	347	4895,7	310	3206,1	0	378,03	0	254,98
	0,6	1663	14207	1816	13703	0	832,67	0	524,43
	0,8	-	>36000	-	>36000	2	3096,7	2	1393,3
	1,0	-	>36000	-	>36000	0	1572,2	0	1125,2

Tabelle 3.2: Rechenergebnisse für das Problem mit Direktverbindungen

Trotz Preprocessing ist der Ansatz MGF+P unter den betrachteten Ansätzen am wenigsten für das Problem mit Direktverbindungen geeignet. Dies liegt zum einen an der im Vergleich zum entsprechenden Modell ohne Direktverbindungen großen Anzahl zusätzlicher Variablen, zum anderen an den vergleichsweise schlechten Schranken, welche die LP-Relaxation liefert. Letzteres erkennt man anhand der größeren Anzahl der im Branch&Bound-Verfahren zu betrachtenden Teilprobleme. Die Anzahl der Variablen lässt sich mit Hilfe des Lösungsansatzes MGF+P-DVV durch einen Modellierungstrick reduzieren.[199] Trotz dieses Tricks, durch

197 Wie bspw. der Itanium-Prozessor von Intel.

198 Fixkosten für die Einrichtung von Hubs bleiben unberücksichtigt.

199 Vgl. hierzu Bemerkung 3.1.

welchen die Rechenzeiten fast durchgängig sinkt, ist es nicht möglich, alle Testinstanzen innerhalb eines Zeitlimits von zehn Stunden zu lösen.

Eine gänzlich andere Situation stellt sich für die RV-Ansätze dar. Vergleicht man hier den Ansatz RV mit RV+RN in Tabelle 3.1, so kommt es (bezogen auf Testinstanzen mit gleichen Werten für p und α) bei der Berücksichtigung von Direktverbindungen etwas häufiger zu einer Erhöhung der Rechenzeit als zu einer Reduktion. Im Mittel beträgt diese weniger als 50%, wobei es starke Schwankungen gibt. Wird das Preprocessing angewendet (RV+P), so reduziert sich die Rechenzeit stets und ist für alle verwendeten Instanzen auch im Vergleich zu MGF+P und MGF+P-DVV kürzer. Hier dürfte vor allem eine große Rolle spielen, dass viele über Hubs führende Routen teurer sind als die entsprechende Direktverbindung, wodurch sich die zu diesen Routen gehörenden Variablen aus dem Modell eliminieren lassen.

Insgesamt ist beim Problem mit Direktverbindungen der RV-Ansatz zu bevorzugen. Dieser profitiert (beim Einsatz des Preprocessing) sogar teilweise von der Erweiterung, wohingegen MGF-Modelle deutlich mehr Zeit benötigen. Aber auch hier ist neben der reinen Rechenzeit der Speicherplatzbedarf zu berücksichtigen. Dieser ist erneut bei den RV-Ansätzen deutlich höher, so dass bei Instanzen mit mehr Knoten trotz der ungünstigeren Rechenzeit doch auf MGF-Modelle zurückgegriffen werden muss.

3.2.2 Vorgegebene Partition der Knoten

Sung und Jin (2001) führen das neue Hub Location Problem [SA-C, D | FC | VC | | MC] ein. Gegenüber dem Problem [SA, p | FC | VC | | MC], das als Modell (3.16) - (3.19), (3.5) - (3.8) und (3.14) formuliert werden kann, sind hier zusätzliche Vorgaben zu beachten. Die Knoten sind in p disjunkte Cluster eingeteilt. Es ist also eine Partition der Knoten vorgegeben. Für jeden Cluster muss genau ein Hub bestimmt werden und jeder Knoten eines Clusters ist diesem Hub zuzuordnen. Es folgt zunächst das Modell von Sung und Jin (2001). Im Anschluss wird ein alternativer Modellierungsvorschlag von Wagner (2003) dargestellt. Dabei wird aufgezeigt, dass dieser zum exakten Lösen bezüglich der Kostenstruktur allgemeinerer Problemstellungen geeignet ist. Abschnitt 3.2.2.4 zeigt verbesserte, auf dem Modell von Wagner (2003) aufbauende Lösungsansätze, die nicht ausschließlich bzw. nicht auf dem Einsatz von Standardsoftware basieren. In Abschnitt 3.2.2.5 werden die verschiedenen Ansätze anhand von Rechentests verglichen.

3.2.2.1 Modell von Sung und Jin (2001)

Die Einteilung der Knoten in Hubs stellen wir im Folgenden über die Mengen Ξ_h und $\Xi(i)$ dar. Dabei ist Ξ_h die Menge der Knoten im h[200]-ten Cluster und $\Xi(i)$ die Menge der Knoten, welche sich im gleichen Cluster wie der Knoten i befinden. Die schon unter 3.2.1.1 verwendeten Routenvariablen $X_{\{(i,k),(j,m)\}}$ kommen auch hier zum Einsatz. Da ein Knoten i nun nicht jedem beliebigen Hub zugeordnet werden kann, ist die Menge der Routen und damit die der entsprechenden Variablen $X_{\{(i,k),(j,m)\}}$ eingeschränkt. Ferner ist mit der Auswahl des Hubknotens in einem Cluster auch die Zuordnung der Knoten festgelegt. Damit werden die Zuordnungsvariablen A_{ik} nicht mehr benötigt. An ihre Stelle treten Binärvariablen Y_k, die genau dann den Wert 1 annehmen, wenn in Knoten k ein Hub einzurichten ist.

Das Modell von Sung und Jin (2001) lässt sich nun folgendermaßen beschreiben:[201]

$$\text{Minimiere} \sum_{\substack{i,j,k,m \text{ mit } i<j,\\ k\in\Xi(i) \text{ und } m\in\Xi(j)}} (\tilde{c}_{ijkm}+\tilde{c}_{jimk})\cdot X_{\{(i,k),(j,m)\}} + \sum_{i,j \text{ mit } i<j} (\tilde{c}_{ij}+\tilde{c}_{ji})\cdot X_{\{i,j\}} + \sum_k f_k \cdot Y_k \tag{3.32}$$

unter den Nebenbedingungen

$$\sum_{k\in\Xi_h} Y_k = 1 \qquad \text{für alle h} \tag{3.33}$$

$$X_{\{i,j\}} + \sum_{k\in\Xi(i),\, m\in\Xi(j)} X_{\{(i,k),(j,m)\}} = 1 \qquad \text{für alle i und j mit } i<j \tag{3.34}$$

$$\sum_{m\in\Xi(j)} X_{\{(i,k),(j,m)\}} \le Y_k \qquad \text{für alle i, j und } k\in\Xi(i) \tag{3.35}$$

$$X_{\{i,j\}}, X_{\{(i,k),(j,m)\}} \ge 0 \qquad \text{für alle i, j, } k\in\Xi(i) \text{ und } m\in\Xi(j) \text{ mit } i<j \tag{3.36}$$

$$Y_i \in \{0,1\} \qquad \text{für alle i} \tag{3.37}$$

200 Alternativ zum Index h verwenden wir im Folgenden auch den Index g.

201 Sung und Jin (2001) wählen eine andere Notation, die aber im Wesentlichen mit der hier angegebenen identisch ist.

Die Zielfunktion (3.32) entspricht in etwa der unter (3.16) angegebenen. Hier ist zusätzlich zu berücksichtigen, dass die Wahl der Routen eingeschränkt ist. Die von Sung und Jin (2001) verwendeten Testdaten weisen eine symmetrische Kostenstruktur auf, wodurch man davon ausgehen darf, dass die Verwendung einer Direktverbindung von i nach j auch die Verwendung einer solchen in die Gegenrichtung impliziert. Dies vereinfacht die Bestimmung der Zielfunktionskoeffizienten gegenüber (3.16). Die Nebenbedingungen (3.33) stellen sicher, dass in jedem Cluster genau ein Hub eingerichtet wird. (3.34) und (3.36) sind bis auf die eingeschränkte Menge möglicher Hubrouten identisch mit (3.17) bzw. (3.14) und (3.19). Die Ungleichungen (3.35) schließen die Verwendung von Routen aus, welche nicht eingerichtete Hubs einsetzen. In (3.37) ist der Wertebereich der binären Entscheidungsvariablen spezifiziert.

Das Modell stellt im Wesentlichen eine Erweiterung des von Skorin-Kapov et al. (1996) angegebenen Modells dar. Obwohl die Anzahl der Variablen hier etwas reduziert werden kann, liegt sie der Größenordnung nach noch immer bei n^4. Damit lassen sich auch hier bereits Probleminstanzen mittlerer Größe unter Verwendung einer entsprechenden Standardsoftware wie bspw. ILOG Cplex nicht mehr exakt lösen. Daher schlagen Sung und Jin (2001) eine Heuristik vor, welche auf das zur LP-Relaxation duale Modell zurückgreift. Für dieses bestimmt ihr (dual-ascent-) Verfahren heuristisch eine Lösung, die eine untere Schranke für die Instanz des primalen Modells liefert. Anhand von Optimalitätskriterien[202] ermittelt es eine ganzzahlige Lösung für die primale Modellinstanz. Die Lösungen weichen nur geringfügig von den unteren Schranken ab. Wagner (2000b), Mayer (2001, S. 202 ff.) sowie Mayer und Wagner (2002) bzw. Cánovas et al. (2004) wenden ähnliche Vorgehensweisen für die Probleme [MA,D | FC | VC | | MC] bzw. [MA | FC | VC | | MC] an.

3.2.2.2 Modell von Wagner (2003)

Es gibt offensichtlich stets eine optimale Lösung für das Modell (3.32) - (3.37), bei der keine Hubroute i – k – m – j verwendet wird, für die die Direktverbindung von i nach j nicht teurer ist, also $\tilde{c}_{ij} \leq \tilde{c}_{ijkm}$ gilt. Eine explizite Berücksichtigung von Direktverbindungen ist nicht notwendig, wenn $\min\{\tilde{c}_{ijkm}, \tilde{c}_{ij}\} + \min\{\tilde{c}_{jimk}, \tilde{c}_{ji}\}$ als Zielfunktionskoeffizienten für die Variablen $X_{\{(i,k),(j,m)\}}$ verwendet werden. Einen Wert von 1 für $X_{\{(i,k),(j,m)\}}$ interpretieren wir dann als eine Verwen-

202 Vgl. hierzu den Satz vom komplementären Schlupf in Domschke und Drexl (2005, S. 34).

dung der Direktverbindung (i,j) bzw. (j,i), falls $\tilde{c}_{ij} \leq \tilde{c}_{ijkm}$ bzw. $\tilde{c}_{ji} \leq \tilde{c}_{jimk}$.[203] Dann gilt, weil alle Knoten eines Clusters dem gleichen Hub zugeordnet werden müssen, für eine zulässige Lösung des Modells stets:

$$X_{\{(i,k),(j,m)\}} = X_{\{(i',k),(j',m)\}} \quad \text{für alle } i, i' \in \Xi(k) \text{ und } j, j' \in \Xi(m)$$

Somit können wir die „vierfach indizierten" Variable $X_{\{(i,k),(j,m)\}}$ durch „zweifach indizierte" Variablen $B_{\{k,m\}}$ ersetzen. Der Zielfunktionskoeffizient für die Variable $B_{\{k,m\}}$ berechnet sich folgendermaßen, wenn k und m sich nicht im gleichen Cluster befinden:

$$b_{\{k,m\}} = \sum_{i \in \Xi(k), j \in \Xi(m)} \min\{\tilde{c}_{ij}, \tilde{c}_{ijkm}\} + \min\{\tilde{c}_{ji}, \tilde{c}_{jimk}\} \tag{3.38}$$

Variablen $X_{\{(i,k),(j,m)\}}$ mit $k \neq m$, bei denen i, j, k und m dem gleichen Cluster angehören, brauchen nicht berücksichtigt zu werden, da nach (3.33) nicht sowohl in k als auch in m ein Hub eingerichtet werden kann und somit solche Variablen ohnehin den Wert 0 annehmen müssen.

Aufgrund des Satzes 3.1 benötigen wir keine Variablen $B_{\{k,k\}}$, sondern können stattdessen auf die Variablen Y_k zurückgreifen:

Satz 3.1: Für alle i, j und k eines Clusters gilt: $X_{\{(i,k),(j,k)\}} = Y_k$.

Beweis:

Wir unterscheiden zwei Fälle:

1. $Y_k = 0$: Aus den Ungleichungen (3.35) folgt $X_{\{(i,k),(j,k)\}} = 0 = Y_k$.
2. $Y_k = 1$: Es gilt (ohne die Berücksichtigung der Direktverbindungsvariablen) entsprechend der Nebenbedingungen (3.34)

   $$Y_k = 1 = \sum_{m \in (\Xi(k) \setminus \{k\})} X_{\{(i,k),(j,m)\}} + X_{\{(i,m),(j,k)\}}$$

   und damit

   $$X_{\{(i,k),(j,k)\}} = Y_k,$$

   weil aus den Gleichungen (3.33)

   $$Y_{k'} = 0 \text{ für alle } k' \in \Xi(k) \text{ mit } k' \neq k$$

   und daraus mit Hilfe der Nebenbedingungen (3.35)

   $$X_{\{(i,k'),(j,k'')\}} = 0 \text{ für alle } k', k'' \in \Xi(k) \text{ mit } k' \neq k \text{ oder } k'' \neq k$$

   folgt.

---

203 Im Gegensatz zu Sung und Jin (2001) setzen wir im Folgenden keine Symmetrie der Transportkosten voraus.

Somit ist die Gleichung in jedem Fall erfüllt. qed.

Damit erhalten wir neue Zielfunktionskoeffizienten für die Variablen Y_k. Diese decken nun zusätzlich die Transportkosten für Quelle-Ziel-Paare (i, j) mit $i, j \in \Xi(k)$ ab:

$$b_k = f_k + \sum_{i, j \in \Xi(k)} \min\{\tilde{c}_{ij}, \tilde{c}_{ijkk}\} \tag{3.39}$$

Durch Einsetzen ergeben sich aus den Nebenbedingungen (3.34) (ohne Direktverbindungsvariablen) und (3.35) die folgenden zu diesen äquivalenten Restriktionen:

$$\sum_{k \in \Xi_g, m \in \Xi_h} B_{\{k, m\}} = 1 \qquad \text{für alle g und h mit } g < h \tag{3.40}$$

$$\sum_{m \in \Xi_h} B_{\{k, m\}} \leq Y_k \qquad \text{für alle h und } k \notin \Xi_h \tag{3.41}$$

Nun lässt sich das Problem auch in folgender verkürzter Form beschreiben, wobei wir die Nebenbedingungen (3.40) und (3.41) durch die Gleichungen (3.44) ersetzen:[204]

$$\text{Minimiere} \quad \sum_{\substack{\{k, m\} \text{ mit} \\ \Xi(k) \neq \Xi(m)}} b_{\{k, m\}} \cdot B_{\{k, m\}} + \sum_k b_k \cdot Y_k \tag{3.42}$$

unter den Nebenbedingungen

$$\sum_{k \in \Xi_h} Y_k = 1 \qquad \text{für alle h} \tag{3.43}$$

$$\sum_{m \in \Xi_h} B_{\{k, m\}} = Y_k \qquad \text{für alle h und } k \notin \Xi_h \tag{3.44}$$

$$B_{\{k, m\}} \geq 0 \qquad \text{für alle } \{k, m\} \text{ mit } \Xi(k) \neq \Xi(m) \tag{3.45}$$

$$Y_k \in \{0, 1\} \qquad \text{für alle k} \tag{3.46}$$

204 Vorgegebene maximale Transportzeiten können wir leicht im Modell berücksichtigen, indem wir $B_{\{k, m\}}$ $[Y_k]$ zu 0 fixieren, wenn die Einrichtung von Hubs in k und m [eines Hubs in k] dazu führt, dass sich für mindestens ein Quelle-Ziel-Paar das Zeitlimit nicht mehr einhalten lässt.

Die Zielfunktion (3.42) berücksichtigt sowohl die Kosten für die Transporte zwischen verschiedenen Clustern als auch diejenigen, welche innerhalb eines Clusters anfallen. Letztere setzen sich aus den Einrichtungskosten für die Hubs und den Transportkosten zwischen Knoten des gleichen Clusters zusammen. Die Nebenbedingungen (3.43) sind identisch mit (3.33) und hier nur der Übersichtlichkeit halber erneut aufgeführt. Die Variablen $B_{\{k,m\}}$ haben den gleichen Wertebereich wie die Variablen $X_{\{(i,k),(j,m)\}}$ und die Y_k sind weiterhin Binärvariablen (vgl. (3.45) und (3.46)).

Satz 3.2: Die Gleichungen (3.44) sind äquivalent zu (3.40) und (3.41), wenn zusätzlich die Nebenbedingungen (3.43), (3.45) und (3.46) gelten.

Beweis:

Aus dem Ersetzen der Variablen Y_k in (3.43) durch die linken Seiten entsprechender Gleichungen (3.44) folgt unmittelbar (3.40). Die Gleichungen (3.44) implizieren direkt die Nebenbedingungen (3.41). Damit ergibt sich aus der Gültigkeit von (3.44) auch die von (3.40) und (3.41).

Für die umgekehrte Richtung unterscheiden wir zwei Fälle:

1. $Y_k = 0$: Aus (3.41) folgt unmittelbar (3.44).
2. $Y_k = 1$: Es gilt für alle h und $k \notin \Xi_h$ entsprechend der Gleichungen (3.40)

$$1 = \sum_{m \in \Xi_h} \left(B_{\{k,m\}} + \sum_{k' \in (\Xi(k) \setminus \{k\})} B_{\{k',m\}} \right)$$

und damit

$$Y_k = \sum_{m \in \Xi_h} B_{\{k,m\}},$$

weil aus den Gleichungen (3.43)

$$Y_{k'} = 0 \text{ für alle } k' \in (\Xi(k) \setminus \{k\})$$

und daraus mit den Nebenbedingungen (3.41)

$$B_{\{k',m\}} = 0 \text{ für alle } k' \in (\Xi(k) \setminus \{k\}) \text{ und } m \notin \Xi(k)$$

folgt.

Somit implizieren (3.40) und (3.41) auch die Gleichungen (3.44), wodurch die Äquivalenz nun vollständig nachgewiesen ist. qed.

Satz 3.3: Aus (3.43) - (3.46) folgt, dass $B_{\{k,m\}} = Y_k \cdot Y_m$ für alle k und m mit $\Xi(k) \neq \Xi(m)$ gilt.

Beweis:

Wir unterscheiden zwei Fälle:

1. $Y_k = 0$ oder $Y_m = 0$: Aus (3.44) folgt unmittelbar $B_{\{k,m\}} = 0$ und damit auch $B_{\{k,m\}} = Y_k \cdot Y_m$.
2. $Y_k = Y_m = 1$: Entsprechend der Gleichungen (3.44) gilt

   $$Y_m = \sum_{k' \in \Xi(k) \setminus \{k\}} B_{\{k',m\}} + B_{\{k,m\}}$$

   und damit

   $$Y_k \cdot Y_m = 1 = B_{\{k,m\}},$$

   weil aus den Gleichungen (3.43)

   $$Y_{k'} = 0 \text{ für alle } k' \in (\Xi(k) \setminus \{k\})$$

   und daraus mit den Nebenbedingungen (3.44)

   $$B_{\{k',m'\}} = 0 \text{ für alle } k' \in (\Xi(k) \setminus \{k\}) \text{ und } m' \notin \Xi(k)$$

   folgt.

Somit gilt der Satz in jedem Fall. qed.

Das Modell kommt mit wesentlich weniger Variablen und Nebenbedingungen aus als das von Sung und Jin (2001). Größenordnungsmäßig reduziert sich die Anzahl der Variablen von $O(n^4)$ auf $O(n^2)$ und die der Nebenbedingungen von $O(n^3)$ auf $O(n^2)$. Wie unter Abschnitt 3.2.2.5 gezeigt wird, lassen sich nun sogar Probleminstanzen mit 500 Knoten in wenigen Minuten mit einem handelsüblichen PC exakt lösen. Trotzdem ist das Problem für beliebige nichtnegative Zielfunktionskoeffizienten $b_{\{k,m\}}$ und b_k schwer lösbar (NP-hart).

Satz 3.4: Das Problem [SA-C, D | FC | VC | | MC] ist NP-hart.

Beweis:[205]

Wir zeigen, dass das bekanntermaßen NP-harte Travelling Salesman Problem[206] (**TSP**) (mit n Knoten) ein Spezialfall des Problems [SA-C, D | FC | VC | | MC] (mit n Clustern, die jeweils n Knoten enthalten) ist. Damit ist das TSP Turing-reduzierbar[207] auf das Problem [SA-C, D | FC | VC | | MC] und somit auch letzteres NP-hart.

---

205 Vgl. hierzu auch Wagner (2003).

206 Vgl. Domschke und Drexl (2005, Kap. 6) und Garey und Johnson (1979, S. 114).

207 Vgl. Wegener (1999, S. 65).

Das Ziel des TSP[208] ist es, in einem vollständigen Digraphen mit n Knoten und Pfeilbewertungen $d^{TSP}_{j_1 j_2}$, welche für Distanzen zwischen Knoten j_1 und j_2 stehen, eine sämtliche Knoten des Graphen genau einmal enthaltende Folge von Knoten $v_1, v_2, ..., v_n$ zu finden, so dass minimale Kosten F^{TSP} für die durch diese Knotenfolge spezifizierte Rundreise entstehen:

$$F^{TSP} = d^{TSP}_{v_n v_1} + \sum_{i \in \{1, \dots, n-1\}} d^{TSP}_{v_i v_{i+1}}$$

Für jede Position i = 1, ..., n innerhalb der Rundreise führen wir einen Cluster ein, welcher wiederum für jeden Knoten j des TSP einen Knoten enthält, den wir mit (i, j) bezeichnen. Die Bewertung der Zielfunktionskoeffizienten $b_{\{(i_1,j_1),(i_2,j_2)\}}$ und $b_{(i_1,j_1)}$ für die Instanz des Problems [SA-C, D | FC | VC | | MC] legen wir folgendermaßen fest:

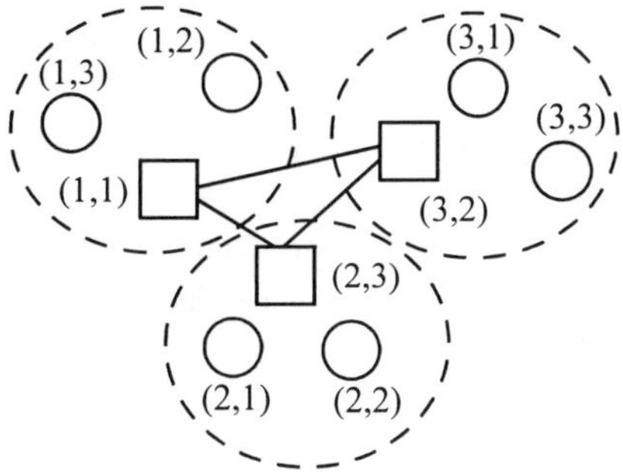

Abb. 3.16: „Cluster-Lösung" für ein TSP mit drei Knoten

$$b_{\{(i_1,j_1),(i_2,j_2)\}} = \begin{cases} d^{TSP}_{j_1 j_2} & \text{wenn } j_1 \neq j_2 \text{ und } i_1 = (i_2 \text{ modulo } n) + 1 \\ \infty & \text{wenn } j_1 = j_2 \\ 0 & \text{sonst} \end{cases}$$

$$\text{für alle } i_1, j_1, i_2, j_2 \in \{1, \dots, n\} \text{ mit } i_1 < i_2$$

$$b_{(i_1,j_1)} = 0 \qquad \text{für alle } i_1, j_1 \in \{1, \dots, n\}$$

208 Wir betrachten hier eine spezielle Variante, für die Garey und Johnson (1979, S. 114) zeigen, dass sie NP-hart ist. In der Literatur gibt es weitere Varianten. Vgl. Domschke (1997, Kap. 3).

Aufgrund der Wahl der Zielfunktionskoeffizienten gibt es in einer optimalen Lösung der so gebildeten Instanz des Problems [SA-C, D | FC | VC | | MC] für jeden Knoten j des TSP genau eine Position i, für welche der Knoten (i, j) als Hub gewählt wird. Vgl. hierzu die Abbildung 3.16, welche eine Lösung für eine Probleminstanz mit n = 3 enthält. Aus den einzurichtenden Hubs lässt sich eine Folge $v_1, v_2, ..., v_n$ derart ableiten, dass im Cluster i der Knoten (i, v_i) ein Hub ist. Man beachte, dass sich für jede mögliche Folge eine entsprechende Lösung der Hub Location Probleminstanz finden lässt. Abbildung 3.17 zeigt die sich aus Abbildung 3.16 ergebende Rundreise. Die Kosten für eine (optimale) Lösung der Hub Location Probleminstanz sind identisch mit denjenigen für die durch die Folge spezifizierte Rundreise:

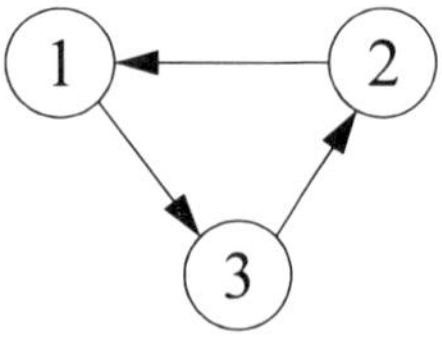

Abb. 3.17: Lösung für ein TSP mit drei Knoten

$$\sum_{\substack{\{(i_1,j_1),(i_2,j_2)\} \text{ mit} \\ i_1 \neq i_2}} b_{\{(i_1,j_1),(i_2,j_2)\}} \cdot B_{\{(i_1,j_1),(i_2,j_2)\}} + \sum_{(i,j)} b_{(i,j)} \cdot Y_{(i,j)}$$

$$= \sum_{\substack{\{(i_1,j_1),(i_2,j_2)\} \text{ mit} \\ i_1 = (i_2 \text{ modulo } n)+1}} b_{\{(i_1,j_1),(i_2,j_2)\}} \cdot B_{\{(i_1,j_1),(i_2,j_2)\}}$$

$$= b_{\{(n,v_n),(1,v_1)\}} + \sum_{i \in \{1,...,n-1\}} b_{\{(i,v_i),(i+1,v_{i+1})\}}$$

$$= d^{TSP}_{v_n v_1} + \sum_{i \in \{1,...,n-1\}} d^{TSP}_{v_i v_{i+1}} = F^{TSP}$$

Damit ist das TSP ein Spezialfall des Problems [SA-C, D | FC | VC | | MC] und somit auch letzteres NP-hart. qed.

Bemerkung 3.2: Das Modell (3.42) - (3.46) lässt sich auch einsetzen, um ein spezielles quadratisches Zuordnungsproblem[209] zu lösen. Das allgemeine, als Koopmans-Beckmann-Problem bekannte quadratische Zuordnungsproblem ordnet n Maschinen n Plätzen zu, wobei auf jedem Platz genau eine Maschine positioniert werden muss. Jeder Platz ist dabei für jede Maschine geeignet. Für jedes Paar von

209 Vgl. Domschke und Drexl (1996, S. 194 ff.).

Maschinen fallen Kosten an, die von der Positionierung der beiden Maschinen abhängen. Bei dem hier vorliegenden Problem repräsentiert jeder Cluster eine Maschine und die ihm zugeordneten Knoten stehen für diejenigen Plätze, auf welchen die Maschine positioniert werden kann. Die verschiedenen Maschinen konkurrieren also nicht um Plätze und es stehen i.d.R. mehr Plätze als Maschinen zur Verfügung.

Bemerkung 3.3: Mit dem Modell (3.42) - (3.46) kann man auch ein von Buxmann und Miklitz (2005) beschriebenes Entscheidungsproblem zur Standardauswahl[210] lösen, wobei zuvor eine geeignete Transformation der Zielfunktionskoeffizienten erforderlich ist. Das von den Autoren angegebene Modell und das Modell (3.42), (3.43), (3.45), (3.46), (3.40) und (3.41) sind isomorph[211] zueinander.

3.2.2.3 Verallgemeinerte Problemstellungen

Durch das neue Modell ist es nicht nur möglich, das Problem [SA-C, D | FC | VC | | MC] schneller zu lösen (vgl. die in Abschnitt 3.2.2.5 angeführten Rechenergebnisse), sondern auch allgemeinere Problemstellungen mit mengenabhängigen Einheitstransportkostenfunktionen $\hat{c}_{km}$ bzw. nicht proportionalen Transportkostenfunktionen tc_{km} anzugehen. Wir beschränken uns hier nicht auf Funktionen des in Abschnitt 3.1.3 angegebenen Typs, sondern gehen zunächst von beliebigen Kostenfunktionen aus. Zwei unterschiedliche Fälle können wir mit vergleichsweise geringem (zusätzlichen) Aufwand exakt lösen:

Fall 1

Direktverbindungen sind nicht zu berücksichtigen, aber auf allen Abschnitten liegen mengenabhängige Durchschnittstransportkosten vor. Dadurch, dass keine Direktverbindungen erlaubt sind, lässt sich für jede Verbindung ohne die Kenntnis der Lösung vorab bestimmen, wie viel auf dieser zu transportieren ist, wenn sie überhaupt genutzt wird. Um die Notation zu vereinfachen, verwenden wir folgende Kurzschreibweise für die von einer Knotenmenge Υ_1 zu einer Knotenmenge Υ_2 zu transportierende Menge:

---

210 Dieses ist eine Erweiterung des Standardisierungsproblem von Buxmann (1996), für das Domschke und Wagner (2005) effiziente Lösungsansätze angeben. Zusätzlich ist hier gefordert, dass in jedem Knoten des Netzwerkes – der bspw. für einen Unternehmensbereich steht – aus mehreren verfügbaren Standards genau einer auszuwählen ist.

211 Vgl. Klein und Scholl (2004, S. 30).

$$w_{\Upsilon_1 \Upsilon_2} = \sum_{i \in \Upsilon_1, j \in \Upsilon_2} w_{ij} \tag{3.47}$$

Damit ergeben sich $b_{\{k,m\}}$ und b_k folgendermaßen:

$$b_{\{k,m\}} = \left(\begin{array}{l} \sum_{i \in \Xi(k)} \hat{c}_{ik}(o_i) \cdot w_{\{i\}\Xi(m)} + \hat{c}_{ki}(d_i) \cdot w_{\Xi(m)\{i\}} \\ + tc_{km}(w_{\Xi(k)\Xi(m)}) + tc_{mk}(w_{\Xi(m)\Xi(k)}) \\ + \sum_{j \in \Xi(m)} \hat{c}_{mj}(d_j) \cdot w_{\Xi(k)\{j\}} + \hat{c}_{jm}(o_j) \cdot w_{\{j\}\Xi(k)} \end{array} \right)$$

$$\text{für alle } \{k,m\} \text{ mit } \Xi(k) \neq \Xi(m) \tag{3.48}$$

$$b_k = f_k + \sum_{i \in \Xi(k)} \hat{c}_{ik}(o_i) \cdot w_{\{i\}\Xi(k)} + \hat{c}_{ki}(d_i) \cdot w_{\Xi(k)\{i\}} \quad \text{für alle } k \tag{3.49}$$

Alternativ können wir auch sämtliche innerhalb eines Clusters anfallenden Transportkosten den Zielfunktionskoeffizienten für die Variablen Y_k zuordnen und erhalten folgende Parameter:

$$b'_{\{k,m\}} = \left(\begin{array}{l} tc_{km}(w_{\Xi(k)\Xi(m)}) \\ + tc_{mk}(w_{\Xi(m)\Xi(k)}) \end{array} \right) \quad \text{für alle } \{k,m\} \text{ mit } \Xi(k) \neq \Xi(m) \tag{3.50}$$

$$b'_k = f_k + \sum_{i \in \Xi(k)} tc_{ik}(o_i) + tc_{ki}(d_i) \quad \text{für alle } k \tag{3.51}$$

Satz 3.5: Ein mittels (3.42) ermittelter Zielfunktionswert für eine zulässige Lösung des Modells (3.42) - (3.46) ändert sich nicht, wenn statt der Zielfunktionskoeffizienten (3.48) und (3.49) die unter (3.50) und (3.51) angeführten verwendet werden.

Beweis:

$$\sum_{\substack{\{k,m\} \text{ mit} \\ \Xi(k) \neq \Xi(m)}} b_{\{k,m\}} \cdot B_{\{k,m\}} + \sum_k b_k \cdot Y_k$$

$$
\stackrel{212}{=} \left(\begin{array}{l}
\sum\limits_{\substack{\{k,m\} \text{ mit} \\ \Xi(k) \neq \Xi(m)}} b'_{\{k,m\}} \cdot B_{\{k,m\}} \\
+ \sum\limits_{\substack{k,m \text{ mit} \\ \Xi(k) \neq \Xi(m)}} \left(\sum\limits_{i \in \Xi(k)} \hat{c}_{ik}(o_i) \cdot w_{\{i\}\Xi(m)} + \sum\limits_{j \in \Xi(m)} \hat{c}_{mj}(d_j) \cdot w_{\Xi(k)\{j\}} \right) \cdot Y_k \cdot Y_m \\
+ \sum\limits_{k} \left(f_k + \sum\limits_{i \in \Xi(k)} \hat{c}_{ik}(o_i) \cdot w_{\{i\}\Xi(k)} + \hat{c}_{ki}(d_i) \cdot w_{\Xi(k)\{i\}} \right) \cdot Y_k
\end{array} \right)
$$

$$
= \left(\begin{array}{l}
\sum\limits_{\substack{\{k,m\} \text{ mit} \\ \Xi(k) \neq \Xi(m)}} b'_{\{k,m\}} \cdot B_{\{k,m\}} \\
+ \sum\limits_{k,\, i \in \Xi(k)} Y_k \cdot \hat{c}_{ik}(o_i) \cdot \sum\limits_{m \text{ mit } \Xi(k) \neq \Xi(m)} w_{\{i\}\Xi(m)} \cdot Y_m \\
+ \sum\limits_{m,\, j \in \Xi(m)} Y_m \cdot \hat{c}_{mj}(d_j) \cdot \sum\limits_{k \text{ mit } \Xi(k) \neq \Xi(m)} w_{\Xi(k)\{j\}} \cdot Y_k \\
+ \sum\limits_{k} \left(f_k + \sum\limits_{i \in \Xi(k)} \hat{c}_{ik}(o_i) \cdot w_{\{i\}\Xi(k)} + \hat{c}_{ki}(d_i) \cdot w_{\Xi(k)\{i\}} \right) \cdot Y_k
\end{array} \right)
$$

$$
\stackrel{213}{=} \left(\begin{array}{l}
\sum\limits_{\substack{\{k,m\} \text{ mit} \\ \Xi(k) \neq \Xi(m)}} b'_{\{k,m\}} \cdot B_{\{k,m\}} \\
+ \sum\limits_{k,\, i \in \Xi(k)} Y_k \cdot \hat{c}_{ik}(o_i) \cdot w_{\{i\}(\{1,\ldots,n\} \setminus \Xi(k))} \\
+ \sum\limits_{m,\, j \in \Xi(m)} Y_m \cdot \hat{c}_{mj}(d_j) \cdot w_{(\{1,\ldots,n\} \setminus \Xi(m))\{j\}} \\
+ \sum\limits_{k} \left(f_k + \sum\limits_{i \in \Xi(k)} \hat{c}_{ik}(o_i) \cdot w_{\{i\}\Xi(k)} + \hat{c}_{ki}(d_i) \cdot w_{\Xi(k)\{i\}} \right) \cdot Y_k
\end{array} \right)
$$

$$
= \sum\limits_{\substack{\{k,m\} \text{ mit} \\ \Xi(k) \neq \Xi(m)}} b'_{\{k,m\}} \cdot B_{\{k,m\}} + \sum\limits_{k} \left(f_k + \sum\limits_{i \in \Xi(k)} \hat{c}_{ik}(o_i) \cdot o_i + \hat{c}_{ki}(d_i) \cdot d_i \right) \cdot Y_k
$$

---

212 Man beachte, dass laut Satz 3.3 $B_{\{k,m\}} = Y_k \cdot Y_m$ gilt.

$$= \sum_{\substack{\{k,m\} \text{ mit} \\ \Xi(k) \neq \Xi(m)}} b'_{\{k,m\}} \cdot B_{\{k,m\}} + \sum_k b'_k \cdot Y_k$$

qed.

Fall 2

Direktverbindungen werden hier weiterhin berücksichtigt, aber mengenabhängige Durchschnittstransportkosten, die zudem monoton steigen und noch weitere Eigenschaften[214] erfüllen müssen, gibt es nur auf Verbindungen zwischen Hubs. Die Kosten b_k, welche innerhalb eines Clusters anfallen, lassen sich wie unter (3.39) angegeben berechnen. Bei den Transportkosten $b_{\{k,m\}}$ zwischen unterschiedlichen Clustern hingegen ist die Mengenabhängigkeit der Durchschnittstransportkosten einzubeziehen. Dadurch kann nicht getrennt für jedes einzelne Quelle-Ziel-Paar (i,j) mit $i \in \Xi(k)$ und $j \in \Xi(m)$ eine Entscheidung darüber getroffen werden, ob über die Hubroute $i - k - m - j$ oder die Direktverbindung zu transportieren ist. Werden bspw. die Güter vieler anderer Quelle-Ziel-Paare (i',j') – $i' \in \Xi(k)$ und $j' \in \Xi(m)$ – entlang der Hubs k und m befördert, so stellen sich niedrigere Einheitstransportkosten für die Verbindung zwischen den beiden Hubs ein. Eventuell ist es nur dann sinnvoll, für das Quelle-Ziel-Paar (i,j) die Hubroute zu wählen und ansonsten auf die Direktverbindung zurückzugreifen. Für alle Quelle-Ziel-Paare, welche die Hub-Hub-Verbindung (k,m) nutzen könnten, ist also simultan über das Routing zu entscheiden.

Im Folgenden betrachten wir ein festes Paar (k,m) von potentiellen Hubs aus verschiedenen Clustern und zeigen, wie man für die Transporte vom Cluster $\Xi(k)$ zum Cluster $\Xi(m)$ für den Fall, dass in k und m Hubs eingerichtet werden, ein optimales Routing bestimmen kann. Eine Lösung für das Routing sei durch $\mathbf{W^h}$ spezifiziert, wobei ihre Elemente W^h_{ij} mit $(i,j) \in \Xi(k) \times \Xi(m)$ angeben, wie viel entlang der Route $i - k - m - j$ zu transportieren ist. Für den Rest, $w_{ij} - W^h_{ij}$, ist die Direktverbindung einzusetzen.

---

213 Die Gleichheit folgt aus den Nebenbedingungen (3.43):

$$\sum_{\substack{m \text{ mit} \\ \Xi(k) \neq \Xi(m)}} w_{\{i\}\Xi(m)} \cdot Y_m = \sum_{\substack{h \text{ mit} \\ \Xi(k) \neq \Xi_h}} w_{\{i\}\Xi_h} \cdot \sum_{m \in \Xi_h} Y_m = w_{\{i\}(\{1,\ldots,n\} \setminus \Xi(k))}$$

Entsprechendes gilt für $w_{(\{1,\ldots,n\} \setminus \Xi(m))\{j\}}$.

214 Vgl. Satz 3.7.

(i^1, j^1), (i^2, j^2), ..., $(i^{|\Xi(k) \times \Xi(m)|}, j^{|\Xi(k) \times \Xi(m)|})$ sei eine Sortierreihenfolge der Knotenpaare $\Xi(k) \times \Xi(m)$, so dass für jedes a = 2, 3, ..., $|\Xi(k) \times \Xi(m)|$ gilt:

$$\beta \cdot c_{i^{a-1} j^{a-1}} - (\alpha_1 \cdot c_{i^{a-1} k} + \alpha_2 \cdot c_{m j^{a-1}}) \geq \beta \cdot c_{i^a j^a} - (\alpha_1 \cdot c_{i^a k} + \alpha_2 \cdot c_{m j^a})$$

Satz 3.6: Es gibt stets eine optimale Lösung $\mathbf{W^h}$, bei der für alle a und b mit $1 \leq b < a$ und $W^h_{i^a j^a} > 0$ gilt, dass $W^h_{i^b j^b} = w_{i^b j^b}$.

Beweis:

Es sei eine optimale Lösung $\mathbf{W^h}$ gegeben, bei der für eine Kombination aus a und b mit $1 \leq b < a$ und $W^h_{i^a j^a} > 0$ gilt, dass $W^h_{i^b j^b} < w_{i^b j^b}$. Erzeuge eine Lösung $\mathbf{W^{h'}}$ folgendermaßen, wobei $\Delta = \min\{W^h_{i^a j^a}, w_{i^b j^b} - W^h_{i^b j^b}\}$ gilt:

$$W^{h'}_{ij} = \begin{cases} W^h_{ij} - \Delta & \text{für } (i,j) = (i^a, j^a) \\ W^h_{ij} + \Delta & \text{für } (i,j) = (i^b, j^b) \\ W^h_{ij} & \text{sonst} \end{cases} \qquad \text{für alle } (i,j) \in \Xi(k) \times \Xi(m)$$

Es sei $M_{km} = \sum_{(i,j) \in \Xi(k) \times \Xi(m)} W^h_{ij} = \sum_{(i,j) \in \Xi(k) \times \Xi(m)} W^{h'}_{ij}$. Dann betragen die Kosten für die Lösung $\mathbf{W^h}$:

$$tc_{km}(M_{km}) + \sum_{(i,j) \in \Xi(k) \times \Xi(m)} (w_{ij} - W^h_{ij}) \cdot \beta \cdot c_{ij} + W^h_{ij} \cdot (\alpha_1 \cdot c_{ik} + \alpha_2 \cdot c_{mj})$$

$$\geq^{215} \left(\begin{array}{l} tc_{km}(M_{km}) + (w_{i^a j^a} - W^h_{i^a j^a} + \Delta) \cdot \beta \cdot c_{i^a j^a} + (w_{i^b j^b} - W^h_{i^b j^b} - \Delta) \cdot \beta \cdot c_{i^b j^b} \\ + (W^h_{i^a j^a} - \Delta) \cdot (\alpha_1 \cdot c_{i^a k} + \alpha_2 \cdot c_{m j^a}) + (W^h_{i^b j^b} + \Delta) \cdot (\alpha_1 \cdot c_{i^b k} + \alpha_2 \cdot c_{m j^b}) \\ + \sum_{(i,j) \in \Xi(k) \times \Xi(m) \setminus \{(i^a, j^a), (i^b, j^b)\}} (w_{ij} - W^h_{ij}) \cdot \beta \cdot c_{ij} + W^h_{ij} \cdot (\alpha_1 \cdot c_{ik} + \alpha_2 \cdot c_{mj}) \end{array} \right)$$

$$= \quad tc_{km}(M_{km}) + \sum_{(i,j) \in \Xi(k) \times \Xi(m)} (w_{ij} - W^{h'}_{ij}) \cdot \beta \cdot c_{ij} + W^{h'}_{ij} \cdot (\alpha_1 \cdot c_{ik} + \alpha_2 \cdot c_{mj})$$

Die letzte Zeile entspricht den Kosten für die Lösung $\mathbf{W^{h'}}$.

Damit ist die Lösung $\mathbf{W}^{h'}$ mindestens so gut wie $\mathbf{W}^{h}$ und somit auch optimal. Durch die Lösung $\mathbf{W}^{h'}$ wissen wir, dass für die untersuchte Kombination von a und b die im Satz für alle a und b geforderte Bedingung erfüllt ist. Um sicherzustellen, dass die Bedingung für alle Kombinationen gegeben ist, muss die oben beschriebene Vorgehensweise so lange wiederholt werden, bis alle Kombinationen die Bedingung erfüllen. Geht man bei der Wahl der noch zu bearbeitenden a und b so vor, dass man unter den „problematischen" Kombinationen a möglichst groß und b möglichst klein wählt, so müssen keinesfalls mehr als $|\Xi(k) \times \Xi(m)|$ Iterationen durchgeführt werden, um eine dem Satz entsprechende optimale Lösung zu erhalten.[216] qed.

Satz 3.7: Die monoton steigende Kostenfunktion tc_{km} habe die Eigenschaft, dass für alle $a = 1, 2, ..., |\Xi(k) \times \Xi(m)|$ gilt: Die Funktion

$$ac^{a}_{km}(y) = \frac{tc_{km}(y) - \lim_{x \searrow sw^{a-1}} tc_{km}(x)}{y - sw^{a-1}}$$

ist monoton fallend im Intervall $(sw^{a-1}, sw^{a}]$, wobei $sw^{a} = \sum_{b \in \{1, \ldots, a\}} w_{i^b j^b}$ gilt.

Dann gibt es stets eine optimale Lösung $\mathbf{W}^{h}$ mit $W^{h}_{i^{a-1} j^{a-1}} = 0 \Rightarrow W^{h}_{i^a j^a} = 0$ für alle a mit $a = 2, 3, ..., |\Xi(k) \times \Xi(m)|$, bei der für jedes Quelle-Ziel-Paar (i, j) entweder alles direkt oder alles über die entsprechende Hubroute transportiert wird.

Beweis:

Nach Satz 3.6 können wir davon ausgehen, dass es eine optimale Lösung gibt, bei der für höchstens ein Quelle-Ziel-Paar (i, j) nicht alles komplett über die Direktverbindung oder die Hubroute transportiert wird. Eine solche Lösung sei durch $\mathbf{W}^{h}$ dargestellt. (i^a, j^a) sei das (einzige) Quelle-Ziel-Paar, welches nur zum Teil über eine Hubroute bedient wird.[217] Nach Satz 3.6 sind alle Quelle-Ziel-Paare, die

215 Aus der Definition der Sortierreihenfolge ergibt sich

$$\Delta \cdot (\beta \cdot c_{i^a j^a} - (\alpha_1 \cdot c_{i^a k} + \alpha_2 \cdot c_{m j^a})) - \Delta \cdot (\beta \cdot c_{i^b j^b} - (\alpha_1 \cdot c_{i^b k} + \alpha_2 \cdot c_{m j^b})) \le 0$$

und damit

$$\Delta \cdot \beta \cdot c_{i^a j^a} - \Delta \cdot \beta \cdot c_{i^b j^b} - \Delta \cdot (\alpha_1 \cdot c_{i^a k} + \alpha_2 \cdot c_{m j^a}) + \Delta \cdot (\alpha_1 \cdot c_{i^b k} + \alpha_2 \cdot c_{m j^b}) \le 0 .$$

216 Man beachte, dass sich die Differenz aus a und b nach jeder Iteration verringert, bis es keine „problematische" Kombination mehr gibt.

vorher in der Sortierreihenfolge einsortiert sind, über eine Hubroute und alle, die danach einsortiert sind, über eine Direktverbindung zu bedienen.

Aus Übersichtlichkeitsgründen führen wir folgende Abkürzung ein:

$$\text{const} = \left(\begin{array}{c} \lim\limits_{x \searrow sw^{a-1}} tc_{km}(x) + \\ \sum\limits_{(i,j) \in \Xi(k) \times \Xi(m) \setminus \{(i^a, j^a)\}} \left(\begin{array}{c} (w_{ij} - W^h_{ij}) \cdot \beta \cdot c_{ij} + \\ W^h_{ij} \cdot (\alpha_1 \cdot c_{ik} + \alpha_2 \cdot c_{mj}) \end{array} \right) \end{array} \right)$$

Für die Kosten der Lösung $\mathbf{W^h}$ gilt:

$$\left(\begin{array}{c} \text{const} + (w_{i^a j^a} - W^h_{i^a j^a}) \cdot c_{i^a j^a} \cdot \beta \\ + W^h_{i^a j^a} \cdot (\alpha_1 \cdot c_{i^a k} + \alpha_2 \cdot c_{m j^a} + ac^a_{km}(sw^{a-1} + W^h_{i^a j^a})) \end{array} \right)$$

$$\geq^{218} \text{const} + w_{i^a j^a} \cdot (\alpha_1 \cdot c_{i^a k} + \alpha_2 \cdot c_{m j^a} + ac^a_{km}(sw^{a-1} + W^h_{i^a j^a}))$$

$$\geq \quad \text{const} + w_{i^a j^a} \cdot (\alpha_1 \cdot c_{i^a k} + \alpha_2 \cdot c_{m j^a} + ac^a_{km}(sw^{a-1} + w_{i^a j^a}))$$

In der letzten Zeile stehen die Kosten, welche anfallen, wenn der Transport für das Quelle-Ziel-Paar (i^a, j^a) vollständig über die Hubroute abgewickelt wird, und man für die anderen Quelle-Ziel-Paare wie in der Lösung $\mathbf{W^h}$ verfährt. Somit erhöhen sich die Kosten beim Verzicht auf die Nutzung der Direktverbindung für das Quelle-Ziel-Paar (i^a, j^a) nicht. Damit gibt es stets eine optimale Lösung, bei der für jedes einzelne Quelle-Ziel-Paar entweder alles direkt oder über die Hubroute transportiert wird und $W^h_{i^{a-1} j^{a-1}} = 0 \Rightarrow W^h_{i^a j^a} = 0$ gilt. qed.

---

217 Gibt es kein solches Paar, so ist der zu beweisende Satz unmittelbar erfüllt.

218 Aus der Optimalität der Lösung $\mathbf{W^h}$ folgt

$$tc_{km}(sw^{a-1} + W^h_{i^a j^a}) - tc_{km}(sw^{a-1}) + (\alpha_1 \cdot c_{i^a k} + \alpha_2 \cdot c_{m j^a}) \cdot W^h_{i^a j^a} \leq \beta \cdot c_{i^a j^a} \cdot W^h_{i^a j^a}$$

bzw. unter der hier vorliegenden Annahme $W^h_{i^a j^a} > 0$ und aufgrund der Monotonie der Funktion tc_{km} auch

$$\beta \cdot c_{i^a j^a} \geq \frac{tc_{km}(sw^{a-1} + W^h_{i^a j^a}) - \lim\limits_{x \searrow sw^{a-1}} tc_{km}(x)}{W^h_{i^a j^a}} + \alpha_1 \cdot c_{i^a k} + \alpha_2 \cdot c_{m j^a}$$

$$= ac^a_{km}(sw^{a-1} + W^h_{i^a j^a}) + \alpha_1 \cdot c_{i^a k} + \alpha_2 \cdot c_{m j^a}$$

Satz 3.8: Wenn $tc_{km}(y)$ im Intervall $(sw^{a-1}, sw^{a}]$ konkav ist, dann fällt die Funktion $ac_{km}^{a}(y)$ im Intervall $(sw^{a-1}, sw^{a}]$ monoton.

Beweis:

Laut Definition[219] gilt für die konkave Funktion bei beliebigem $0<\lambda<1$ und $x, y \in (sw^{a-1}, sw^{a}]$:

$$\lambda \cdot tc_{km}(x) + (1-\lambda) \cdot tc_{km}(y) \leq tc_{km}(\lambda \cdot x + (1-\lambda) \cdot y)$$

Gegeben seien beliebige $y, z \in (sw^{a-1}, sw^{a}]$ mit $z<y$. Für diese lässt sich ein $\lambda = \frac{z - sw^{a-1}}{y - sw^{a-1}}$ mit $0<\lambda<1$ angeben. Es gilt:

$$ac_{km}^{a}(y) = \frac{tc_{km}(y) - \lim\limits_{x \searrow sw^{a-1}} tc_{km}(x)}{y - sw^{a-1}} = \frac{\lambda \cdot tc_{km}(y) - \lambda \cdot \lim\limits_{x \searrow sw^{a-1}} tc_{km}(x)}{\lambda \cdot (y - sw^{a-1})}$$

$$= \lim_{x \searrow sw^{a-1}} \frac{\lambda \cdot tc_{km}(y) + (1-\lambda) \cdot tc_{km}(x) - tc_{km}(x)}{\lambda \cdot (y - sw^{a-1})}$$

$$\leq \lim_{x \searrow sw^{a-1}} \frac{tc_{km}(\lambda \cdot y + (1-\lambda) \cdot x) - tc_{km}(x)}{(\lambda \cdot y + (1-\lambda) \cdot sw^{a-1}) - sw^{a-1}}$$

$$=^{220} \frac{tc_{km}(\lambda \cdot y + (1-\lambda) \cdot sw^{a-1}) - \lim\limits_{x \searrow sw^{a-1}} tc_{km}(x)}{(\lambda \cdot y + (1-\lambda) \cdot sw^{a-1}) - sw^{a-1}}$$

$$= \frac{tc_{km}(z) - \lim\limits_{x \searrow sw^{a-1}} tc_{km}(x)}{z - sw^{a-1}} = ac_{km}^{a}(z)$$

---

219 Zur Definition von konkaven Funktionen siehe Domschke und Drexl (2005, S. 181).

220 Die Funktion $-tc_{km}$ ist konvex, weil die Funktion tc_{km} konkav ist (vgl. Jungnickel (1999, S. 69)). Daher ist sie (und damit auch die Funktion tc_{km}) im Intervall (sw^{a-1}, sw^{a}) stetig (vgl. Jungnickel (1999, S. 70)). Daraus folgt entsprechend der Definition von Stetigkeit

$$\lim_{x \searrow sw^{a-1}} tc_{km}(\lambda \cdot y + (1-\lambda) \cdot x) = tc_{km}(\lambda \cdot y + (1-\lambda) \cdot sw^{a-1}),$$

da $\lambda \cdot y + (1-\lambda) \cdot sw^{a-1} \in (sw^{a-1}, sw^{a})$.

Es existiert also keine Zahl $z \in (sw^{a-1}, y)$, für die $ac^{a}_{km}(y) > ac^{a}_{km}(z)$. Somit fällt die Funktion ac^{a}_{km} im Intervall $(sw^{a-1}, sw^{a}]$ monoton. qed.

Nehmen wir an, dass eine monoton fallende Kostenfunktion gegeben ist, bei der für alle $a = 1, 2, ..., |\Xi(k) \times \Xi(m)|$ die Funktion ac^{a}_{km} im Intervall $(sw^{a-1}, sw^{a}]$ monoton fällt.[221] Damit können wir uns nach Satz 3.7 darauf beschränken, solche Lösungen $\mathbf{W}^{\mathbf{h}}$ zu untersuchen, bei denen für ein $a = 1, 2, ..., |\Xi(k) \times \Xi(m)| + 1$ die Knotenpaare

$$(i^1, j^1), (i^2, j^2), ..., (i^{a-1}, j^{a-1})$$

vollständig über Hubrouten und

$$(i^a, j^a), (i^{a+1}, j^{a+1}), ..., (i^{|\Xi(k) \times \Xi(m)|}, j^{|\Xi(k) \times \Xi(m)|})$$

vollständig über Direktverbindungen bedient werden. Der Berechnungsaufwand wird von der Bestimmung der Sortierreihenfolge für die Knotenpaare dominiert und beträgt daher größenordnungsmäßig $|\Xi(k) \times \Xi(m)| \cdot \log(|\Xi(k) \times \Xi(m)|)$.[222]

Nun lassen sich die Transportkosten bei optimalem Routing von einem Cluster zu einem anderen bestimmen, wenn die Hubs der beiden Cluster bekannt sind. Damit sind auch die Zielfunktionskoeffizienten $b_{\{k, m\}}$ direkt spezifizierbar.

Betrachtet man eine allgemeinere Problemstellung, bei der man auf allen Verbindungstypen mengenabhängige Durchschnittskosten hat und auch auf Direktverbindungen nicht verzichtet werden kann, so ist es mit dem hier gewählten Ansatz nicht möglich, optimale Lösungen für entsprechende Probleminstanzen zu bestimmen. Man kann allerdings über eine Abschätzung der zu wählenden Routen (eventuell eingebettet in ein iteratives Verfahren) für die einzelnen Verbindungen Transportmengen generieren und damit zumindest eine heuristische Lösung ermitteln.

Neben einer Verallgemeinerung hinsichtlich der Kostenstruktur ist auch eine solche des Zugangsnetzes integrierbar. Diese lässt sich auch in den Abschnitten 3.2.3.1 und 3.2.3.2 einsetzen sowie in modifizierter Form auf die in den Abschnit-

---

221 Ist dies nicht der Fall, aber besteht (für jedes a) das Intervall aus m_a endlich vielen Abschnitten $(sw^{a-1}_{ij}, sw^{a,2}_{ij}]$, $(sw^{a,2}_{ij}, sw^{a,3}_{ij}]$, ..., $(sw^{a,m_a}_{ij}, sw^{a}_{ij}]$, in welchen die Bedingung erfüllt ist, so kann man durch die Aufteilung von „echten" Quelle-Ziel-Paaren in „künstliche" Quelle-Ziel-Paare mit entsprechenden zu transportierenden Mengen die Probleminstanz so transformieren, dass die Vorraussetzungen des Satzes 3.7 erfüllt sind. Damit ist auch in diesem Fall prinzipiell die gleiche Vorgehensweise denkbar, wenn sie auch etwas aufwendiger durchzuführen wäre.

222 Vgl. Aho und Ullman (1996, S. 378).

ten 4.2.2 und 4.2.3.1 beschriebenen bzw. skizzierten Lösungsansätze anwenden. Sind die Transportkosten innerhalb eines Clusters mengenunabhängig, so ist es nicht notwendig, dass alle Knoten eines Clusters direkt mit dem Hub verbunden sind, um die Zielfunktionskoeffizienten b_k bestimmen zu können. Stattdessen lassen sich die Knoten über eine oder mehrere Ketten mit dem Hub verbinden oder der Transport ist über eine oder mehrere Rundreise(n) realisierbar. Bei den Rundreisefällen ist es lediglich notwendig, eine (gleichermaßen für alle potentiellen Hubs k des Clusters einsetzbare) Instanz des Travelling Salesman Problems bzw. für jeden potentiellen Hub k eine Instanz des Tourenplanungsproblems zu lösen. Das Ergebnis liefert ein optimales Zugangsnetz des Clusters für den Fall, dass in k ein Hub eingerichtet wird. Die Kosten desselben ergeben den Zielfunktionskoeffizienten b_k. Die Zielfunktionskoeffizienten $b_{\{k,m\}}$ lassen sich beim Vorliegen von mengenabhängigen Durchschnittstransportkosten für Hub-Hub-Verbindungen wie unter Fall 1 (siehe (3.50)) angegeben bestimmen.

3.2.2.4 Lösungsansätze

Das Modell (3.42) - (3.46) lässt sich direkt mit Hilfe entsprechender Standardsoftware lösen. Durch Vorüberlegungen kann man es noch vereinfachen, was den Lösungsprozess beschleunigt.

Preprocessing

Ein potentieller Hubstandort k lässt sich vorab als Nichthub fixieren und das zu lösende Optimierungsmodell (3.42) - (3.46) vereinfachen, falls wir einen anderen Standort k' im gleichen Cluster finden, welcher diesen dominiert[223]. Ein Standort k' dominiert einen anderen k, wenn wir in jeder Lösung mit k als Hub allein durch das Schließen des Hubs k und Errichten eines Hubs in k' eine bessere Lösung erzeugen. Der potentielle Standort k wird von einem anderen dominiert, wenn gilt:

$$\min_{k' \in \Xi(k)} \left\{ b_{k'} - b_k + \sum_{h \text{ mit } \Xi_h \neq \Xi(k)} \max_{m \in \Xi_h} \{ b_{\{k',m\}} - b_{\{k,m\}} \} \right\} < 0 \qquad (3.52)$$

Ist dies der Fall, dann gibt es stets einen Hubkandidaten k', so dass selbst dann, wenn die Hubs m in den anderen Clustern für k bezüglich des „Konkurrenten" k' am günstigsten positioniert sind, die Wahl des Standortes k' vorzuziehen ist. Sobald die Menge der in den anderen Clustern verfügbaren Standorte durch Domi-

223 Eine entsprechende Definition für den Vergleich von Prozessen bzw. Produktionsalternativen findet man bei Klein und Scholl (2004, S. 71) bzw. Domschke und Scholl (2005, S. 86).

nanzbetrachtungen eingeschränkt ist, kann ein Standort einen anderen u.U. dominieren, obwohl dies unter Einbezug sämtlicher Knoten als potentieller Standorte nicht möglich wäre. Aus diesem Grund ist folgender Algorithmus der isolierten Anwendung der Bedingung (3.52) überlegen:

Algorithmus 3.1: Identifikation nicht dominierter potentieller Standorte

1: $\Theta = \{1, \ldots, n\}$

2: Bestimme für jedes $k \in \Theta$

$$\Delta = \min_{k' \in \Xi(k) \cap \Theta} \left\{ b_{k'} - b_k + \sum_{\substack{h = 1, \ldots, p \\ \text{mit } \Xi_h \neq \Xi(k)}} \max_{m \in \Xi_h \cap \Theta} \{ b_{\{k', m\}} - b_{\{k, m\}} \} \right\}$$

und entferne k aus Θ, wenn $\Delta < 0$.

3: Terminiere, wenn im vorhergehenden Schritt kein k mehr aus der Menge Θ entfernt wurde; gehe ansonsten zu Schritt 2.

Schritt 1 initialisiert die Menge der potentiellen Hubstandorte Θ. Anschließend wird für jedes Element dieser Menge überprüft, ob es durch ein anderes dominiert wird und deswegen aus der Menge der potentiellen Standorte zu entfernen ist. Nach der Überprüfung aller Elemente terminiert der Algorithmus, wenn Schritt 2 die Menge Θ nicht mehr reduzieren kann. Ansonsten ist Schritt 2 erneut durchzuführen.

Constraint Programming Lösungsansatz

Alternativ zur Verwendung von Standardsoftware können wir das Modell (3.42) - (3.46) auch mit einem Backtracking-Algorithmus lösen.[224]

Vergleichbar mit Branch&Bound-Verfahren untersuchen wir für jedes (Teil-)Problem, ob man für die entsprechende (Teil-)Instanz unmittelbar eine Lösung angeben kann.[225] Dabei startet das Verfahren mit dem vorliegenden Problem ohne zu-

224 Zum Thema Constraint Programming vgl. Brailsford et al. (1999).

225 Im Rahmen eines Branch&Bound-Verfahrens werden durch den Verzweigungsprozess *Teilprobleme* durch das Hinzufügen von Bedingungen gebildet. Nach unserer Terminologie werden nicht Teilprobleme, sondern Instanzen dieser Teilprobleme gelöst, wobei die Daten der *Teilinstanzen* mit denen der Instanz des „Hauptproblems" übereinstimmen. Wie in der Einleitung thematisiert, bedeutet die Bezeichnung *Problem* in der OR-Literatur häufig auch *Instanz*, weswegen man dort davon spricht, dass „Teilprobleme gelöst werden".

sätzliche Restriktionen. Durch die Anwendung des Algorithmus 3.1 können wir die Anzahl der potentiellen Standorte einschränken. Verbleibt anschließend je Cluster nur noch ein möglicher Standort, so ist eine optimale Lösung für die Teilinstanz identifiziert. Falls diese besser als die bisher beste gefundene ist, so ist sie entsprechend zu speichern. Erhalten wir noch keine (eindeutige) Lösung, so wenden wir das gleiche Verfahren auf Instanzen eingeschränkterer Problemstellungen an, in denen für einen Cluster mit mehreren möglichen – d.h. noch nicht ausgeschlossenen – Hubstandorten jeweils ein Standort vorgegeben ist und die anderen ausgeschlossen sind.

Das Verfahren ist nachfolgend als Pseudocode dargestellt:

Algorithmus 3.2: Constraint Programming - Verfahren

```
global variables: bestSolution, bestSolutionValue

procedure subroutine( currentSet )
begin
  Eliminiere dominierte pot. Hubstandorte aus currentSet wie in Algorithmus 3.1
  g = argmax_{h ∈ {1,...,p}} |{k ∈ currentSet | k ∈ Ξ_h}|
  if |{k ∈ currentSet | k ∈ Ξ_g}| > 1 then
    for all k ∈ currentSet ∩ Ξ_g do
      call subroutine( (currentSet \ Ξ_g) ∪ {k} )
  else
    currentSolutionValue = Σ_{k ∈ currentSet} b_k + Σ_{k,m ∈ currentSet mit k<m} b_{k,m}
    if currentSolutionValue < bestSolutionValue then
    begin
      bestSolutionValue = currentSolutionValue
      bestSolution = currentSet
    end
end

procedure solver
begin
  bestSolution = { }, bestSolutionValue = ∞
  call subroutine( {1,...,n} )
end
```

Die globalen Variablen *bestSolution* und *bestSolutionValue* speichern die beste gefundene Lösung bzw. den entsprechenden Zielfunktionswert. Das Verfahren lässt sich mit dem Aufruf der Prozedur „solver“ starten. Dort werden zunächst die globalen Variablen initialisiert. Anschließend wird die Hilfsprozedur „subroutine“ mit der Menge aller Knoten als Parameter aufgerufen. Nach der Beendigung der Prozedur ist in den globalen Variablen eine optimale Lösung gespeichert.

Die Prozedur „subroutine“ überprüft selbst bzw. unter Zuhilfenahme entsprechender rekursiver Prozeduraufrufe[226] die übergebene Menge bzw. Teilmengen derselben auf optimale Lösungen. Dabei sind zunächst dominierte Standorte auszuschließen. Daraufhin ist festzustellen, welcher Cluster g in der verbliebenen Menge die meisten Knoten enthält. Gibt es einen mit mehr als einem Knoten, so erzeugt die Funktion von diesem ausgehend (bei mehreren zur Wahl stehenden von einem mit möglichst vielen Knoten) weitere durch einen rekursiven Prozeduraufruf zu betrachtende Teilprobleme. Jedes dieser neuen Teilprobleme enthält genau einen Knoten des Clusters g und entspricht ansonsten der vorliegenden Menge. Ist die Betrachtung von Teilproblemen nicht notwendig, weil schon eine eindeutige Lösung vorliegt, wird der entsprechende Zielfunktionswert bestimmt. Stellt sich heraus, dass die neue Lösung besser als die bisher beste ist, so speichern wir diese mit Hilfe der globalen Variablen.

3.2.2.5 Rechentests

Nach der Vorstellung verschiedener Herangehensweisen zur Lösung des Problems [SA-C, D | FC | VC | | MC] – welche sich auch für hinsichtlich der Transportkosten allgemeinere Probleme eignen (siehe Abschnitt 3.2.2.3) – sollen diese nun anhand numerischer Tests mit dem Verfahren von Sung und Jin (2001) verglichen werden. Die Tests für die neuen Verfahren wurden auf einem PC mit einem Intel Pentium IV Prozessor (2,4 GHz), 256 MB RAM und dem Betriebssystem Windows XP Professional durchgeführt. Für die Implementierung der Algorithmen 3.1 und 3.2 wurde der MS Visual C++ Compiler von MS Visual Studio .NET 2003 verwendet. Zum Lösen von gemischt-binären Optimierungsmodellen kam ILOG Cplex 9.0 und für den Datenaustausch ILOG Concert Technology 2.0 zum Einsatz.

Leider sind die von Sung und Jin (2001) verwendeten Testdaten nicht verfügbar. Daher wurden vergleichbare Testdaten in Abhängigkeit verschiedener Parameter generiert. Die Anzahl der Knoten liegt bei $n \in \{50, 250, 500\}$ und die der Cluster

226 Ruft sich eine Prozedur/Funktion selbst auf, so sprechen wir von einem rekursiven Aufruf. Vgl. Neuhold (1991).

bei $p \in \{4, 6, 8\}$ für $n = 50$ und $p \in \{4, 6, 8, 9, 12\}$ ansonsten. Dem ersten Cluster sind per_1st% Knoten – $\text{per\_1st} \in \{10, 60, 100 \cdot p/n\}$ – zugeordnet und die übrigen Knoten möglichst gleichmäßig auf die anderen Cluster verteilt. In einigen Fällen ist aufgrund der Unteilbarkeit von Knoten die Anzahl etwas höher oder geringer. Die Knoten sind auf der Fläche eines Quadrates mit einer Kantenlänge von 100 angeordnet. Diese Fläche ist gleichmäßig auf die verschiedenen Cluster verteilt und die Positionen der Knoten auf der Fläche ihres Clusters (gleichverteilt) zufällig bestimmt. Die Basistransportkosten c_{ij} ergeben sich aus der (euklidischen) Entfernung der Knotenpositionen. Die Transportmengen w_{ij} sind gleichverteilt aus dem Intervall [0, 100] gezogen und die Fixkosten f_k aus dem Intervall $[0, \lambda \cdot (1-\alpha) \cdot n^2 \cdot 50^2/(2 \cdot p)]$ mit $\lambda \in \{1/4, 1, 4\}$. Die vergleichsweise komplizierte obere Schranke für f_k soll sicherstellen, dass das Ergebnis weder von den Transportkosten noch von den Fixkosten dominiert wird. Die für α gewählten Werte sind 0,1, 0,5 bzw. 0,9. α_1, α_2 und β sind alle auf 1 gesetzt. Für jede Kombination von Parametern gibt es zehn Instanzen, so dass insgesamt 3510 Instanzen vorliegen.

Tabelle 3.3 zeigt einen Vergleich der neuen Ansätze mit demjenigen von Sung und Jin (2001). In den ersten drei Spalten stehen die Werte für die Problemparameter α, p und per_1st. Die vierte Spalte gibt den durchschnittlichen Anteil der Quelle-Ziel-Paare in % an, welche über Direktverbindungen bedient werden. Diese Angabe bezieht sich auf die neu generierten Instanzen, dürfte allerdings in etwa auch auf die von Sung und Jin (2001) verwendeten Daten zutreffen.

In der darauf folgenden Spalte ist die Rechenzeit für den heuristischen (dual-ascent) Ansatz von Sung und Jin angegeben. Es ist zu beachten, dass die Zeiten aus der Arbeit von Sung und Jin (2001) (unverändert) entnommen sind und unter Verwendung eines anderen Computersystems zustande kamen. Der Typ des Rechners[227] ist nicht detailliert genug beschrieben, um direkt einen geeigneten Konvertierungsfaktor bestimmen zu können. Allerdings zitieren die Autoren eine ältere Arbeit (Sung und Jin (2000)), in der sie für Tests einen Intel Pentium II 400 MHz PC eingesetzt haben. Vergleicht man diesen Rechner mit dem weiter oben spezifizierten, so scheint sieben ein vorsichtiger Umrechnungsfaktor zu sein.[228] Da anzunehmen ist, dass in der älteren Arbeit kein leistungsfähigerer Computer eingesetzt wurde als in der neueren, sollte die Anwendung des Konvertierungsfaktors sieben

227 Die Autoren geben an, dass sie ihre Tests auf einer „Sun4/Sparc Workstation“ durchgeführt haben. Diese Bezeichnung lässt aber keine Rückschlüsse auf die Leistungsfähigkeit des Systems zu, da sie für eine bezüglich der Rechenleistung sehr heterogene Produktfamilie steht.

n	p	per_1st	per_dir	t^{dual}	$t^{convert}$	t^{solver}	$t^{solver2}$	t^{constr}
0,1	4	10,00	48,7	22,10	0,007	0,005	0,016	0,001
		25,00	45,7	20,22	0,005	0,006	0,015	0,002
		60,00	59,4	18,84	0,003	0,003	0,012	0,002
	6	10,00	34,6	17,77	0,002	0,005	0,023	0,001
		16,67	34,9	11,97	0,003	0,004	0,021	0,001
		60,00	50,7	14,38	0,002	0,004	0,014	0,002
	8	10,00	29,2	7,74	0,002	0,004	0,026	0,002
		12,50	29,2	8,13	0,002	0,004	0,025	0,002
		60,00	47,3	9,02	0,003	0,003	0,025	0,002
0,5	4	10,00	69,6	11,12	0,006	0,005	0,017	0,001
		25,00	66,0	11,85	0,005	0,005	0,017	0,001
		60,00	74,7	10,13	0,004	0,004	0,012	0,002
	6	10,00	55,7	14,53	0,003	0,005	0,023	0,002
		16,67	56,3	7,92	0,002	0,003	0,021	0,001
		60,00	63,8	9,24	0,002	0,006	0,016	0,001
	8	10,00	48,8	4,11	0,002	0,005	0,033	0,001
		12,50	48,1	4,77	0,003	0,003	0,027	0,001
		60,00	60,1	5,05	0,003	0,005	0,030	0,002
0,9	4	10,00	92,4	10,87	0,005	0,004	0,016	0,002
		25,00	91,3	3,92	0,002	0,004	0,016	0,001
		60,00	92,9	8,43	0,005	0,004	0,015	0,001
	6	10,00	88,1	12,88	0,004	0,004	0,023	0,001
		16,67	87,8	7,00	0,002	0,005	0,022	0,001
		60,00	88,4	5,91	0,001	0,004	0,017	0,002
	8	10,00	83,3	4,16	0,002	0,003	0,027	0,002
		12,50	83,7	4,48	0,001	0,003	0,028	0,003
		60,00	84,1	3,92	0,003	0,005	0,021	0,001

Tabelle 3.3: Rechenergebnisse für Instanzen mit 50 Knoten

auf die Ergebnisse in Sung und Jin (2001) den Vergleich nicht zu Gunsten der neuen Verfahren beschönigen.

228 Der Vergleich der beiden Systeme erfolgte mittels der Benchmarking Software Sandra (Version 2004.2.9.104) der Firma SiSoftware. Diese enthält typische Leistungsdaten für Pentium II Systeme und hat entsprechende Daten für das Pentium IV System ermittelt.

Die restlichen Spalten beziehen sich auf mit dem Pentium IV Computer unter Anwendung der neuen Verfahren durchgeführten Berechnungen. Auf eine bezüglich der Fixkostenhöhe (siehe oben) untergliederte Darstellung verzichten wir, weil unterschiedliche Fixkostenniveaus nur einen geringfügigen Einfluss auf die Rechenzeit haben. In jeder Zeile sind die durchschnittlichen Rechenzeiten für 30 Testinstanzen angegeben. Die Spalte $t^{convert}$ bezieht sich auf die Rechenzeit für die Berechnung der Zielfunktionskoeffizienten $b_{\{k,m\}}$ und b_k (Konvertierung). t^{solver} bzw. $t^{solver2}$ geben an, wie viel Zeit die Standardsoftware Cplex 9.0 benötigt, um das Modell (3.42) - (3.46) zusammen mit bzw. ohne Verwendung des Algorithmus 3.1 als Preprocessing-Schritt zu lösen. In der letzten Spalte stehen die Rechenzeiten bei der Anwendung des Constraint Programming - Verfahrens.[229] Man beachte, dass die Angaben in den letzten drei Spalten die Bestimmung der Zielfunktionskoeffizienten $b_{\{k,m\}}$ und b_k nicht mit einbeziehen.

Es fällt auf, dass die neuen (exakten) Verfahren selbst unter Berücksichtigung des Konvertierungsfaktors deutlich schneller sind als die von Sung und Jin (2001) vorgeschlagene Heuristik. Während die Rechenzeiten der Heuristik stark in Abhängigkeit der Problemparameter schwanken, sind sie bei den neuen Verfahren vergleichsweise stabil. Der Constraint Programming - Ansatz ist stets mindestens so schnell wie die anderen Verfahren. Bei der Verwendung von Cplex hat sich die vorangehende Ausführung des Algorithmus 3.1 bewährt.

Tabelle 3.4 bezieht sich auf Rechentest mit 250 und 500 Knoten. Auf eine nach dem Parameter α untergliederte Darstellung wird verzichtet, da eine Variation desselben zu keiner signifikanten Änderung der Rechenzeit führt. Gegenüber der Tabelle 3.3 entfällt die Spalte t^{dual}, da keine entsprechenden Rechenergebnisse vorliegen. Zur genaueren Analyse der Rechenzeit dienen die beiden neuen Spalten 6 und 7. Die Spalte 6 enthält den aus dem Konvertierungsalgorithmus abgeleiteten geschätzten Aufwand für die Berechnung der Parameter $b_{\{k,m\}}$ und b_k:[230]

$$ec^{convert} = n^3 \cdot \left(\left(\frac{per\_1st}{100}\right)^3 + \frac{n}{p^3} \cdot \left(\frac{100 - per\_1st}{100}\right)^2 \cdot \left((p-1) \cdot \left(\frac{100 - per\_1st}{100}\right)^2 + 2 \cdot \left(\frac{p \cdot per\_1st}{100}\right)^2 \right) \right) \cdot 10^{-7} \tag{3.53}$$

229 Vgl. Algorithmus 3.2.

230 Der Skalierungsfaktor 10^{-7} dient lediglich dazu, die Ergebnisse übersichtlicher in der Tabelle darstellen zu können.

n	p	per_1st	per_dir	$t^{convert}$	$ec^{convert}$	ec / t	t^{solver}	$t^{solver2}$	t^{constr}
250	4	10,00	70,68	3,924	13,60	3,48	0,008	0,767	0,004
		25,00	68,85	3,381	12,68	3,76	0,007	0,806	0,005
		60,00	76,46	3,015	12,06	4,01	0,009	0,386	0,004
	6	10,00	61,78	1,460	6,99	4,80	0,008	1,135	0,008
		16,67	60,76	1,385	6,88	4,98	0,008	1,105	0,006
		60,00	70,89	1,804	8,07	4,48	0,008	0,373	0,007
	8	10,00	57,56	0,812	4,30	5,30	0,009	1,375	0,004
		12,50	57,72	0,805	4,30	5,36	0,008	1,194	0,005
		60,00	67,98	1,286	6,10	4,75	0,008	0,403	0,006
	9	10,00	52,32	0,645	3,52	5,47	0,008	1,296	0,005
		11,11	52,23	0,645	3,53	5,48	0,010	1,366	0,004
		60,00	64,50	1,129	5,45	4,83	0,009	0,400	0,007
	12	8,33	47,42	0,372	2,14	5,75	0,008	1,523	0,004
		10,00	47,44	0,372	2,16	5,82	0,007	1,681	0,006
		60,00	60,82	0,824	4,15	5,04	0,008	0,401	0,004
500	4	10,00	70,21	105,236	217,54	2,07	0,020	10,285	0,024
		25,00	68,64	85,245	202,76	2,38	0,022	10,119	0,024
		60,00	75,85	77,246	190,20	2,46	0,024	2,873	0,028
	6	10,00	61,77	34,621	111,81	3,24	0,022	15,228	0,016
		16,67	61,10	32,349	110,02	3,41	0,023	16,670	0,017
		60,00	70,65	38,247	126,40	3,31	0,025	3,128	0,020
	8	10,00	57,91	18,951	68,73	3,63	0,021	23,567	0,017
		12,50	57,93	18,793	68,81	3,67	0,021	23,706	0,017
		60,00	68,46	24,595	94,89	3,86	0,026	2,812	0,021
	9	10,00	52,02	15,075	56,26	3,74	0,021	22,706	0,021
		11,11	51,88	15,039	56,38	3,75	0,020	21,053	0,015
		60,00	64,66	21,172	84,46	3,99	0,028	2,727	0,026
	12	8,33	47,31	8,727	34,18	3,92	0,020	36,257	0,016
		10,00	47,11	8,761	34,55	3,95	0,020	33,447	0,025
		60,00	61,67	15,170	63,72	4,20	0,027	2,565	0,030

Tabelle 3.4: Rechenergebnisse für Instanzen mit 250 und 500 Knoten

In Spalte 7 ist dieser mit der gemessenen Rechenzeit ins Verhältnis gesetzt. Die Rechenzeit steigt mit größer werdendem p im Mittel etwas langsamer als der geschätzte Aufwand an. Vermutlich resultiert dies (zumindest teilweise) aus Berechnungsanteilen, welche einen von der Probleminstanzgröße unabhängigen Zeitbedarf haben. Insgesamt zeigt sich aber, dass $ec^{convert}$ die tatsächliche Rechenzeit bis auf einen konstanten Faktor größenordnungsmäßig gut approximiert. Damit verwundert es nicht, dass die Rechenzeit für die Konvertierung vergleichsweise schnell mit der Anzahl der Knoten n wächst. Sie steigt sogar schneller als die für die eigentliche Optimierung (siehe die drei letzten Spalten der Tabellen). Auf den ersten Blick erstaunt dies, da es sich bei dem Optimierungsproblem um ein NP-hartes handelt. Vermutlich schwankt der Schwierigkeitsgrad erheblich mit der Struktur der Instanzdaten. Würde bspw. nicht die Dreiecksungleichung für die c_{ij} gelten, so ergäbe sich vermutlich eine andere Entwicklung der Rechenzeiten. Dies ist zumindest für den recht simplen Constraint Programming - Ansatz zu vermuten. Möglicherweise ist die Problemstellung unter der Annahme spezieller Bedingungen bezüglich der Kostenstruktur – die bei den Instanzen der Rechentests erfüllt sind, aber auch bei den meisten Anwendungsfällen gelten dürften – selbst dann mit polynomialem Aufwand lösbar, wenn $NP \neq P$ gilt.

Die Rangfolge der verschiedenen Verfahren ändert sich gegenüber Tabelle 3.3 nicht. Allerdings zeigt sich, dass das Lösen des Modells ohne die vorangehende Anwendung des Algorithmus 3.1 nun deutlich langsamer ist als die anderen Ansätze. Insgesamt bestimmt aber die Konvertierung der Daten maßgeblich die gesamte Rechenzeit, so dass die Güte des Optimierungsverfahrens bei großen Instanzen oftmals kaum von Bedeutung ist.

3.2.3 Mengenabhängige Durchschnittstransportkosten

In Abschnitt 3.1 sind wir bereits auf die Bedeutung von Kostenfunktionen mit mengenabhängigen Durchschnittstransportkosten eingegangen. Die unter Abschnitt 3.2.1 diskutierten Herangehensweisen berücksichtigen lediglich über den Typ einer Verbindung indirekt die Mengenabhängigkeit der Stückkosten. Im letzten Abschnitt haben wir bereits gesehen, dass bei einer vorgegebenen Partition der Knoten auch eine direkte Berücksichtigung der Transportmengen möglich ist. Im Folgenden sind Ansätze mit mengenabhängigen Durchschnittstransportkosten dargestellt, die nicht auf einer vorgegebenen Partition der Knoten beruhen. Zunächst betrachten wir eine bezüglich des Modells (3.42) - (3.46) verallgemeinerte Herangehensweise, die uns zwar optimale Lösungen liefert, dafür aber eine sehr große Anzahl an Nebenbedingungen und Variablen benötigt. Anschließend folgt ein heuristischer Ansatz, welcher sich eines der in Abschnitt 3.2.2.4 entwickelten Lösungsverfahren für Probleme mit einer vorgegebenen Partition der Knoten bedient.

3.2.3.1 Verallgemeinertes Cluster-Modell

Während sich bei einer vorgegebenen Partition durch die Wahl der Hubstandorte gleichzeitig die Zuordnung von Knoten zu Hubs ergibt, ist diese Aussage für das verallgemeinerte Cluster-Modell nicht anwendbar. Die Zuordnung hängt von der Wahl der Partition ab. Zur Abbildung dieser beiden Entscheidungskomponenten bedienen wir uns des Begriffs Hubcluster. Ein *Hubcluster* (Ξ, k) steht für die Einrichtung eines Hubs in dem Knoten k und einer Zuordnung aller Knoten des Clusters Ξ zu diesem Hub.[231] Über eine geeignete Wahl von Hubclustern lässt sich jede zulässige Lösung eindeutig darstellen.

Für unser zu entwickelndes Optimierungsmodell benötigen wir geeignete Entscheidungsvariablen zur Abbildung der Clusterwahl. Eine binäre Entscheidungsvariable $Y_{(\Xi, k)}$ nimmt genau dann einen Wert von 1 an, falls der Hubcluster (Ξ, k) ausgewählt wird und damit in Knoten k ein Hub einzurichten ist und ausschließlich die Knoten aus Ξ diesem zuzuordnen sind. Mit diesen Variablen können wir im Modell aber nur Kosten berücksichtigen, die sich direkt einem Hubcluster zuordnen lassen. Um auch die anderen Kosten einbeziehen zu können (insbesondere solche für Transporte zwischen Hubs), benötigen wir Entscheidungsvariablen $B_{\{(\Xi_1, k), (\Xi_2, m)\}}$, welche genau dann den Wert 1 annehmen, wenn die beiden Hubcluster (Ξ_1, k) und (Ξ_2, m) ausgewählt sind.[232] Für den Fall mengenunabhängiger Durchschnittstransportkosten und möglicher Direkttransporte[233] können wir die Zielfunktionskoeffizienten der Variablen $B_{\{(\Xi_1, k), (\Xi_2, m)\}}$ folgendermaßen berechnen:

$$b_{\{(\Xi_1, k), (\Xi_2, m)\}} = \sum_{i \in \Xi_1, j \in \Xi_2} \min\{\tilde{c}_{ij}, \tilde{c}_{ijkm}\} + \min\{\tilde{c}_{ji}, \tilde{c}_{jimk}\} \tag{3.54}$$

231 Wir gehen im Folgenden davon aus, dass der Knoten k in der Menge Ξ enthalten ist. Man beachte allerdings, dass diese Annahme nicht notwendigerweise zu optimalen Lösungen führt, wenn man kapazitierte Problemstellungen betrachtet.

232 Vgl. hierzu die Variable $B_{\{k, m\}}$ im Modell (3.42) - (3.46); man beachte ferner, dass jeder Knoten genau einem Hub zugeordnet werden muss und deswegen nur Entscheidungsvariablen mit $\Xi_1 \cap \Xi_2$ eine Rolle spielen.

233 Dieser einfache Fall lässt sich selbstverständlich effizienter mit einer Modifikation des Modells (3.16) - (3.19), (3.5) - (3.8) und (3.14) lösen (Man beachte, dass dort im Gegensatz zu dem hier entwickelten Modell die Anzahl der Hubs vorgegeben ist.). Er ist nur der einfacheren Darstellbarkeit wegen aufgeführt. Mengenabhängige Durchschnittstransportkosten lassen sich analog zu Abschnitt 3.2.2.3 berücksichtigen.

Somit sind alle Transportkosten zwischen verschiedenen Hubclustern in geeigneter Weise berücksichtigt. Die restlichen Kosten lassen sich direkt den Zielfunktionskoeffizienten der Variablen $Y_{(\Xi, k)}$ zuordnen:

$$b_{(\Xi, k)} = \sum_{i, j \in \Xi} \min\{\tilde{c}_{ij}, \tilde{c}_{ijkk}\} + f_k \tag{3.55}$$

Damit haben wir sämtliche Daten und Entscheidungsvariablen bestimmt, um ein geeignetes Modell zu formulieren:

$$\text{Minimiere} \left(\sum_{\substack{\{(\Xi_1, k), (\Xi_2, m)\} \text{ mit} \\ \Xi_1 \cap \Xi_2 = \varnothing}} b_{\{(\Xi_1, k), (\Xi_2, m)\}} \cdot B_{\{(\Xi_1, k), (\Xi_2, m)\}} + \sum_{(\Xi, k)} b_{(\Xi, k)} \cdot Y_{(\Xi, k)} \right) \tag{3.56}$$

unter den Nebenbedingungen

$$\sum_{(\Xi, k) \text{ mit } i \in \Xi} Y_{(\Xi, k)} = 1 \qquad \text{für alle } i \tag{3.57}$$

$$\sum_{\substack{(\Xi_2, m) \text{ mit} \\ \Xi_1 \cap \Xi_2 = \varnothing \text{ und } i \in \Xi_2}} B_{\{(\Xi_1, k), (\Xi_2, m)\}} = Y_{(\Xi_1, k)} \qquad \text{für alle } (\Xi_1, k) \text{ und } i \text{ mit } i \notin \Xi_1 \tag{3.58}$$

$$B_{\{(\Xi_1, k), (\Xi_2, m)\}} \geq 0 \qquad \text{für alle } \{(\Xi_1, k), (\Xi_2, m)\} \text{ mit } \Xi_1 \cap \Xi_2 = \varnothing \tag{3.59}$$

$$Y_{(\Xi, k)} \in \{0, 1\} \qquad \text{für alle } (\Xi, k) \tag{3.60}$$

Die Zielfunktion berücksichtigt sowohl die Transportkosten zwischen verschiedenen Clustern als auch die einem Cluster direkt zugeordneten Kosten. Die Nebenbedingungen (3.57) stellen sicher, dass es für jeden Knoten genau einen Hubcluster gibt, der diesen umfasst. (3.59) und (3.60) geben die Wertebereiche der Entscheidungsvariablen vor. Im Gegensatz zu den unter 3.2.1 vorgestellten Modellen ist hier die Anzahl der Hubs nicht vorgegeben.[234] In Kombination bewirken die Nebenbedingungen (3.57) - (3.60) nach Satz 3.9, dass eine Variable $B_{\{(\Xi_1, k), (\Xi_2, m)\}}$ genau dann gleich 1 ist, wenn die Hubcluster (Ξ_1, k) und (Ξ_2, m) ausgewählt sind, und ansonsten den Wert 0 annimmt.

---

234 Eine solche können wir allerdings leicht durch eine zusätzliche Restriktion berücksichtigen, welche die Anzahl der Hubcluster festlegt.

Satz 3.9: Aus (3.57) - (3.60) folgt $B_{\{(\Xi_1,k),(\Xi_2,m)\}} = Y_{(\Xi_1,k)} \cdot Y_{(\Xi_2,m)}$.

Beweis:

Wir unterscheiden zwei Fälle:

1. $Y_{(\Xi_1,k)} = 0$ oder $Y_{(\Xi_2,m)} = 0$: Aus (3.58) folgt unmittelbar $B_{\{(\Xi_1,k),(\Xi_2,m)\}} = 0$ und damit auch $B_{\{(\Xi_1,k),(\Xi_2,m)\}} = Y_{(\Xi_1,k)} \cdot Y_{(\Xi_2,m)}$.
2. $Y_{(\Xi_1,k)} = Y_{(\Xi_2,m)} = 1$: Entsprechend der Gleichung (3.58) gilt

$$Y_{(\Xi_2,m)} = \sum_{\substack{(\Xi'_1,k') \neq (\Xi_1,k) \text{ mit} \\ \Xi'_1 \cap \Xi_2 = \varnothing \text{ und } k \in \Xi'_1}} B_{\{(\Xi'_1,k'),(\Xi_2,m)\}} + B_{\{(\Xi_1,k),(\Xi_2,m)\}}$$

und damit

$$Y_{(\Xi_1,k)} \cdot Y_{(\Xi_2,m)} = 1 = B_{\{(\Xi_1,k),(\Xi_2,m)\}},$$

weil aus den Gleichungen (3.57)

$$Y_{(\Xi'_1,k')} = 0 \quad \text{für alle } (\Xi'_1,k') \neq (\Xi_1,k) \text{ mit } k \in \Xi'_1$$

und daraus mit den Nebenbedingungen (3.58)

$$B_{\{(\Xi'_1,k'),(\Xi_2,m)\}} = 0 \quad \begin{array}{l} \text{für alle } (\Xi'_1,k') \neq (\Xi_1,k) \text{ mit} \\ \Xi'_1 \cap \Xi_2 = \varnothing \text{ und } k \in \Xi'_1 \end{array}$$

folgt.

Somit gilt der Satz in jedem Fall. qed.

Die Anzahl der Variablen und der Nebenbedingungen wächst größenordnungsmäßig exponentiell mit der Anzahl der Knoten n.[235] So benötigen schon Instanzen mit nur 10 Knoten mehr als 300.000 Variablen. Damit ist es aussichtslos, dieses Modell direkt auf Instanzen mittlerer Größe anzuwenden. Sinnvoller erscheint ein iterativer Algorithmus, welcher vergleichbar mit der Spaltengenerierungsmethode oder präziser einem Branch&Price-Verfahren[236] zunächst mit einer vorgegebenen Menge an zu betrachtenden Hubclustern startet. Im Laufe des Verfahrens bezieht er zusätzliche, Erfolg versprechende Hubcluster bei der Berechnung ein. Weniger Erfolg versprechende werden nicht mehr weiter betrachtet. Die nachfolgend be-

235 Eine genaue Analyse der Variablen- bzw. Nebenbedingungsanzahl findet sich bei Bickelmann (2004, S. 26 ff.).

236 Vgl. Wolsey (1998, S. 193 f.). Eine direkte Anwendung der Spaltengenerierung auf die LP-Relaxation des Modells ist nicht möglich, da bei der Berücksichtigung neuer Variablen u.U. gleichzeitig zusätzliche Nebenbedingungen einzubeziehen sind.

schriebene Heuristik kann als eine spezielle Variante eines solchen Algorithmus angesehen werden.

3.2.3.2 Clusterbasierte Heuristiken

In Abschnitt 3.2.2.3 haben wir hergeleitet, dass bei einer vorgegebenen Partition der Knoten selbst (bestimmte) Single Allocation - Problemstellungen mit nicht linear-homogenen Transportkostenfunktionen optimal gelöst werden können. Diesen Ansatz greifen wir nun auf, um auch das Problem [SA, p | FC | VC-NLH | | MC] – wenn auch nur auf heuristischem Wege – zu lösen. Neben dem neuen Verfahren selbst ist ferner von Interesse, inwiefern sich Lösungsansätze für das „klassische" Problem [SA, p | FC | VC | | MC] eignen, um gute Lösungen für Instanzen des Problems mit nicht linear-homogenen Kostenfunktionen zu liefern. In Rechentests greifen wir diese Frage auf.

Zahlreiche heuristische Ansätze für das Single Allocation Hub Location Problem (vgl. Tabelle 2.13) bestimmen, ausgehend von einer gegebenen Auswahl an Hubs, die Zuordnung von Knoten zu Hubs. Es gibt also eine Lösungshierarchie, in der das Zuordnungsproblem erst auf einer untergeordneten Ebene gelöst wird. Beim Simulated Annealing - Verfahren von Ernst und Krishnamoorthy (1996, S. 143 f.) hingegen stehen in jeder Iteration sowohl Züge[237] zur Verfügung, welche die Hubwahl betreffen (ein Hub wird Nichthub und ein anderer Nichthub dafür Hub, alle dem alten Hub zugeordneten Knoten werden dem neuen Hub zugeordnet) und solche, welche die Hubzuordnung eines einzelnen Knotens ändern. Ein in Klincewicz (1991, S. 29 f.) beschriebenes Verfahren bestimmt zunächst eine Partition der Knoten und wählt dann für jedes Element der Partition (Cluster) heuristisch genau einen Hub, dem alle Knoten des Clusters zugeordnet sind. Den letzteren Ansatz greifen wir auf und erweitern ihn in dreierlei Hinsicht. Zum einen bestimmen wir die Hubs nicht heuristisch, sondern durch Anwendung des in Abschnitt 3.2.2.4 vorgestellten Constraint Programming - Ansatzes. Desweiteren arbeiten wir mit nicht linear-homogenen statt mit proportionalen Kostenfunktionen. Und schließlich begnügen wir uns nicht damit, lediglich eine heuristisch bestimmte Partition zu betrachten, sondern modifizieren diese im Rahmen des Verfahrens und berechnen zu jeder eine optimale Hubauswahl.

Für die Bestimmung der ersten Partition werden drei Varianten berücksichtigt:

---

237 Die Transformation einer Lösung entlang einer vorzugebenden Vorschrift bezeichnet man als *Zug*. Vgl. Domschke und Drexl (2005, S. 128).

1. Zufällige Zuordnung: Jeder Knoten wird zufällig einem Cluster zugeordnet. Entsteht hierdurch ein leeres Cluster, so wird unter den Knoten aus anderen Clustern einer zufällig ausgewählt und dem leeren Cluster zugeordnet. Dabei darf kein anderer Cluster leer werden.
2. Distanzbasierte Zuordnung bezüglich eines Startknotens: Die Zuordnung erfolgt in zwei Phasen. Zunächst werden nacheinander jedem Cluster $\lfloor n/p \rfloor$ Knoten zugeordnet. Der erste dieser Knoten eines Clusters (Startknoten) wird zufällig gewählt. Unter noch nicht zugeordneten Knoten werden in einer Reihenfolge mit zunehmender Entfernung zum Startknoten dazu so lange weitere Knoten dem Cluster hinzugefügt, bis die vorgesehene Anzahl erreicht ist. Nachdem diese Phase für alle Cluster abgeschlossen ist, werden die verbleibenden Knoten zufallsbasiert wie unter 1. auf die Cluster verteilt.
3. Distanzbasierte Zuordnung bezüglich des Clusterschwerpunktes: Die Zuordnung erfolgt im Wesentlichen wie unter 2. Die Distanz eines Knotens wird allerdings nicht bezüglich des Startknotens, sondern bezüglich des Clusterschwerpunktes bestimmt. Dieses Verfahren lässt sich nur dann einsetzen, wenn die Positionen der Knoten und nicht nur die Distanzen zwischen diesen bekannt sind.

Für die Steuerung der Partitionsanpassungen sind grundsätzlich verschiedene Metaheuristiken wie Simulated Annealing, Tabu Search und Genetische Algorithmen einsetzbar.[238] Wichtig ist dabei, die Anzahl der Partitionen, für die eine optimale Auswahl der Hubs bestimmt werden muss, möglichst gering zu halten. Ansonsten wächst der Rechenzeitbedarf zu stark an, um auch große Probleminstanzen angehen zu können. Ein Weg, dies zu erreichen, ist, die Güte von Nachbarlösungen[239] anhand der aktuellen Lösung mit wenig Aufwand zu berechnen oder zumindest hinreichend gut abzuschätzen. Kramer (2003) beschreibt entsprechende Ansätze, welche aber nur dann anwendbar sind, wenn die Durchschnittstransportkosten mengenunabhängig sind. Er unterscheidet dabei drei Arten von Zügen:

1. Move-Zug: Ein Knoten eines mehr als ein Element enthaltenden Clusters wechselt den Cluster.
2. Swap-Zug: Zwei Knoten aus unterschiedlichen Clustern werden vertauscht.

---

238 Vgl. Blum und Roli (2003), Silver (2004) sowie Domschke und Drexl (2005, S. 130 ff.).

239 Ein(e) *Nachbar(lösung)* zeichnet sich dadurch aus, dass er/sie durch die Anwendung eines Zuges auf eine vorgegebene Lösung erreichbar ist. Vgl. Domschke und Drexl (2005, S. 128).

3. Reallokationszug:[240] Die Hubwahl bleibt erhalten und jeder Knoten wird dem ihm nächstgelegenen Hub zugeordnet. Anschließend wird für jeden Knoten überprüft, ob sich die Lösung durch die Zuordnung zu einem anderen Hub verbessern lässt. Ist eine solche Verbesserung möglich, so wird sie realisiert. Gibt es für einen Knoten mehrere Verbesserungsmöglichkeiten, dann ist die beste zu wählen. Nachdem jeder Knoten auf eine Verbesserung hin überprüft wurde, erfolgt die gleiche Prüfung ein zweites Mal.

Im Gegensatz zu Kramer (2003) betrachten wir das Problem mit nicht linear-homogenen Kostenfunktionen, für welches die Kostenabschätzung einer Nachbarlösung wesentlich schwieriger ist. Daher ist sein Tabu Search - Verfahren hier nicht anwendbar. Berechnet man für jeden Nachbarn einer Lösung eine optimale Hubwahl, so lassen sich nur kleine Probleminstanzen angehen. Ähnliches hat sich für die gleiche Problemstellung bei der Implementierung eines entsprechenden Simulated Annealing - Ansatzes unter Verwendung der oben angeführten Züge bei Krist (2004) gezeigt. Hier ist es zwar in einer Iteration nicht notwendig, die Auswirkungen jedes möglichen Zuges zu untersuchen; dafür sind allerdings sehr viele Iterationen durchzuführen, bis zu einer anderen Lösung übergegangen wird. Es gibt meist sehr viele schlechte Nachbarn und wenige gute.

Eine Umsetzung mittels eines Genetischen Algorithmus für das Problem [SA | FC | VC | | MC] bei Schinzel (2002) liefert zwar auch gute Ergebnisse, ist aber aus ähnlichen Gründen für große Testinstanzen nicht anwendbar.

Als vorteilhaft hat sich folgende Vorgehensweise erwiesen: Zunächst bestimmen wir zufällig die Art des als nächstes durchzuführenden Zuges, wobei mit einer Wahrscheinlichkeit von 90% ein Move-Zug und ansonsten ein Reallokationszug gewählt wird. Swap-Züge werden nicht berücksichtigt.

Für die Durchführung eines Move-Zuges sind p Zugkandidaten zufällig zu bestimmen. Diese bestehen aus einem Knoten, dessen Cluster mehr als ein Element enthält, und einem neuen Cluster, dem der Knoten bei der Durchführung des Zuges zugeordnet wird. Die Abschätzung der Güte eines Zuges berechnet sich anhand des Quotienten aus dem Abstand des Knotens zu seinem Hub und dem Abstand zu dem Hub des neuen Clusters. Die Wahrscheinlichkeit dafür, dass ein bestimmter unter den p Zugkandidaten gewählt wird, ist proportional zu diesem Quotienten. Die Partition ist entsprechend des gewählten Zuges anzupassen und eine dazugehörige optimale Wahl der Hubs zu bestimmen.

---

240 Skorin-Kapov und Skorin-Kapov (1994, S. 504, f.) greifen in ihrer Tabu Search - Heuristik auch auf diese Vorgehensweise zurück.

Unabhängig von der Art des gewählten Zuges, ist – im Gegensatz zur Vorgehensweise beim Simulated Annealing – in jedem Fall zur neuen Lösung überzugehen. Ergibt der Zug eine bessere Lösung als die bisher beste, so wird sie gespeichert, um sie bei der Terminierung des Verfahrens – falls zwischendurch nicht eine noch bessere Lösung gefunden wird – abrufen zu können. Das Verfahren endet, wenn innerhalb der letzten 500 Iterationen keine neue beste Lösung mehr gefunden wurde.

Rechenergebnisse

Aus dem AP-Datensatz wurde ein Datensatz mit 15 Knoten generiert[241]. Anhand dieses ergeben sich durch die Variation der Anzahl zu wählender Hubs $p \in \{2, 3\}$ und des Verlaufes der Kostenfunktionen entsprechend der Szenarien A, B und C[242] sechs Testinstanzen. Unterstellt werden die konkaven Kostenfunktionen auf allen Verbindungen, wobei es keine Direktverbindungen gibt. Die einzelnen Testinstanzen wurden sowohl mit Hilfe der Heuristik gelöst, wobei diese mit allen drei Startheuristiken und jeweils 101 Mal angewendet wurde, als auch mit einem Verfahren, das analog zu dem unter Abschnitt 3.3.2.5 beschriebenen funktioniert und stets eine optimale Lösung liefert. In sämtlichen Durchläufen berechnete die Heuristik die optimale Lösung. Sie hat sich damit zumindest für kleine Probleminstanzen als sehr gut geeignet erwiesen. Das exakte Verfahren ist nicht geeignet, um Probleminstanzen mit einer größeren Anzahl an Knoten oder zu wählenden Hubs zu lösen. Daher ist es auf diesem Weg nicht möglich, die Güte der Heuristik für umfangreichere Testinstanzen zu untersuchen.

Neben der Qualität der Heuristik ist von Interesse, wie gut sich die aus der Literatur bekannten Verfahren eignen, um das Problem mit nicht linear-homogenen Kosten auf allen Verbindungstypen zu lösen. Für den Vergleich bedienen wir uns eines aus dem AP-Datensatz generierten Datensatzes mit 40 Knoten.[243] Durch die Variation der Anzahl der einzurichtenden Hubs $p \in \{2, 3, 4, 5\}$ und der Kostenfunktion (3.3) entsprechend der Szenarien A, B und C ergeben sich zwölf Testinstanzen. Diese wurden mittels der Heuristiken gelöst, wobei alle Startheuristiken jeweils 101 Mal zum Einsatz kamen. Bei diesen Instanzen ergibt sich kein einheitliches Bild wie bei den Instanzen mit 15 Knoten. Das Verfahren terminiert nicht stets mit dem gleichen Ergebnis; die Wahl der Startheuristik hat einen gewissen Einfluss

241 Dieser besteht aus den ersten 15 Knoten des unter Abschnitt 3.2.1.3 verwendeten Datensatzes mit 40 Knoten.

242 Vgl. Abschnitt 3.1.3.

243 Vgl. Abschnitt 3.2.1.3.

auf das Ergebnis. Es lässt sich aber nicht unmittelbar eine Gesetzmäßigkeit ablesen. Lediglich die erste Startheuristik scheint den beiden anderen unterlegen zu sein.

Auf eine detaillierte Betrachtung verzichten wir. Auch unterschiedliche getestete Varianten, bei denen bspw. die Wahrscheinlichkeiten für die Wahl der Zugart modifiziert oder auch vergleichbar mit einem Simulated Annealing - Ansatz nicht jede neue Lösung übernommen wurde, gehen wir nicht ein. Die im weiteren diskutieren Resultate zeigen, dass eine solche Analyse kaum relevant ist. Durch die neue Vorgehensweise ergeben sich nur sehr geringe Vorteile gegenüber Lösungsansätzen, welche mittels aus der Literatur bekannten bzw. direkt ableitbaren Modellierungsansätzen Instanzen eines „Ersatzproblems" lösen.

Den mit **exakt2** bezeichneten Modellierungsansatz haben wir bereits als Modell (3.20) - (3.22) und (3.5) - (3.8) beschrieben. Für unsere Tests gilt $\alpha_1 = \alpha_2 = 1$. Der Ansatz **exakt1** lässt sich direkt aus dem Modell ableiten. Dabei bestimmt man für jede Quelle-Hub-Verbindung (i, k) bzw. Hub-Ziel-Verbindung (m, j) einen individuellen Skalierungsfaktor α_1 bzw. α_2 so, dass die Kosten der Verbindung im Ersatzmodell denen der nicht linear-homogenen Zielfunktion entsprechen, wenn über die Verbindung o_i bzw. d_j Mengeneinheiten transportiert werden. Abgesehen von dieser Modifikation der Zielfunktionskoeffizienten entspricht das Modell dem vorherigen. Bei den Ansätzen exakt1 und exakt2 wurden die Skalierungsfaktoren α aus dem Intervall $[0,2; 1,0]$ mit einer Schrittweite von 0,05 gewählt. Für jede der so entstandenen Testinstanzen des Problems [SA, p | | VC | | MC] wurde eine optimale Lösung bestimmt. Um zu untersuchen, wie gut dieser Lösungsansatz geeignet ist, eine Instanz des zugrunde liegenden Problems mit mengenabhängigen Durchschnittstransportkosten zu lösen, wurden die Transportkosten berechnet, die sich bei der Anwendung der Kostenfunktion (3.3) ergeben. Auf dieser Auswertung beruhen die in Tabelle 3.5 dargestellten Ergebnisse.

p	Sz.	**Heuristik**	**exakt1**	**exakt2**
2	A	0,00%	0,00%	0,05%
3	A	0,00%	0,04%	0,04%
4	A	0,00%	0,18%	0,00%
5	A	0,00%	0,11%	0,07%
2	B	0,00%	0,00%	0,00%
3	B	0,00%	0,00%	0,00%
4	B	0,00%	0,00%	0,00%
5	B	0,00%	0,00%	0,00%
2	C	0,32%	0,00%	0,00%
3	C	0,00%	0,00%	0,00%
4	C	0,00%	0,00%	0,00%
5	C	0,00%	0,00%	0,00%

Tabelle 3.5: Abweichung der Ergebnisse von der besten gefundenen Lösung

Die ersten beiden Spalten spezifizieren die Testinstanz. Die weiteren Spalten geben an, wie weit das beste mit dem jeweiligen Verfahren bestimmbare Ergebnis von dem besten aller drei Verfahren abweicht.

Es zeigt sich, dass bei den Szenarien B und C fast alle Verfahren zum gleichen Ergebnis führen. Es gibt lediglich bei einer Instanz mit zwei einzurichtenden Hubs eine Ausnahme. Es ist zu vermuten, dass sich durch eine Erweiterung der Heuristik auch diese Lücke schließen lässt. Interessanter ist jedoch die Beobachtung, dass auch die beiden anderen Verfahren sehr gute Lösungen liefern. Diese weichen nur für Testinstanzen, bei denen Kostenfunktionen entsprechend des Szenarios A unterstellt sind, von der besten mit der Heuristik bestimmbaren Lösung ab. Aber auch in diesen Fällen sind die Abweichungen so gering, dass sich in Anbetracht der bei der Betrachtung strategischer Optimierungsprobleme i.d.R. relativ ungenauen Datenbasis praktisch kein Unterschied ergibt.

Berücksichtigt man Direktverbindungen und geht lediglich auf Hub-Hub-Verbindungen von mengenabhängigen Durchschnittstransportkosten aus, so lassen sich erneut die Heuristik, welche die Kosten direkt berücksichtigt, und das Modell (3.16) - (3.19), (3.5) - (3.8) und (3.14) mit unterschiedlichen Werten für α – wie oben beschrieben – vergleichen. Ausgehend von dem oben verwendeten Datensatz mit 40 Knoten wurden im Rahmen der vorliegenden Arbeit entsprechende Tests durchgeführt. Unterschiedliche Testinstanzen ergeben sich, wie oben beschrieben, durch die Variation der Parameter p und der Kostenszenarien. Für die weiteren Problemparameter gilt $\beta = 3$ und $\alpha_1 = \alpha_2 = 1$. Als Ergebnis zeigt sich, dass eine mit Hilfe des Modells (3.16) - (3.19), (3.5) - (3.8) und (3.14) und einer wie oben beschriebenen Variation der Parameter α gefundene Lösung nie schlechter als die beste aus 101 Testläufen der Heuristik ermittelte ist. Es gibt überhaupt nur einen Fall, in dem beide Herangehensweisen nicht zum gleichen Ergebnis führen. Für $p = 5$ und das Kostenszenario A liefert die Heuristik (in 101 Testläufen) ein um fast 1% schlechteres Ergebnis als die alternative Vorgehensweise.

Es bleibt festzuhalten, dass die bisher in der Literatur angewendete Methode, pauschal konstante Skalierungsfaktoren in Abhängigkeit des Typs der Verbindung zu unterstellen, zumindest bei dem hier verwendeten und in der Literatur ausführlich untersuchten AP-Datensatz auch dann sehr gut geeignet ist, wenn wir von mengenabhängigen Durchschnittstransportkosten ausgehen. Das gilt zumindest bei den von uns unterstellten Kostenszenarien. Nähern sich die Kosten für große Werte einer proportionalen Funktion an, so ist ein ähnliches Ergebnis zu erwarten.[244]

---

244 Vgl. Abschnitt 3.1.3.

Bezüglich der Rechenzeiten ist ein Vergleich nicht sinnvoll. Statt der exakten Verfahren können wir auch entsprechende Heuristiken einsetzen, die sehr gute Ergebnisse liefern (Vgl. Ernst und Krishnamoorthy (1996, S. 143 f.)). Diese sind aufgrund der bei mengenunabhängigen Durchschnittstransportkosten einfacheren Problemstruktur schneller als die hier vorgestellte Heuristik bzw. an diese angelehnte Varianten.

3.3 Multiple Allocation - Probleme

Zunächst diskutieren wir Lösungsansätze für Probleme mit proportionalen Transportkosten und vergleichen diese anhand von numerischen Tests. Anschließend diskutieren wir einen Modellierungsvorschlag von O'Kelly und Bryan (1998), bei dem auf Hub-Hub-Verbindungen nicht linear-homogene Transportkosten durch stückweise Linearisierung approximiert werden. Wir erweitern ihn und untersuchen, ob Modelle mit proportionalen Transportkosten auf allen Verbindungstypen geeignet sind, um brauchbare Ergebnisse für Instanzen von Problemen mit nicht proportionalen Transportkosten zu erzeugen.

3.3.1 Probleme mit mengenunabhängigen Transportkosten

Wie für die Single Allocation - Problemstellungen, so gibt es auch hier zwei Erfolg versprechende Modellierungsansätze. Der eine benötigt vierfach indizierte Routenvariablen, geht zurück auf eine Arbeit von Skorin-Kapov et al. (1996) und ist in den letzten Jahren von Sonneborn (2003) und Hamacher et al. (2004) verbessert worden. Der andere ist ein von Ernst und Krishnamoorthy (1998a) vorgeschlagener und von Boland et al. (2004) verbesserter Ansatz. Hier wird das Problem ohne Direktverbindungen in Form eines MGF-Modells dargestellt, welches größenordnungsmäßig lediglich n^3 Variablen benötigt. Im Folgenden betrachten wir zunächst den auf Skorin-Kapov et al. (1996) zurückgehenden Modellierungsansatz und berücksichtigen dabei unmittelbar die Verbesserungsvorschläge aus der Literatur. Dann folgt der MGF-Modellierungsansatz.

3.3.1.1 Modelle mit Routenvariablen

Analog zum Modell (3.4) - (3.11) lassen sich für das Problem [MA, p | | VC | | MC] Routenvariablen X_{ijkm} einsetzen, die angeben, welcher Anteil der von i nach j zu transportierenden Güter entlang der Hubs k und m (in dieser Reihenfolge) befördert wird. Aufgrund der Mehrfachzuordnung kann die Variable X_{ijkm} genau dann einen positiven Wert annehmen, wenn dies auch für die Variable X_{ijmk} möglich ist. Daher genügt es, statt der zwei Variablen lediglich eine und zwar $X_{ij\{k,m\}}$ zu betrachten.[245] Diese steht für eine Route von i nach j, die über beide Hubs in einer günstigsten Reihenfolge führt. Der Zielfunktionskoeffizient für $X_{ij\{k,m\}}$ berechnet sich damit wie folgt:

$$\tilde{c}_{ij\{k,m\}} = w_{ij} \cdot \min\{\alpha_1 \cdot c_{ik} + \alpha \cdot c_{km} + \alpha_2 \cdot c_{mj}, \alpha_1 \cdot c_{im} + \alpha \cdot c_{mk} + \alpha_2 \cdot c_{kj}\}$$

Neben den Routenvariablen benötigen wir ferner Hubeinrichtungsvariablen Y_k, um das Problem durch folgendes Modell beschreiben zu können:

$$\text{Minimiere} \quad \sum_{i,j,\{k,m\}} \tilde{c}_{ij\{k,m\}} \cdot X_{ij\{k,m\}} \tag{3.61}$$

unter den Nebenbedingungen

$$\sum_k Y_k = p \tag{3.62}$$

$$\sum_{\{k,m\}} X_{ij\{k,m\}} = 1 \qquad \text{für alle i und j} \tag{3.63}$$

$$\sum_m X_{ij\{k,m\}} \le Y_k \qquad \text{für alle i, j und k} \tag{3.64}$$

$$X_{ij\{k,m\}} \ge 0 \qquad \text{für alle i, j und } \{k,m\} \tag{3.65}$$

$$Y_k \in \{0,1\} \qquad \text{für alle k} \tag{3.66}$$

Entsprechend der Zielfunktion sind die Transportkosten zu minimieren. Die Anzahl der Hubs ist durch die Nebenbedingung (3.62) vorgegeben. Über die Gleichungen (3.63) ist sichergestellt, dass jedes Quelle-Ziel-Paar (i, j) vollständig bedient wird. Die Ungleichungen (3.64) erlauben nur dann die Verwendung einer Route, wenn die auf dieser Route liegenden Hubs auch tatsächlich zur Verfügung stehen. (3.65) und (3.66) legen lediglich den Wertebereich der Entscheidungsvariablen fest.

Preprocessing: Der große Schwachpunkt des obigen Modells ist, dass es sehr viele – größenordnungsmäßig n^4 – Routenvariablen benötigt. Aykin (1995, S. 205 f.) schlägt vor, einige solcher Variablen durch Vorüberlegungen aus dem Modell zu eliminieren. Einer seiner Vorschläge, der sich darauf bezieht, dass für $k \neq m$ eine der Routen $i - k - m - j$ und $i - m - k - j$ entfernt werden kann, ist in dem Modell

245 Vgl. Aykin (1995, S. 206).

bereits berücksichtigt.[246] Ferner ist eine Variable $X_{ij\{k,m\}}$ mit $k \neq m$ redundant, wenn $\tilde{c}_{ij\{k,m\}} \geq \min\{\tilde{c}_{ij\{k,k\}}, \tilde{c}_{ij\{m,m\}}\}$ gilt. Durch diese Überlegungen lässt sich die Anzahl der Variablen insbesondere bei nur geringen Unterschieden zwischen α und α_1 sowie α_2 deutlich reduzieren.

Bemerkung 3.4: Unter der Bedingung, dass $\alpha_1 = \alpha_2$ und $c_{ij} = c_{ji}$ für alle i und j, gibt es aufgrund der Tatsache, dass ein Transport einer Einheit von i nach j über die Hubs k und m genauso viel kostet wie der einer Einheit von j nach i über beide Hubs, stets eine optimale Lösung mit $X_{ij\{k,m\}} = X_{ji\{k,m\}}$. Somit kann man die Variablen $X_{ij\{k,m\}}$ und $X_{ji\{k,m\}}$ durch $X_{\{i,j\}\{k,m\}}$ ersetzen. Der entsprechende Zielfunktionskoeffizient lautet

$$\tilde{c}_{\{i,j\}\{k,m\}} = (w_{ij} + w_{ji}) \cdot \min\left\{ \begin{matrix} \alpha_1 \cdot (c_{ik} + c_{mj}) + \alpha \cdot c_{km}, \\ \alpha_1 \cdot (c_{im} + c_{kj}) + \alpha \cdot c_{mk} \end{matrix} \right\}.$$ [247]

Direktverbindungen lassen sich ähnlich wie im Modell (3.16) - (3.19), (3.5) - (3.8) und (3.14) berücksichtigen. Hierfür benötigen wir die Variablen X_{ij}, welche den Anteil der von i nach j direkt, d.h. ohne die Verwendung des Hubnetzes, zu transportierenden Güter angeben. Wir erhalten das folgende Modell:

$$\text{Minimiere} \quad \sum_{i,j,\{k,m\}} \tilde{c}_{ij\{k,m\}} \cdot X_{ij\{k,m\}} + \sum_{i,j} \tilde{c}_{ij} \cdot X_{ij} \tag{3.67}$$

unter den Nebenbedingungen

$$X_{ij} + \sum_{\{k,m\}} X_{ij\{k,m\}} = 1 \qquad \text{für alle i und j} \tag{3.68}$$

$$X_{ij} \geq 0 \qquad \text{für alle i und j} \tag{3.69}$$

sowie (3.62) und (3.64) - (3.66)

In der Zielfunktion sind neben den über Hubs führenden Routen auch die Direktverbindungen berücksichtigt. Die dazugehörigen Variablen X_{ij} sind nichtnegativ (siehe Nebenbedingungen (3.69)). Zur Wahl stehen nun laut (3.68) neben den über Hubs führenden Routen zusätzlich die Direktverbindungen.

246 Durch die hier gewählte Notation taucht die ungünstigere Route nicht mehr im Modell auf.

247 Vgl. hierzu auch O'Kelly et al. (1996, S. 127), welche zusätzlich voraussetzen, dass der Transportfluss w_{ij} symmetrisch ist.

Preprocessing: Zusätzlich zu den für das Modell (3.61) - (3.66) angegebenen Preprocessing-Techniken lassen sich solche Variablen $X_{ij\{k,m\}}$ entfernen, für die $\tilde{c}_{ij\{k,m\}} \geq \tilde{c}_{ij}$ gilt. Eine entsprechende Hubroute ist stets ohne Kostennachteile durch die dazugehörige Direktverbindung ersetzbar.

Bemerkung 3.5: Die unter Bemerkung 3.4 beschriebene Ausnutzung der Symmetrie ist auch hier anwendbar. Zusätzlich lässt sich diese auf die Direktverbindungsvariablen X_{ij} ausweiten, indem diese durch Variablen $X_{\{i,j\}}$ substituiert werden.

3.3.1.2 Mehrgüterflussmodelle

Ein MGF-Modellierungsvorschlag, welcher deutlich weniger Variablen benötigt als die RV-Modelle, stammt von Ernst und Krishnamoorthy (1998a). Gegenüber dem MGF-Modell (3.20) - (3.22) und (3.5) - (3.8) benötigen wir hier ersatzweise für die Binärvariablen A_{ik} bzw. zusätzlich Hubeinrichtungsvariablen Y_k sowie nichtnegative kontinuierliche Variablen O_{ik} und Q^i_{mj}. Auf letztere haben wir bereits im Modell (3.23) - (3.29) und (3.5) - (3.8) zurückgegriffen. O_{ik} gibt an, welche Menge aus dem Knoten i stammender Güter auf der Quelle-Hub-Verbindung (i,k) zu transportieren ist.

Damit können wir das Modell folgendermaßen beschreiben:

$$\text{Minimiere } \sum_i \left(\sum_k \alpha_1 \cdot c_{ik} \cdot O_{ik} + \sum_{k,m} \alpha \cdot c_{km} \cdot P^i_{km} + \sum_{m,j} \alpha_2 \cdot c_{mj} \cdot Q^i_{mj} \right) \tag{3.70}$$

unter den Nebenbedingungen

$$\sum_k Y_k = p \tag{3.71}$$

$$\sum_k O_{ik} = o_i \qquad \text{für alle i} \tag{3.72}$$

$$\sum_m Q^i_{mj} = w_{ij} \qquad \text{für alle i und j} \tag{3.73}$$

$$O_{ik} + \sum_m P^i_{mk} = \sum_m P^i_{km} + \sum_j Q^i_{kj} \qquad \text{für alle i und k} \tag{3.74}$$

$$Q^i_{mj} \leq w_{ij} \cdot Y_m \qquad \text{für alle i, j und m} \tag{3.75}$$

$$O_{ik} \leq o_i \cdot Y_k \qquad \text{für alle i und k} \tag{3.76}$$

$$O_{ik} \geq 0 \qquad \text{für alle i und k} \qquad (3.77)$$

$$P^i_{km}, Q^i_{mj} \geq 0 \qquad \text{für alle i, j, k und m} \qquad (3.78)$$

$$Y_k \in \{0, 1\} \qquad \text{für alle k} \qquad (3.79)$$

Die Zielfunktion (3.70) berücksichtigt die Kosten auf jedem Abschnitt des Transportes (Quelle-Hub, Hub-Hub und Hub-Ziel). (3.71) legt die Anzahl der Hubs fest. Entsprechend der Nebenbedingungen (3.72) müssen aus jedem Knoten i von dort stammende Güter in ausreichender Menge, d.h. genau so viel, dass alle Nachfragen nach Gut i befriedigt werden können, zu Hubs k transportiert werden. Umgekehrt ist durch die Gleichungen (3.73) sicherzustellen, dass jeder Knoten j, der vom Knoten i ausgehende Güter erwartet, diese auch in der vorgesehenen Menge w_{ij} erhält. Jeder Hub muss laut der Vorgaben (3.74) genau die gleiche Menge an Gut i weitergeben, welche ihm von anderen Hubs m (P^i_{mk}) oder direkt von Knoten i (O_{ik}) zufließt. Als Abnehmer stehen dabei andere Hubs m (P^i_{km}) und solche Knoten j zur Verfügung, die Empfänger von Gut i sind (Q^i_{kj}). Über eine Hub-Ziel-Verbindung (m, j) darf aber nur dann etwas transportiert werden, wenn in m auch ein Hub eingerichtet ist (siehe (3.75)). Und umgekehrt steht eine Quelle-Hub-Verbindung (i, k) entsprechend (3.76) nicht zur Verfügung, wenn es keinen Hub im Knoten k gibt. Die übrigen Nebenbedingungen schränken lediglich den Wertebereich der Variablen ein.

Dieses Modell kommt mit erheblich weniger Variablen als das zuvor beschriebene aus. Allerdings sind schlechtere mittels der LP-Relaxation generierbare untere Schranken der Preis dafür. Sobald allerdings die Probleminstanz eine gewisse Größe übersteigt, gibt es aus speichertechnischen Gründen keine Alternative zum MGF-Modell.

Nach dem Satz 3.10 sind die Nebenbedingungen (3.72) auch bezüglich der LP-Relaxation des Modells redundant:

Satz 3.10: Die Nebenbedingungen (3.73), (3.74) und (3.78) implizieren die Gleichungen (3.72).

Beweis:

$$\sum_k O_{ik} = \sum_{k,m} P^i_{km} + \sum_{k,j} Q^i_{kj} - \sum_{k,m} P^i_{km} = \sum_{k,j} Q^i_{kj} = \sum_j w_{ij} = o_i \qquad \text{qed.}$$

Bemerkung 3.6: Die Variablen O_{ik} könnten wir auch wie in (3.23) - (3.29) und (3.5) - (3.8) durch $\sum_m P_{km}^i$ ersetzen und die Nebenbedingungen teilweise vereinfachen. In Rechentests hat sich dies allerdings nicht bewährt und durchschnittlich zu höheren Rechenzeiten geführt.

Preprocessing: Boland et al. (2004) schlagen vor, solche Variablen P_{km}^i auszuschließen, für die $\alpha_1 \cdot c_{im} < \alpha_1 \cdot c_{ik} + \alpha \cdot c_{km}$ gilt.[248] Hat eine solche Variable einen positiven Wert, so kann ohnehin der entsprechende Fluss von i über k nach m auf die Quelle-Hub-Verbindung (i, m) umgeleitet werden, ohne dass sich hierdurch die Kosten erhöhen. Damit ist P_{km}^i in keinem Fall notwendig, um eine optimale Lösung darstellen zu können.

In Anlehnung an Mayer (2001, S. 178 f.) lässt sich das Modell (3.70) - (3.79) unter der Verwendung der Variablen X_{ij} derart erweitern, dass auch Direktverbindungen berücksichtigt werden:

$$\text{Minimiere} \sum_i \left(\sum_k \alpha_1 \cdot c_{ik} \cdot O_{ik} + \sum_{k,m} \alpha \cdot c_{km} \cdot P_{km}^i + \sum_{m,j} \alpha_2 \cdot c_{mj} \cdot Q_{mj}^i \right) \tag{3.80}$$

$$+ \sum_{i,j} \tilde{c}_{ij} \cdot X_{ij}$$

unter den Nebenbedingungen

$$\sum_j w_{ij} \cdot X_{ij} + \sum_k O_{ik} = o_i \qquad \text{für alle i} \tag{3.81}$$

$$w_{ij} \cdot X_{ij} + \sum_m Q_{mj}^i = w_{ij} \qquad \text{für alle i und j} \tag{3.82}$$

$$X_{ij} \geq 0 \qquad \text{für alle i und j} \tag{3.83}$$

sowie (3.71) und (3.74) - (3.78)

In der Zielfunktion sind nun auch die Direktverbindungen berücksichtigt. Die von einem Knoten „abfließende“ Menge an Gütern kann entsprechend der nach Satz 3.11 redundanten Nebenbedingungen (3.81) auch Direktverbindungen zugeordnet

248 Dort finden sich auch Hinweise auf Nebenbedingungen, welche den Lösungsraum der LP-Relaxation weiter einschränken. Die Autoren setzen diese allerdings nicht direkt im Modell ein, sondern bedienen sich ihrer, um im Branch&Bound-Prozess Variablen zusätzlich zu fixieren.

werden. Umgekehrt ermöglichen die Gleichungen (3.82), dass ein Bedarf nach Gut i auch über eine Direktverbindung befriedigt werden kann. Die Anzahl der Direktverbindungsvariablen lässt sich auch hier wie unter Bemerkung 3.5 angegeben reduzieren.

Satz 3.11: Die Nebenbedingungen (3.74), (3.78) und (3.82) implizieren die Gleichungen (3.81).

Beweis:

$$\sum_j w_{ij} \cdot X_{ij} + \sum_k O_{ik} = \sum_j w_{ij} \cdot X_{ij} + \sum_{k,m} P^i_{km} + \sum_{k,j} Q^i_{kj} - \sum_{k,m} P^i_{km}$$

$$= \sum_j \left(w_{ij} \cdot X_{ij} + \sum_k Q^i_{kj} \right) = \sum_j w_{ij} = o_i \quad \text{qed.}$$

Preprocessing: Die für das Modell ohne Direktverbindungen beschriebene Möglichkeit, einige Variablen P^i_{km} vorab aus dem Modell auszuschließen, ist auch hier anwendbar. Ebenso lassen sich einige Variablen Q^i_{mj} als redundant erkennen. Gilt $\alpha \leq \alpha_1$ und die Dreiecksungleichung für die Basistransportkosten c_{ij} – wovon man i.d.R. ausgeht –, so ist für das Quelle-Ziel-Paar (i, j) die Direktverbindung mindestens im Vergleich mit einer Route gleichwertig, bei welcher die Hub-Ziel-Verbindung (m, j) den letzten Abschnitt des Transportes darstellt, falls

$$\beta \cdot c_{ij} \leq \alpha \cdot c_{im} + \alpha_2 \cdot c_{mj} \quad (\leq \alpha_1 \cdot c_{ik} + \alpha \cdot c_{km} + \alpha_2 \cdot c_{mj} \text{ für alle k})$$

gilt. Somit können wir in einem solchen Fall auf die Variable Q^i_{mj} verzichten.

3.3.1.3 Rechentests

Für numerische Tests wurde ein Datensatz mit 50 Knoten aus dem AP-Datensatz wie in Abschnitt 3.2.1.3 beschrieben generiert. Das dort angeführte Computersystem mit der gleichen Software kam auch hier zum Einsatz. Erneut haben die Parameter α und p einen Wertebereich von $\{2, 3, 4, 5\}$ bzw. $\{0{,}2; 0{,}4; 0{,}6; 0{,}8; 1\}$, so dass sich ingesamt 20 Testinstanzen ergeben. Es gilt $\alpha_1 = \alpha_2 = 1$ und für die Instanzen des Problems mit Direktverbindungen $\beta = 3$.

Tabelle 3.6 enthält die Rechenergebnisse für die Instanzen des Problems ohne Direktverbindungen. Sie ist analog zu Tabelle 3.1 aufgebaut. Die Lösungsansätze wenden wieder die Software ILOG Cplex 9.0 auf Optimierungsmodelle an. Die einzelnen Ansätze sind:

		MGF		MGF-QB		RV		RV+S	
p	α	B&B	Cpu	B&B	Cpu	B&B	Cpu	B&B	Cpu
2	0,2	2	1027,8	2	606,72	0	783,42	0	144,80
	0,4	2	1040,5	2	937,53	0	530,70	0	126,70
	0,6	0	1353,8	2	1051,1	0	393,80	0	105,97
	0,8	0	1277,3	0	1361,4	0	230,80	0	68,282
	1,0	0	883,91	0	866,03	0	141,81	0	38,079
3	0,2	2	1846,1	2	927,86	0	1458,4	0	266,66
	0,4	10	2469,0	8	2434,6	0	801,81	0	204,92
	0,6	15	2884,7	15	2693,1	0	874,14	0	128,77
	0,8	13	3298,4	9	2260,1	0	676,69	0	119,69
	1,0	0	1326,5	0	1188,0	0	231,44	0	64,657
4	0,2	8	1871,2	6	836,67	0	2401,3	0	218,33
	0,4	15	3277,0	17	3063,3	0	1900,2	0	263,36
	0,6	19	2603,8	19	2471,5	0	1400,6	0	172,52
	0,8	17	3631,3	9	2023,7	0	1465,7	0	109,10
	1,0	0	1877,4	0	983,67	0	270,34	0	49,688
5	0,2	9	2510,3	10	1252,3	0	2470,7	0	314,77
	0,4	20	3610,3	16	2896,6	0	1762,4	0	140,02
	0,6	33	4259,2	33	3302,4	0	1686,5	0	185,61
	0,8	34	4160,4	43	4005,9	0	1721,7	0	125,38
	1,0	0	1057,4	0	854,56	0	277,27	0	53,375

Tabelle 3.6: Rechenergebnisse für das Problem ohne Direktverbindungen

- **MGF**: Modell (3.70) - (3.79); Verwendung des im Anschluss an die Modellbeschreibung aufgeführten Preprocessing.
- **MGF-QB**: Modell (3.70), (3.71) und (3.73) - (3.79); Verwendung des im Anschluss an die Modellbeschreibung aufgeführten Preprocessing.
- **RV**: Modell (3.61) - (3.66); Verwendung des im Anschluss an die Modellbeschreibung aufgeführten Preprocessing.
- **RV+S**: Modell (3.61) - (3.66); Verwendung des im Anschluss an die Modellbeschreibung aufgeführten Preprocessing und der in der Bemerkung 3.4 beschriebenen Vereinfachungen, welche die Symmetrie der Testinstanzen ausnutzen.

Ein Vergleich der beiden MGF-Ansätze (MGF vs. MGF-QB) zeigt, dass sich durch die Vernachlässigung der redundanten Nebenbedingungen (3.72) – wie erstmals in der vorliegenden Arbeit vorgeschlagen – der Lösungsprozess im Durchschnitt um über 20% beschleunigen lässt. Erwartungsgemäß hat diese Änderung auf die Anzahl der Branch&Bound-Knoten kaum einen Einfluss, aber (damit offensichtlich) auf die Geschwindigkeit, mit welcher die Schranken für die Teilprobleminstanzen bestimmt werden können.

Der Ansatz RV ist den MGF-Ansätzen bis auf Testinstanzen mit kleinem α überlegen; über alle Testinstanzen hinweg ist er durchschnittlich um fast 30% schneller. Der große Vorteil des RV-Ansatzes ist, dass die LP-Relaxation sehr gute Schranken liefert und dadurch selten – bei den betrachteten Instanzen sogar nie – ein Verzweigen im Rahmen des Branch&Bound-Verfahrens notwendig ist. Bei der Ausnutzung der Symmetrie, durch die sich durchschnittlich mehr als 80% der Rechenzeit im Vergleich zu RV einsparen lässt, ist der RV-Ansatz sogar für beliebige α der schnellste.

Die Ergebnisse stehen scheinbar im Widerspruch zu Campbell et al. (2002, S. 376), wo – allerdings mit Bezug auf die ältere Arbeit von Ernst und Krishnamoorthy (1998a) – der MGF-Ansatz als der Erfolg versprechendere bezeichnet wird. Dort wurden jedoch keine Preprocessing-Techniken berücksichtigt. Ferner sind in dem verwendete RV-Modell keine aggregierten Nebenbedingungen – wie von Hamacher et al. (2004) vorgeschlagen – enthalten; das eingesetzte Computersystem ist ein anderes. Unser Resultat ist konsistent mit den Rechenergebnissen in Hamacher et al. (2004) für das mit dem hier behandelten verwandte Problem [MA | FC | VC | | MC]. Dort werden ein RV-Modell und ein MGF-Modell verglichen, ohne jeweils Preprocessing-Techniken anzuwenden. Auch dort erweist sich das RV-Modell als vorteilhaft.

Insgesamt zeigt sich also, dass inzwischen der MGF-Ansatz zumindest nicht mehr eindeutig vorteilhaft ist. Zu berücksichtigen ist allerdings – wie schon bei dem entsprechenden Single Allocation - Problem[249] –, dass auch hier die Anzahl der benötigten Variablen beim MGF-Ansatz geringer ist. Zum Teil relativiert sich dies durch das Preprocessing, da hierdurch eine große Anzahl an Variablen eliminiert werden kann. Aber insbesondere bei Instanzen mit vielen Knoten und ohne eine Symmetrie der Daten ist es aus speichertechnischen Gründen u.U. ausschließlich möglich, MGF-Modelle einzusetzen.

Tabelle 3.7 enthält die Rechenergebnisse für die Instanzen des Problems mit Direktverbindungen. Sie ist analog zu Tabelle 3.6 aufgebaut. Folgende Lösungsansätze werden verglichen:

---

249 Vgl. Abschnitt 3.2.1.

		MGF		MGF-QB		RV		RV+S	
p	α	B&B	Cpu	B&B	Cpu	B&B	Cpu	B&B	Cpu
2	0,2	4	1915,0	6	2003,2	0	598,66	0	115,83
	0,4	4	1863,8	4	1650,7	0	444,78	0	104,19
	0,6	2	1773,8	3	1361,2	0	319,19	0	75,000
	0,8	0	1267,7	2	1224,7	0	219,08	0	58,282
	1,0	0	601,38	0	615,86	0	107,72	0	26,829
3	0,2	8	2791,5	11	2270,3	0	1937,0	0	265,48
	0,4	23	3651,8	27	2842,7	0	994,96	0	128,00
	0,6	20	3279,5	29	3431,0	0	547,76	0	105,44
	0,8	21	2878,6	19	2692,1	0	707,39	0	105,45
	1,0	0	879,63	0	2112,7	0	186,34	0	43,25
4	0,2	18	2680,3	14	1603,5	0	1773,0	0	178,45
	0,4	20	3231,0	31	2817,3	0	961,58	0	155,72
	0,6	26	3646,8	24	3290,4	0	852,18	0	118,31
	0,8	28	2588,7	45	2677,6	0	1029,3	0	100,02
	1,0	0	1874,4	0	708,83	0	173,24	0	43,375
5	0,2	29	3281,4	37	2844,0	0	2113,5	0	119,00
	0,4	47	4092,0	43	3272,0	0	1222,4	0	103,50
	0,6	89	5185,3	89	4251,8	0	1066,9	0	116,58
	0,8	68	4424,7	93	4507,8	0	1617,2	0	124,55
	1,0	0	1054,7	0	610,72	0	224,03	0	43,719

Tabelle 3.7: Rechenergebnisse für das Problem mit Direktverbindungen

- **MGF**: Modell (3.80) - (3.83), (3.71) und (3.74) - (3.78); Verwendung des im Anschluss an die Modellbeschreibung aufgeführten Preprocessing.
- **MGF-QB**: Modell (3.80), (3.82), (3.83), (3.71) und (3.74) - (3.78); Verwendung des im Anschluss an die Modellbeschreibung aufgeführten Preprocessing.
- **RV**: Modell (3.67) - (3.69), (3.62) und (3.64) - (3.66); Verwendung des im Anschluss an die Modellbeschreibung aufgeführten Preprocessing.
- **RV+S**: Modell (3.67) - (3.69), (3.62) und (3.64) - (3.66); Verwendung des im Anschluss an die Modellbeschreibung aufgeführten Preprocessing und der in der Bemerkung 3.5 beschriebenen Vereinfachungen, welche die Symmetrie der Testinstanzen ausnutzen.

Das Entfernen der redundanten „Quellbedingungen" bringt auch hier Vorteile (vgl. MGF vs. MGF-QB). Diese sind allerdings nicht so ausgeprägt und machen sich nur in Form einer Erhöhung der Geschwindigkeit von im Mittel weniger als 10% bemerkbar. Durchschnittlich steigt die Anzahl der Branch&Bound-Knoten hierdurch sogar. Vergleicht man die Rechenzeiten mit denen für die Modelle ohne Direktverbindungen, so ergeben sich durch die Aufnahme von Direktverbindungen sogar Vorteile, im Gegensatz zu den Ergebnissen beim Single Allocation - Problem. Dies ist dadurch erklärbar, dass sich durch die Direktverbindungen zwar die Qualität der mit Hilfe der LP-Relaxation ermittelbaren unteren Schranken verschlechtert, was man an der mehr als doppelt so großen Anzahl an Branch&Bound-Knoten erkennt. Auf der anderen Seite können wir hier durch das Preprocessing zusätzlich Variablen aus dem Modell eliminieren, was das Lösen der LP-Relaxation beschleunigt. Zusammengefasst überkompensiert die zweite Auswirkung die erste.

Bis auf einen Fall ist der RV-Ansatz ohne Ausnutzung der Symmetrie den MGF-Ansätzen überlegen, im Vergleich zum besseren der beiden sogar durchschnittlich um mehr als 60%. Bezüglich der Schrankenbestimmung hat die Berücksichtigung der Direktverbindungen keine Auswirkungen. Bei allen RV-Modellen in den Tabellen 3.6 und 3.7 ist für keine Instanz ein Verzweigen notwendig. Die Schrankenberechnung ist bei den Modellen mit Direktverbindungen um fast 20% (RV) bzw. über 23% (RV+S) schneller durchzuführen als bei solchen ohne eine Berücksichtigung von Direktverbindungen. Die Ursache hierfür ist, dass sich bei einer Aufnahme von Direktverbindungen durch die Anwendung des Preprocessing einige Routenvariablen aus den Modellen entfernen lassen.

Insgesamt sind – wie schon beim Problem ohne Direktverbindungen – RV-Modelle vorteilhaft. Dies gilt erneut nur mit der Einschränkung, dass – wie bei den durchgeführten Tests – der Speicherplatzbedarf keinen Engpass darstellt. Gegenüber dem Problem ohne Direktverbindungen ist dies allerdings nicht ganz so kritisch, weil über die Einführung von Direktverbindungen viele Routenvariablen aus dem Modell eliminiert werden können.

3.3.2 Probleme mit mengenabhängigen Durchschnittstransportkosten

3.3.2.1 Stückweise lineare Kostenfunktionen

Wir gehen im Folgenden auf Verbindungen (k, m) von gesamten Transportkosten entsprechend der unter (3.3) angegeben konkaven Funktion tc_{km} mit dem Definitionsbereich $[0, w^{\Sigma}]$ aus. Da sich eine solche Funktion nicht explizit im Modell abbilden lässt, greifen wir ersatzweise auf eine stetige stückweise lineare Funktion tc_{km}^{approx} zurück, wie sie beispielhaft in Abbildung 3.18 dargestellt ist.

Der Definitionsbereich der approximierenden Kostenfunktion ist in s Abschnitte (Segmente) $[se_{km}^{0}, se_{km}^{1})$, $[se_{km}^{1}, se_{km}^{2})$, ..., $[se_{km}^{s-1}, se_{km}^{s}]$ unterteilt, wobei $se_{km}^{0} = 0$ und $se_{km}^{s} = w^{\Sigma}$ gilt. Innerhalb der Kostenstufe q ist die Funktion linear mit einer Steigung von vc_{km}^{q}. Die sich aus dem Abschnitt q der Kostenfunktion ergebende Gerade schneidet die Ordinate bei fc_{km}^{q}. Die approximierende Kostenfunktion tc_{km}^{approx} lässt sich damit folgendermaßen beschreiben:

$$tc_{km}^{approx}(M_{km}) = \begin{cases} fc_{km}^{q} + vc_{km}^{q} \cdot M_{km} & \text{für } M_{km} \in [se_{km}^{q-1}, se_{km}^{q}) \\ fc_{km}^{s} + vc_{km}^{s} \cdot M_{km} & \text{für } M_{km} = se_{km}^{s} \end{cases} \tag{3.84}$$

Die Funktion tc_{km}^{approx} kann auf unterschiedliche Art und Weise bestimmt werden. Wählt man Abschnitte gleicher Breite, so ist die Kostenfunktion tc_{km} für die hauptsächlich auftretenden kleinen Mengen M_{km} nur vergleichsweise unzureichend approximierbar, weil der Funktionsverlauf dort eine stärkere Krümmung aufweist. Um dem Rechnung zu tragen, sehen wir für Abschnitte mit kleinem q eine geringere Intervallbreite vor. Der letzte Abschnitt startet spätestens bei w^{Σ}/n.

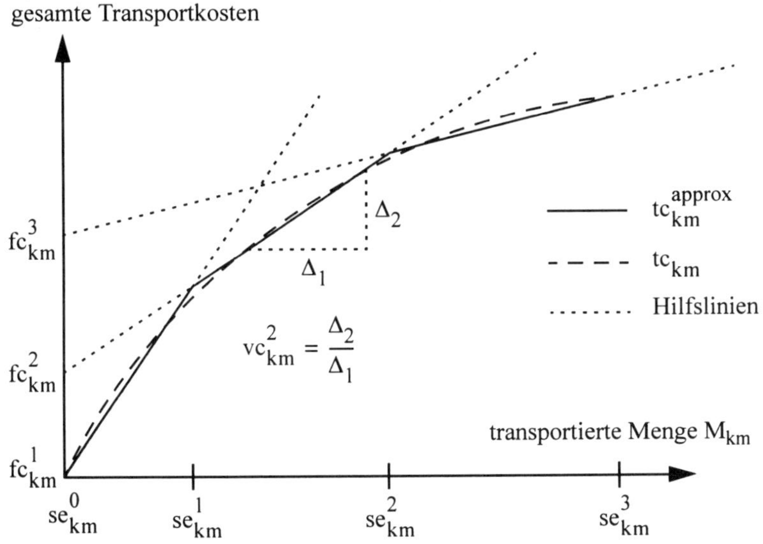

Abb. 3.18: Stückweise Linearisierung der (totalen) Transportkostenfunktion

Für die genaue Berechnung der approximierenden Funktion sind drei unterschiedliche Varianten vorgesehen:

1. Tangentiale Approximierung mit gleicher Steigungsdifferenz

Zu bestimmen sind q Tangentialstellen der Kostenfunktion derart, dass die Steigungsdifferenzen benachbarter Tangentialstellen jeweils gleich sind. Jeder lineare Abschnitt der approximierenden Funktion schneidet tc_{km} an einer solchen Tangentialstelle und hat dort die gleiche Steigung wie jene. Für die Berechnung der Parameter benötigen wir die erste Ableitung von tc_{km}

$$tc'_{km}(M_{km}) = c_{km} \cdot \left(1 - (1+\gamma) \cdot \theta \cdot \left(\frac{M_{km}}{w^{\Sigma}}\right)^{\gamma}\right)$$

und die entsprechende Umkehrfunktion

$$tc'^{-1}_{km}(y) = w^{\Sigma} \cdot \left(\frac{1 - \frac{y}{c_{km}}}{(1+\gamma) \cdot \theta}\right).$$

Da sich die Approximierung primär für Mengen zwischen 0 und w^{Σ}/n eignen soll, ist für uns nur die gesamte Steigungsdifferenz zwischen diesen beiden Stellen $\Delta = c_{km} \cdot (1 - tc'_{km}(w^{\Sigma}/n))$ relevant. Die erste Tangentialstelle legen wir bei 0 fest und die übrigen so, dass die Steigungsdifferenzen benachbarter Tangentialstellen Δ/s betragen. Damit berühren die Geraden der einzelnen Abschnitte $q \in \{1, \ldots, s\}$ die Funktion tc_{km} an den Stellen

$$\lambda_q = tc'^{-1}_{km}\left(c_{km} \cdot \left(1 - (q-1) \cdot \frac{\Delta}{s}\right)\right).$$

Daraus ergeben sich folgende Parameter für die Funktion tc^{approx}_{km}:

$$vc^q_{km} = tc'_{km}(\lambda_q) \tag{3.85}$$

$$fc^q_{km} = tc_{km}(\lambda_q) - vc^q_{km} \cdot \lambda_q \tag{3.86}$$

Aus den Schnittpunkten der Geraden benachbarter Abschnitte erhält man die Werte für die einzelnen se^q_{km}. Auf eine explizite Berechnung derselben verzichten wir, da sie für das Aufstellen eines entsprechenden Optimierungsmodells nicht be-

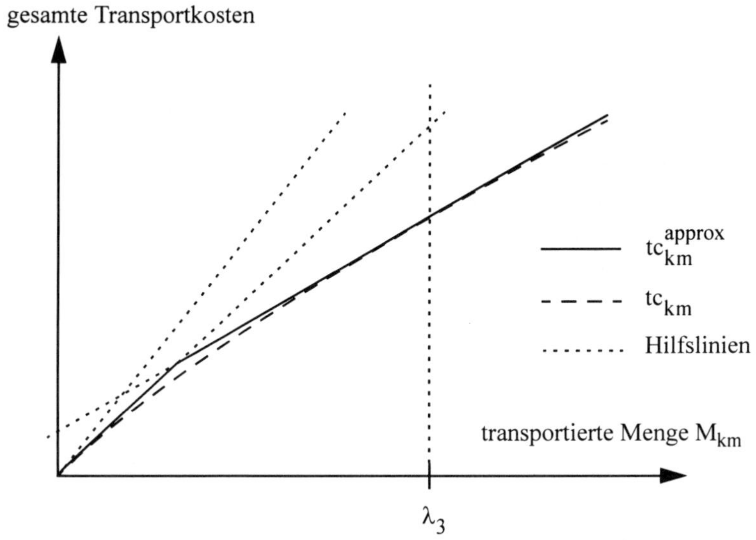

Abb. 3.19: Tangentiale Approximierung

nötigt werden. Abbildung 3.19 stellt beispielhaft eine entsprechende Approximierung dar. Dabei ist nicht der Verlauf der gesamten Kostenfunktion, sondern nur der ursprungsnahe Teil dargestellt. λ_1 hat immer den Wert 0 und in der Darstellung liegt λ_2 sehr nahe bei λ_1. Auf den ersten Blick scheint die Approximierung hier schlechter zu sein als in Abbildung 3.18. Dies ist aber für kleine M_{km} keineswegs der Fall. Der falsche Eindruck entsteht durch die lediglich ausschnittweise Wiedergabe der Kostenfunktion. Die tatsächlichen Kosten werden bis auf die Berührungspunkte an den Stellen λ_q stets überschätzt.

2. Sekantenapproximierung

Hier bestimmen wir zunächst die Breite der ersten $s-1$ Abschnitte $\Delta = w^{\Sigma}/(n \cdot s)$. Der letzte Abschnitt umfasst den verbleibenden Bereich bis w^{Σ}. Damit lassen sich die Werte für se^q_{km} folgendermaßen bestimmen:

$$se^q_{km} = \begin{cases} \Delta \cdot q & \text{für } q \in \{0, \ldots, s-1\} \\ w^{\Sigma} & \text{sonst} \end{cases} \tag{3.87}$$

Die Kostenfunktion wird hier auf jedem Abschnitt q durch eine Gerade angenähert, welche tc_{km} in den Abschnittsgrenzen schneidet. Damit erhalten wir folgende Parameter für die Geraden:

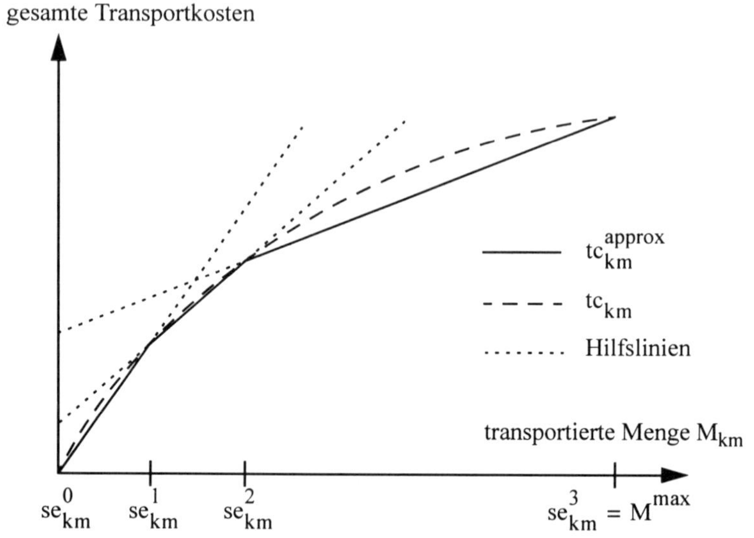

Abb. 3.20: Sekantenapproximierung

$$vc_{km}^{q} = \begin{cases} \dfrac{tc_{km}(se_{km}^{q-1}) - tc_{km}(se_{km}^{q})}{\Delta} & \text{für } q \in \{1, \ldots, s-1\} \\ \dfrac{tc_{km}(se_{km}^{q-1}) - tc_{km}(se_{km}^{q})}{w^{\Sigma} - (s-1) \cdot \Delta} & \text{sonst} \end{cases} \quad (3.88)$$

$$fc_{km}^{q} = tc_{km}(se_{km}^{q}) - vc_{km}^{q} \cdot se_{km}^{q} \quad (3.89)$$

In Abbildung 3.20 ist beispielhaft eine entsprechende Approximierung abgebildet. Dadurch, dass die Intervallbreiten der ersten $s-1$ Abschnitte identisch sind und die Steigung der Funktion tc_{km} mit größer werdendem M_{km} sinkt, erhöht sich die Genauigkeit der Approximierung zunächst. Den letzten Abschnitt können wir hier nicht präzise erfassen. Wir nehmen aber an, dass dieser ohnehin fast nie benötigt wird, da sich der gesamte Fluss innerhalb des Netzwerkes auf viele Kanten verteilt. Im Gegensatz zur tangentialen Approximierung unterschätzt tc_{km}^{approx} die Kosten stets. Eine Ausnahme stellen lediglich die Ränder se_{km}^{q} der Abschnitte dar. Hier erfolgt eine genaue Abbildung der Kostenfunktion.

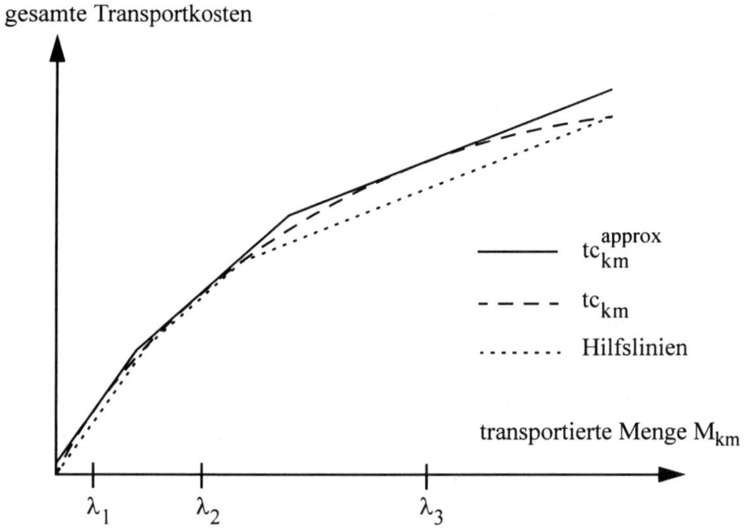

Abb. 3.21: Tangenten-Sekanten-Approximierung

3. Tangenten-Sekanten-Approximierung

Eine weitere Alternative erhalten wir durch ein paralleles Verschieben der bei der Sekantenapproximierung bestimmten Geraden derart, dass sie die tatsächliche Kostenfunktion wie bei der Tangentenapproximierung lediglich berühren. Somit haben diese die gleiche Steigung wie unter (3.88) angegeben. In den Berührungspunkten müssen die Grenzkosten von tc_{km} der Steigung der entsprechenden Gerade entsprechen. Somit berühren sich die Funktionen an den Stellen

$$\lambda_q = tc'^{-1}_{km}(vc^q_{km}).$$

Mit (3.88) lassen sich nun die verbleibenden Parameter berechnen.

Abbildung 3.21 stellt eine entsprechende approximierende Funktion dar. Die gestrichelten Linien geben die Approximationsfunktion aus der Abbildung 3.20 wieder. Sie verlaufen parallel zu den neuen Approximationsgeraden.

3.3.2.2 Modell von O'Kelly und Bryan (1998)

Zunächst gehen wir wie O'Kelly und Bryan (1998) davon aus, dass lediglich für Transporte zwischen Hubs mengenabhängige Durchschnittstransportkosten anfallen. Auf Quelle-Hub- und Hub-Ziel-Verbindungen seien proportionale Transportkosten angenommen. Direktverbindungen ziehen wir nicht in Betracht. Entsprechend des in Kapitel 2 eingeführten Klassifikationsschemas geht es somit um das Problem [MA, p | | VC-OH, VC-HH-NLH, VC-HD | | MC].

Die approximierende Kostenfunktion tc_{km}^{approx} lässt sich direkt in einem gemischt-binären Optimierungsmodell berücksichtigen. Für jede Verbindung (k, m) und jede Stufe q benötigen wir eine binäre Entscheidungsvariable Z_{km}^q, die genau dann einen Wert von 1 annimmt, wenn sich die Transportmenge M_{km} der Stufe q zuordnen lässt. Ist $Z_{km}^q = 1$, so hat die kontinuierliche Entscheidungsvariable M_{km}^q den Wert M_{km}. Für die entsprechenden Variablen auf anderen Stufen q' gilt dann $M_{km}^{q'} = 0$. Damit lässt sich das Modell (3.61) - (3.66) wie von O'Kelly und Bryan (1998) vorgeschlagen folgendermaßen erweitern:[250]

$$\text{Minimiere} \sum_{i,j,k,m} w_{ij} \cdot (\alpha_1 \cdot c_{ik} + \alpha_2 \cdot c_{mj}) \cdot X_{ijkm} + \sum_{q,k,m \text{ mit } k \neq m} fc_{km}^q \cdot Z_{km}^q + vc_{km}^q \cdot M_{km}^q \tag{3.90}$$

unter den Nebenbedingungen

$$\sum_k Y_k = p \tag{3.91}$$

$$\sum_{k,m} X_{ijkm} = 1 \qquad \text{für alle i und j} \tag{3.92}$$

$$\sum_m X_{ijkm} + \sum_{m \neq k} X_{ijmk} \leq Y_k \qquad \text{für alle i, j und k} \tag{3.93}$$

$$\sum_q M_{km}^q = \sum_{i,j} w_{ij} \cdot X_{ijkm} \qquad \text{für alle k und m mit } k \neq m \tag{3.94}$$

250 Man beachte, dass es hier notwendig ist, sowohl X_{ijkm} als auch X_{ijmk} zu berücksichtigen. Ferner stellen die Nebenbedingungen (3.94) gegenüber der Originalformulierung bereits eine Verbesserung dar (vgl. Hamacher et al. (2004)).

$$M_{km}^{q} \le Z_{km}^{q} \cdot \sum_{i,j} w_{ij} \qquad \text{für alle q, k und m mit } k \ne m \qquad (3.95)$$

$$X_{kmkm} \ge Y_k + Y_m - 1 \qquad \text{für alle k und m} \qquad (3.96)$$

$$\sum_{q} Z_{km}^{q} = X_{kmkm} \qquad \text{für alle k und m mit } k \ne m \qquad (3.97)$$

$$X_{ijkm} \ge 0 \qquad \text{für alle i, j, k und m} \qquad (3.98)$$

$$M_{km}^{q} \ge 0 \qquad \text{für alle q, k und m mit } k \ne m \qquad (3.99)$$

$$Z_{km}^{q} \in \{0, 1\} \qquad \text{für alle q, k und m mit } k \ne m \qquad (3.100)$$

In der Zielfunktion sind die Transportkosten auf Quelle-Hub- und Hub-Ziel-Verbindungen so wie bereits zuvor berücksichtigt. Die Kosten auf einer Verbindung (k, m) zwischen zwei Hubs werden hingegen mittels der Variablen Z_{km}^{q} und M_{km}^{q} entsprechend der Funktionen tc_{km}^{approx} einbezogen. Die Gleichung (3.91) ist identisch mit (3.62); die Nebenbedingungen (3.92) und (3.93) entsprechen (3.63) bzw. (3.64). Die Gleichungen (3.94) stellen sicher, dass die gesamte auf Verbindungen (k, m) transportierte Menge einer entsprechenden Variablen M_{km}^{q} zugewiesen wird. Die Nebenbedingungen (3.95) verhindern, dass eine Variable M_{km}^{q} einen positiven Wert haben kann, wenn die entsprechende Kostenstufe nicht genutzt wird, also $Z_{km}^{q} = 0$ gilt.

Die Nebenbedingungen (3.96) und (3.97) verhindern Lösungsanomalien. Ohne diese wäre es möglich, einen Transport von einem Hub zu einem anderen über einen dritten Hub abzuwickeln. Grundsätzlich ist dies auch bei Modellen für das Problem [MA, p | | VC | | MC] möglich, stellt dort aber bei $\alpha_1, \alpha_2 \ge \alpha$ und der Gültigkeit der Dreiecksungleichung keine Schwierigkeit dar.

Die verbleibenden Nebenbedingungen spezifizieren lediglich den Wertebereich der Entscheidungsvariablen.

3.3.2.3 Modellerweiterungen

Die Nebenbedingungen (3.96) erfüllen nur eingeschränkt ihren Zweck. Es können damit nur einige Anomalien verhindert werden. So ist es bspw. möglich, dass Routenvariablen X_{ijkm} mit $i \ne k$ verwendet werden, obwohl i ein Hub ist. Der Transport von i nach k wird dabei in der Zielfunktion wie ein Transport auf einer Quelle-Hub-Verbindung (i, k) bewertet, obwohl beide Knoten Hubs sind. Um zusätzlich diese Anomalie zu verhindern, sollten die Nebenbedingungen (3.96) durch

$$\sum_m X_{kjkm} \geq Y_k \qquad \text{für alle j und k} \qquad (3.101)$$

$$\sum_k X_{imkm} \geq Y_m \qquad \text{für alle i und m} \qquad (3.102)$$

ersetzt werden. Damit sind auch die Nebenbedingungen (3.97) redundant und führen nicht mehr zu einer Verschärfung der mit der LP-Relaxation erhältlichen Schranken. Da sich diese Nebenbedingungen allerdings positiv auf den Rechenzeitbedarf auswirken, bleiben sie weiterhin berücksichtigt.

Für einige Quelle-Ziel-Paare (i, j) und Hubs k und m mit $k \neq m$ steht a priori fest, dass die Variable X_{ijkm} nicht zur Darstellung einer optimalen Lösung benötigt wird und damit aus dem Modell eliminiert werden kann. Dies gilt, falls der Transport über k und m selbst dann nicht günstiger ist als der über lediglich einen der beiden Hubs, wenn die Kosten für den Teilabschnitt von k nach m nicht berücksichtigt werden – d.h. $c_{mj} \geq c_{ki}$ oder $c_{ik} \geq c_{im}$.[251] Mit der gleichen Überlegung lassen sich die Konstanten verkleinern, mit denen die Variablen Z^q_{km} in den Nebenbedingungen (3.95) multipliziert werden. Wir erhalten die folgenden Nebenbedingungen:

$$M^q_{km} \leq Z^q_{km} \cdot \sum_{i<j} \max\{\phi^{ij}_{km} \cdot w_{ij}, \phi^{ji}_{km} \cdot w_{ji}\} \quad \text{für alle q, k und m mit } k \neq m \quad (3.103)$$

$$\text{mit } \phi^{ij}_{km} = \begin{cases} 1 & \text{wenn } c_{ik} \leq c_{im} \text{ und } c_{mj} \leq c_{kj} \\ 0 & \text{sonst} \end{cases}$$

Nur dann, wenn die Route i – k – m – j überhaupt in Frage kommt – also nicht ohnehin von einer der Routen i – k – j oder i – m – j dominiert wird –, kann das Quelle-Ziel-Paar (i, j) über die Verbindung (k, m) geleitet werden. Es ist nicht sinnvoll, sowohl die Güter von i nach j als auch die von j nach i über die gleiche Hub-Hub-Verbindung (k, m) zu transportieren. Sind Ziel und Quelle identisch, so ist es nie sinnvoll, für den Transport zwei verschiedene Hubs k und m einzusetzen.

---

251 Über eine Abschätzung der maximalen Transportmenge zwischen den Hubs lässt sich eine bessere untere Schranke für die Durchschnittstransportkosten bei der Verwendung der Route i – k – m – j angeben, durch welche gegebenenfalls die Variable X_{ijkm} auf den Wert 0 gesetzt werden kann. Diese Optimierung bleibt bei den Tests unberücksichtigt.

Die Nebenbedingungen (3.95) können somit einschränkender formuliert werden, wodurch die LP-Relaxation bessere Schranken liefert und sich der Lösungsprozess insgesamt beschleunigen lässt.

Sind die Transportflüsse symmetrisch und gilt $\alpha_1 = \alpha_2$, so gibt es immer eine optimale Lösung mit $X_{ijkm} = X_{jimk}$ für alle i, j, k und m. Daher ist stets nur eine Variablen $X_{\{(i,k),(j,m)\}}$ zu berücksichtigen; die anderen sind durch diese zu substituieren.[252] Hierdurch lässt sich die Anzahl der Routenvariablen annähernd[253] halbieren. Entsprechendes gilt für die Variablen M^q_{km} und Z^q_{km}.

3.3.2.4 Mengenabhängige Stückkosten auf allen Transportabschnitten

Auch auf den Transporten von Nichthubs zu Hubs bzw. umgekehrt lassen sich mengenabhängige Durchschnittstransportkosten durch stückweise Linearisierung einbeziehen. Hierfür benötigen wir zusätzliche Binärvariablen Z'^q_{ik} und Z''^q_{ki}, die auf den Quelle-Hub- bzw. Hub-Ziel-Verbindungen die gleichen Aufgaben übernehmen wie die Binärvariablen Z^q_{km}. Entsprechendes gilt für die zusätzlichen kontinuierlichen Variablen M'^q_{ik} und M''^q_{ki}. Mit Hilfe der neu eingeführten Variablen lässt sich das erweiterte Modell folgendermaßen beschreiben:[254]

$$\text{Minimiere} \quad \sum_{q,k,m \text{ mit } k \neq m} \begin{pmatrix} fc^q_{km} \cdot (Z^q_{km} + Z'^q_{km} + Z''^q_{km}) \\ + vc^q_{km} \cdot (M^q_{km} + M'^q_{km} + M''^q_{km}) \end{pmatrix} \tag{3.104}$$

unter den Nebenbedingungen

$$\sum_q M'^q_{ik} = \sum_{m,j} w_{ij} \cdot X_{ijkm} \qquad \text{für alle i und k mit } i \neq k \tag{3.105}$$

---

252 Vgl. mit dem für das Modell (3.4) - (3.11) angegebenen Preprocessing.

253 Da einige Variablen, wie bspw. X_{1111}, kein symmetrisches Gegenstück haben, tragen diese auch nicht zur Reduktion der Variablenanzahl bei.

254 Bryan (1998, S. 327 f.) schlägt ein ähnliches Modell für ein Problem mit vorgegebenen Hubstandorten vor. Jenes enthält allerdings eine fehlerhafte Ausnutzung der Symmetrieeigenschaft.
Racunica und Wynter (2000) geben ein Modell für das Problem [MA, D | FC | VC-OH, VC-HH-SL, VC-HD-SL, VC-OD | | MC] an, welches konkave Kostenfunktionen bei Hub-Hub- und Hub-Ziel-Verbindungen auf eine andere Art stückweise linear approximiert. Sie verhindern jedoch keine Anomalien, wie wir es mit den Nebenbedingungen (3.101) und (3.102) tun.

$$\sum_{q} M''^{q}_{mj} = \sum_{i,k} w_{ij} \cdot X_{ijkm} \qquad \text{für alle m und j mit } m \neq j \qquad (3.106)$$

$$M'^{q}_{ik} \leq Z'^{q}_{ik} \cdot o_i \qquad \text{für alle q, i und k mit } i \neq k \qquad (3.107)$$

$$M''^{q}_{mj} \leq Z''^{q}_{mj} \cdot d_j \qquad \text{für alle q, m und j mit } m \neq j \qquad (3.108)$$

$$M'^{q}_{km}, M''^{q}_{km} \geq 0 \qquad \text{für alle q, k und m mit } k \neq m \qquad (3.109)$$

$$Z'^{q}_{km}, Z''^{q}_{km} \in \{0, 1\} \qquad \text{für alle q, k und m mit } k \neq m \qquad (3.110)$$

sowie (3.91) - (3.95) und (3.97) - (3.102)

Die neuen Nebenbedingungen erfüllen die gleiche Funktion wie die Nebenbedingungen (3.94), (3.95), (3.99) und (3.100), beziehen sich aber auf Transporte zwischen Hubs und Nichthubs bzw. Nichthubs und Hubs.

Prinzipiell könnte man auf die neuen Variablen auch verzichten. Die M^{q}_{km} stünden dann unabhängig vom Typ der Verbindung für die Menge der zwischen den Knoten k und m zu transportierenden Güter. Die Nebenbedingungen (3.94), (3.105) und (3.106) ließen sich dann zusammenfassen zu

$$\sum_{q} M^{q}_{km} = \sum_{i,j} \begin{pmatrix} w_{ij} \cdot X_{ijkm} + w_{kj} \cdot X_{kjmi} \\ + w_{im} \cdot X_{imjk} \end{pmatrix} \qquad \text{für alle k und m mit } k \neq m \qquad (3.111)$$

Dadurch könnte man die Ungleichungen (3.107) und (3.108) ersatzlos streichen. Eine solche Änderung bewirkt allerdings, dass die LP-Relaxation i.d.R. schwächere Schranken liefert. Der Transport auf Quelle-Hub- und Hub-Ziel-Verbindungen kann dort u.U. wesentlich günstiger erfolgen, weil die (relaxierten) Binärvariablen Z^{q}_{km} in (3.95) mit einem wesentlich größeren Faktor multipliziert werden als bspw. die Binärvariablen Z'^{q}_{ik} in (3.107). In Rechentests hat sich gezeigt, dass es aufgrund dieses Nachteils insgesamt unvorteilhaft ist, die Variablenanzahl zu reduzieren.

3.3.2.5 Sukzessive lineare Programmierung[255]

Die stückweise Linearisierung liefert lediglich eine optimale Lösung für Instanzen einer vereinfachten Problemstellung. Bei der Verwendung der Sekantenapproximierung unterstellt diese i.d.R. zu niedrige Transportkosten. Die Kosten sind le-

255 Vgl. Schildt (1994, S. 75 ff.).

diglich dann exakt abgebildet, wenn die Mengen auf jedem Transportabschnitt mit mengenabhängigen Durchschnittstransportkosten so gewählt sind, dass die approximativen Kosten mit den tatsächlichen übereinstimmen. Hier gibt es für jedes M_{km} stets ein q mit $M_{km} = se^q_{km}$.[256] Hat eine optimale Lösung $\mathbf{X}^*$ für die Instanz des vereinfachten Problems P' mit der Zielfunktion F' diese Eigenschaft, so ist die Lösung auch für die Instanz des ursprünglichen Problems P mit der Zielfunktion F optimal, denn für alle Lösungen **X** gilt:

$$F(\mathbf{X}^*) = F'(\mathbf{X}^*) \leq F'(\mathbf{X}) \leq F(\mathbf{X})$$

Gesucht ist daher eine geeignete Wahl der Stützstellen se^q_{km}. Iterativ lässt sich eine solche bestimmen, indem abwechselnd eine optimale Lösung $\mathbf{X}^*$ für die Instanz des stückweise linearisierten Problems ermittelt und anschließend für all jene Verbindungen (k, m), für die es kein q mit $M_{km} = se^q_{km}$ gibt, eine entsprechende neue Stützstelle se^q_{km} eingefügt wird. Dieser Prozess wird so lange wiederholt, bis sich eine optimale Lösung für die Instanz des modifizierten stückweise linearen Problems ergibt, bei welcher für jede Hub-Hub-Verbindung (k, m) ein q mit $M_{km} = se^q_{km}$ existiert. Diese Vorgehensweise terminiert nach einer endlichen Anzahl an Iterationen.[257]

3.3.2.6 Rechentests

Das Modell (3.90) - (3.100) entspricht im Wesentlichen einem Vorschlag von O'Kelly und Bryan (1998). Es löst das Problem [MA, p | | VC-OH, VC-HH-NLH, VC-HD | | MC] approximativ. Dabei sind nicht linear-homogene Kostenfunktionen wie unter (3.3) angegeben unterstellt. O'Kelly und Bryan (1998) geben mit dem neuen und einem „klassischen" Modell, bei dem die Durchschnittstransportkosten mengenunabhängig sind, ermittelte Rechenergebnisse an. Allerdings ist ihre entsprechende Analyse nicht sonderlich aussagekräftig. Die angegebenen Zielfunktionswerte beziehen sich auf die Modellzielfunktionen mit mengenunabhängigen bzw. stückweise linearisierten Kosten und berücksichtigen nicht direkt die linear-homogenen Kostenfunktionen. Damit bewerten sie zum einen die Lösungen nicht mit einem einheitlichen Maßstab. Zum anderen interessiert einen Entscheider die Beurteilung einer Lösung anhand der von ihm unterstellten Kostenfunktionen und nicht die Bewertung aus der Sicht eines im Rahmen des Lösungsprozesses eingesetzten Hilfsmodells. Eine Lösung ist daher anhand einer

256 Wir beziehen uns hier o.B.d.A. lediglich auf das Modell (3.90) - (3.100).

257 Einen entsprechenden Beweis und eine Beschreibung des Algorithmus für allgemeinere Fälle findet man bei Horst und Tuy (1996, S. 278 ff.).

möglichst realitätsnahen Bewertung zu beurteilen. Im hier betrachteten Fall bedeutet dies für die Bewertung einer Lösung, dass zur Berechnung der Kosten auf Verbindungen zwischen Hubs die nicht linear-homogenen Kostenfunktionen zum Einsatz kommen müssen. Nur so lässt sich überhaupt feststellen, ob das mit stückweiser Linearisierung arbeitende Modell einer „klassischen“ Vorgehensweise überlegen ist, bei der alle Transportkosten durch proportionale Kostenfunktionen approximiert werden. Bei den im vorliegenden Abschnitt diskutierten Ergebnissen erfolgt die Kostenbewertung für die Lösungen stets (direkt) anhand der Instanzen der approximierten Probleme [MA, p | | VC-OH, VC-HH-NLH, VC-HD | | MC] bzw. [MA, p | | VC-NLH | | MC].

		Suk. LP		**SL-sm1**		**SL-sm2**		**SL-sm3**		**Klass.**	
p	**Sz.**	**It.**	**Cpu**	**Abw.**	**Cpu**	**Abw.**	**Cpu**	**Abw.**	**Cpu**	**Abw.**	**Cpu**
2	A	3	8,16	0,00%	2,13	0,00%	4,77	0,00%	3,64	0,00%	23,42
3	A	10	296,42	0,04%	4,56	1,66%	11,05	0,00%	20,28	0,00%	23,45
4	A	6	345,06	0,01%	13,36	0,66%	29,91	0,01%	65,44	0,01%	20,00
5	A	9	7947,78	0,03%	978,20	0,78%	297,77	0,00%	5677,45	0,04%	17,32
2	B	4	27,64	0,00%	3,91	0,79%	7,78	0,00%	4,13	0,00%	23,48
3	B	6	111,42	0,00%	9,52	0,64%	14,81	0,00%	13,97	0,00%	23,45
4	B	5	196,14	0,00%	52,73	0,34%	38,98	0,00%	34,17	0,00%	20,05
5	B	6	889,41	0,00%	7449,24	0,72%	101,56	0,00%	3918,33	0,07%	17,43
2	C	2	7,27	0,00%	2,95	0,00%	4,34	0,00%	3,19	0,00%	23,69
3	C	2	10,58	0,00%	7,08	0,00%	10,05	0,00%	5,48	0,00%	23,31
4	C	3	33,00	0,00%	29,69	0,00%	18,83	0,00%	39,64	0,00%	20,01
5	C	3	60,25	0,00%	1663,25	0,10%	799,89	0,00%	9433,39	0,00%	17,53

Tabelle 3.8: Rechenergebnisse für Instanzen des Problems [MA, p | | VC-OH, VC-HH-NLH, VC-HD | | MC] mit 15 Knoten

Die Tests wurden auf dem in Abschnitt 3.2.1.3 beschriebenen Computersystem durchgeführt. Tabelle 3.8 gibt die Rechenergebnisse für aus dem CAB-Datensatz[258] generierte[259] Probleminstanzen mit 15 Knoten wieder. Diese beziehen sich

258 Der vom Civil Aeronautics Board (**CAB**) stammende Datensatz bezieht sich auf die Passagierströme zwischen den 25 größten Städten der USA im Jahr 1970. Als Rechentestgrundlage für ein Hub Location Problem (i.w.S.) kam er erstmals in O'Kelly (1987) zum Einsatz.
Der CAB-Datensatz ist als Bestandteil der OR-Library verfügbar unter der Internetadresse http://people.brunel.ac.uk/~mastjjb/jeb/info.html.

259 Der Datensatz enthält 25 Knoten. Wir betrachten hier lediglich die ersten 15 Knoten und die Transportflüsse zwischen diesen.

auf das Problem [MA, p | | VC-OH, VC-HH-NLH, VC-HD | | MC]. Als Skalierungsfaktoren für die Quelle-Hub- bzw. Hub-Ziel-Verbindungen sind dabei $\alpha_1 = \alpha_2 = 2$ gewählt und für die Hub-Hub-Verbindungen Kostenfunktionen entsprechend (3.3), wobei die in Abschnitt 3.1.3 dargestellten Szenarien A, B bzw. C die Parameter θ und γ der Kostenfunktionen vorgeben. α_1 und α_2 sind größer als bei O'Kelly und Bryan (1998) gewählt, um Hub-Hub-Verbindungen „attraktiver" zu machen und damit zu verhindern, dass diese in nur sehr geringem Umfang eingesetzt (und damit fast bedeutungslos) werden.

Die erste Spalte spezifiziert die Anzahl der einzurichtenden Hubs p, die zweite das betrachtete Szenario bezüglich der Kostenfunktionen für Hub-Hub-Verbindungen. Die Ergebnisse beziehen sich auf unterschiedliche Lösungsansätze. Für die unter 3.3.2.5 eingeführte sukzessive lineare Programmierung (**Suk. LP**) ist neben der Rechenzeit in Sekunden (**Cpu**) auch die Anzahl der Iterationen (**It.**) angegeben. Eine Iteration besteht dabei aus dem Lösen einer Instanz des Modells (3.90) - (3.100) (inklusive der in 3.3.2.3 vorgeschlagenen Erweiterungen) und dem Hinzufügen von Stützstellen. In der ersten Iteration enthält jede stückweise linearisierte Kostenfunktion zwei lineare Abschnitte, die entsprechend (3.87) eingeteilt sind. Die Standardeinstellungen von Cplex sind hier geringfügig modifiziert. Wenn die Schranke für eine Teilprobleminstanz um weniger als 0,05% von der bisher besten gefundenen zulässigen Lösung abweicht, wird das Teilproblem ausgelotet. Als Konsequenz wird „nur" eine Lösung gefunden, die höchstens um 0,05% von einer optimalen abweicht. Diese ist aber stets mindestens so gut, wie die mit den anderen Verfahren ermittelten.

Die in den folgenden drei Spalten angeführten Lösungsvarianten wenden unmittelbar das Modell (3.90) - (3.100) (inklusive der in 3.3.2.3 vorgeschlagenen Erweiterungen) an, wobei die stückweise Linearisierung mit zehn Segmenten durch eine tangentiale Approximierung mit gleicher Steigungsdifferenz (**SL-sm1**), Sekantenapproximierung (**SL-sm2**) bzw. Tangenten-Sekanten-Approximierung (**SL-sm3**) erzeugt sind. In allen Fällen – auch bei Suk. LP – nutzen die Modelle, wie unter 3.3.2.3 beschrieben, die Symmetrie der Daten aus.[260] Neben der Rechenzeit in Sekunden ist jeweils die Abweichung (**Abw.**) der Lösung von der mit Suk. LP ermittelten angegeben. Eine positive Abweichung bedeutet, dass die Lösung schlechter als die mit Suk. LP bestimmte ist.

Beim Lösungsverfahren **Klass.** kommt das Modell (3.61) - (3.66) inklusive des im Anschluss an das Modell beschriebenen Preprocessing und die in Bemerkung 3.4

260 Beim CAB-Datensatz gilt für alle i und j stets $w_{ij} = w_{ji}$.

angesprochene Ausnutzung der Symmetrie zum Einsatz. Dieses unterstellt auf sämtlichen Transportverbindungen eine proportionale Kostenfunktion. Die Werte für die Parameter α werden dabei von 0 bis 1 in Intervallschritten von 0,01 variiert. Zur Bestimmung der Abweichung (**Abw.**) in Bezug auf Suk. LP wurde unter den 101 Lösungen die beste ausgewählt. Die Rechenzeit (**Cpu**) bezieht sich aber auf die zur Berechnung der Lösungen für alle 101 Instanzen benötigte Zeit.

Primär von Bedeutung ist die Qualität der mit den einzelnen Ansätzen erzielbaren Lösungen. Während das Verfahren Suk. LP (fast) optimale Lösungen liefert, ist die Qualität der anderen Vorgehensweisen a priori schwer zu prognostizieren. Es zeigt sich, dass bis auf den Ansatz SL-sm2 alle zumindest fast optimale Lösungen liefern. Dies gilt interessanterweise auch für den „klassischen“ Lösungsansatz. Rein unter dem Aspekt der Lösungsqualität lohnt es sich also nicht, auf stückweise linearisierte Modelle zurückzugreifen. Auf den ersten Blick scheint dagegen die Rechenzeit teilweise für eine solche Vorgehensweise zu sprechen. Es ist allerdings zu berücksichtigen, dass zur Lösung der einzelnen Instanzen des Problems [MA, p | | VC | | MC] innerhalb von Klass. auch sehr gute Heuristiken – siehe z.B. Ernst und Krishnamoorthy (1998a) – angewendet werden könnten. Beim Einsatz derselben ließe sich die Rechenzeit dramatisch senken, ohne dass dafür signifikante Qualitätseinbußen zu erwarten sind. Ferner ist es nicht notwendig, den Wertebereich von α mit einer solch feinkörnigen Granularität zu untersuchen. Zum einen lässt sich ausnutzen, dass die „echten“ Zielfunktionswerte so lange monoton mit zunehmendem α fallen, bis ein Minimum gefunden ist und anschließend monoton steigen. Diese Eigenschaft hat sich empirisch gezeigt, auf eine analytische Betrachtung wird jedoch verzichtet. Zum anderen können wir die Intervallgrenzen entsprechend der minimalen und maximalen Durchschnittstransportkosten der nicht linear-homogenen Kostenfunktion einschränken und es ist fraglich, ob es notwendig ist, α mit so geringer Schrittweite zu ändern.

Insgesamt zeigt sich durch die numerischen Tests, dass – zumindest bei den hier unterstellten Testinstanzen – durch die stückweise Linearisierung gegenüber „klassischen“ Ansätzen kein Vorteil erzielbar ist.

Um zu untersuchen, ob dies auch für größere Instanzen gilt, wurden Testinstanzen mit 25 Knoten gelöst. Aus speichertechnischen Gründen ist es nur möglich, stückweise lineare Kostenfunktionen mit sechs Segmenten zu verwenden. Die sukzessive lineare Programmierung lässt sich hier wegen des hohen erforderlichen Rechenaufwandes nicht einsetzen. Allerdings kann man anhand der vorangehenden Ergebnisse vermuten, dass zumindest eine der Vorgehensweisen annähernd optimale Lösungen liefert.

		SL-sm1		SL-sm2		SL-sm3		Klass.	
p	**Sz.**	**Abw.**	**Cpu**	**Abw.**	**Cpu**	**Abw.**	**Cpu**	**Abw.**	**Cpu**
2	A	0,22%	162,83	0,43%	126,34	0,11%	205,16	0,00%	352,72
3	A	0,15%	188,41	0,56%	807,91	0,15%	1112,77	0,00%	311,34
4	A	0,00%	307,61	1,03%	3977,49	0,00%	1991,67	0,05%	223,96
5	A	0,00%	667,39	0,68%	54615,60	0,00%	16170,20	0,00%	173,08
2	B	0,00%	214,45	0,21%	247,47	0,00%	271,33	0,00%	352,92
3	B	0,01%	360,53	0,68%	1411,86	0,01%	634,61	0,00%	311,23
4	B	0,00%	822,47	1,07%	3275,83	0,00%	1340,59	0,04%	224,14
5	B	0,00%	1832,16	0,79%	25733,00	0,00%	3994,64	0,00%	172,35
2	C	0,00%	257,80	0,03%	235,92	0,00%	210,44	0,00%	353,50
3	C	0,00%	294,09	0,09%	538,72	0,00%	271,88	0,00%	311,13
4	C	0,00%	405,94	0,08%	799,56	0,00%	278,66	0,00%	223,94
5	C	0,00%	1235,52	0,05%	1585,05	0,00%	523,86	0,00%	172,44

Tabelle 3.9: Rechenergebnisse für Instanzen des Problems [MA, p | | VC-OH, VC-HH-NLH, VC-HD | | MC] mit 25 Knoten

Tabelle 3.9 ist analog zu Tabelle 3.8 aufgebaut. Die Abweichungen (**Abw.**) beziehen sich jeweils auf die beste unter den mit den verschiedenen Verfahren ermittelten Lösungen. Wieder erweist sich SL-sm2 als die ungünstigste Herangehensweise. Sie findet stets schlechtere Lösungen als die anderen Verfahren. Insbesondere beim Szenario A, bei dem sich die Durchschnittstransportkosten auf Hub-Hub-Verbindungen durch eine Erhöhung der Transportmenge am stärksten reduzieren lassen, ist der „klassische" Modellierungsansatz den anderen überlegen. Bezüglich der Rechenzeit ergibt sich keine grundsätzlich andere Situation als bei den zuvor betrachteten Testinstanzen mit 15 Knoten. Stückweise lineare Funktionen mit einer größeren Anzahl an Segmenten ermöglichen es zwar, die Lösungsqualität zu verbessern. Aber eine solche Modifikation geht zu Lasten des Speicherplatzbedarfs und der benötigten Rechenzeit. Somit zeigt sich auch hier, dass die stückweise Linearisierung unter den gegebenen Annahmen nicht vorteilhaft ist.

Eine Ursache hierfür ist, dass die für Quelle-Ziel-Paare eingesetzten Routen bei den Lösungen für Multiple Allocation - Probleminstanzen nur selten Hub-Hub-Verbindungen enthalten. Für $\alpha = \alpha_1 = \alpha_2 = 1$ stellt die zusätzliche Verwendung eines zweiten Hubs stets einen Umweg dar, die bestenfalls zu einer bezüglich der Transportkosten gleichwertigen Route führt.[261] Dieser Effekt reduziert sich bei kleineren Werten für α. Aber selbst dann können die Kostenersparnisse auf Hub-

261 Vgl. Campbell (1994b, S. 391).

Hub-Verbindungen (sehr) häufig nicht den Umweg überkompensieren. Dieser Effekt tritt unabhängig davon auf, ob die Kostenreduktion auf Hub-Hub-Verbindungen transportmengenabhängig oder -unabhängig ist. Selbst wenn – wie bei den zuvor betrachteten Tests – die Kosten auf Hub-Hub-Verbindungen um mindestens 50% geringer sind als auf entsprechenden Quelle-Hub- und Hub-Ziel-Verbindungen, lohnt sich der Umweg nur selten. Die Effizienz des Preprocessing für das Modell (3.61) - (3.66) resultiert genau daraus, dass sich zahlreiche aufgrund von Umwegen unvorteilhafte Routen ausschließen lassen, weil sie durch kürzere und kostengünstigere Routen ersetzbar sind.

In einigen Anwendungsfällen (z.B. beim kombinierten Verkehr) können auf Hub-Hub-Verbindungen durch entsprechend vorgehaltene Infrastruktur (bspw. Schienen) andere Typen von Transportmitteln eingesetzt werden als auf den übrigen Verbindungen. Hier ist es u.U. durchaus sinnvoll, nur auf Verbindungen zwischen Hubs transportmengenabhängige Stückkosten zu unterstellen. Es verbleibt die Frage, ob das Problem [MA, p | | VC-OH, VC-HH-NLH, VC-HD | | MC] eine geeignete Vereinfachung für das Problem mit mengenabhängigen Durchschnittstransportkosten auf allen Verbindungen darstellt und sich somit Lösungsverfahren für das „klassische“ Problem mit proportionalen Transportkosten auf allen Verbindungen auch dort sinnvoll einsetzen lassen.

Um dieser Frage nachzugehen, wurde das Modell (3.104) - (3.110), (3.91) - (3.95) und (3.97) - (3.102) auf aus dem CAB-Datensatz generierte Testinstanzen mit 15 Knoten angewandt. Dabei beträgt die Anzahl der Hubs $p \in \{2, 3, 4, 5\}$; die Funktionsverläufe sind entsprechend der Szenarien A, B und C gewählt. Für die stückweise Linearisierung kam die Tangenten-Sekanten-Approximierung mit zehn Segmenten zum Einsatz, welche sich bereits in den zuvor beschriebenen Tests als vorteilhaft erwiesen hat. Aufgrund des hohen Speicherplatzbedarfes ist es nicht möglich, optimale Lösungen für die Modellinstanzen zu bestimmen. Die Optimierungssoftware Cplex brach jeweils vorzeitig ab[262], lieferte aber die zum Abbruchzeitpunkt beste gefundene Lösung zurück. Dementsprechend erhalten wir nur heuristische Lösungen für die Instanzen des Problems [MA, p | | VC-SL | | MC].

262 Die von Cplex zum Abbruchzeitpunkt angegebene untere Schranke weicht teilweise weniger als 1% und teilweise mehr als 10% von der besten gefundenen zulässigen Lösung ab.

p	Szenario A	Szenario B	Szenario C
2	1,37%	0,13%	0,00%
3	2,13%	0,05%	0,02%
4	1,20%	0,09%	0,02%
5	2,18%	0,40%	0,01%

Tabelle 3.10: Zusätzliche Kosten der mittels des Problems [MA, p | | VC-OH, VC-HH-SL, VC-HD | | MC] bestimmten Lösungen für Instanzen des Problems [MA, p | | VC-NLH | | MC] im Vergleich zu mittels des Problems [MA, p | | VC-SL | | MC] berechneten Lösungen

Vergleichsergebnisse für das Problem [MA, p | | VC-OH, VC-HH-SL, VC-HD | | MC] liefert uns die Anwendung des Modells (3.90) - (3.100) (inklusive der in Abschnitt 3.3.2.3 vorgeschlagenen Erweiterungen und der Ausnutzung der Symmetrie), wobei ebenfalls die Tangenten-Sekanten-Approximierung mit zehn Segmenten verwendet wurde. Die Werte für die Skalierungsfaktoren α_1 und α_2 sind stets identisch aus dem Intervall $[0{,}1; 1]$ mit einer Schrittweite von 0,01 gewählt. Kleinere oder größere Werte sind nicht relevant, weil sich aus den nicht linear-homogenen Funktionen mit den betrachteten Parametern ohnehin keine Kostenersparnisse ergeben können, die Skalierungsfaktoren α_1 und α_2 außerhalb des Intervalls entsprechen. Bei der Ergebnisbewertung beziehen wir uns wieder ausschließlich auf die beste Lösung.

Die (mehrfache) Anwendung des Modells (3.90) - (3.100) liefert bei den Tests nie bessere Lösungen als das Modell (3.104) - (3.110), (3.91) - (3.95) und (3.97) - (3.102). In Tabelle 3.10 sind die relativen Ergebnisabweichungen des ersten Modells in Bezug auf das zweite wiedergegeben. Es zeigt sich deutlich, dass das Problem [MA, p | | VC-OH, VC-HH-NLH, VC-HD | | MC] – für dieses liefert das Modell (3.90) - (3.100), wie weiter oben diskutiert, sehr gute Lösungen – nur bedingt als Vereinfachung für das Problem [MA, p | | VC-NLH | | MC] einsetzbar ist. Die durch die Vereinfachung nicht abgebildeten Struktureigenschaften sind nicht vernachlässigbar, wenn sich die Durchschnittstransportkosten deutlich mit zunehmender Transportmenge reduzieren. Das Modell (3.104) - (3.110), (3.91) - (3.95) und (3.97) - (3.102) eignet sich aber nur, um diesen Effekt nachzuweisen. Auf realitätsnahe Probleminstanzen lässt es sich aufgrund des enormen Speicherplatz- und Rechenzeitbedarfes nicht anwenden. Obwohl die entsprechenden Testläufe wegen Speichermangels frühzeitig beendet wurden, ist die durchschnittliche Rechenzeit für eine Instanz um mehr als den Faktor 1000 höher als für die Berechnung einer entsprechenden Instanz des Problems [MA, p | | VC-OH, VC-HH-SL, VC-HD | | MC] mit Hilfe des Modells (3.90) - (3.100). Die Entwicklung speziell für das Problem [MA, p | | VC-NLH | | MC] angepasster Heuristiken erscheint daher angebracht. Diese könnten sich gegenüber den bisherigen „klassischen“ Lösungsansätzen als sehr vorteilhaft erweisen, die einen wichtigen Teil der Problemstruktur ignorieren und damit Optimierungspotential ungenutzt lassen. Ein erster Ansatz könnte sein, eine mit einem „klassischen“ Modell generierte Lösung als Basis zu nehmen und anschließend das Routing unter (vergleichweise) realitätsnaher Beachtung der Kostenstruktur zu optimieren. Untersuchenswert erscheint ferner die Berücksichtigung von Fixkosten bei der Verwendung von Verbindungen.

3.4 Zusammenfassung

Zunächst haben wir den Verlauf der Kostenfunktionen auf Transportverbindungen anhand von theoretischen und empirischen Erklärungsmodellen ausführlich diskutiert. Anschließend sind wir auf Lösungsansätze für verschiedene transportkostenfokussierte Problemstellungen eingegangen.

Für das Problem [SA, p | | VC | | MC] sind die beiden wichtigsten Modellierungsansätze und dazugehörige Preprocessing-Techniken beschrieben. Diese wurden aus der Literatur entnommen und zum Teil weiterentwickelt. Numerische Tests haben gezeigt, dass der MGF-Ansatz dem verbesserten RV-Modell jeweils inklusive Preprocessing zwar meistens, aber nicht immer überlegen ist. In der Literatur hingegen findet sich die Aussage, dass das MGF-Modell (pauschal) effizienter als das RV-Modell sei. Diese Aussage entspricht aber nicht mehr dem Stand der Technik. Sie basiert auf mit einem nicht mehr zeitgemäßen Computersystem und veralteter Optimierungssoftware durchgeführten Rechentests, bei denen zudem kein Preprocessing zum Einsatz kam. Außerdem enthält das RV-Modell dort nicht die im Rahmen der vorliegenden Arbeit vorgeschlagene Verbesserung. Berücksichtigt man zusätzlich Direktverbindungen und betrachtet damit das zuvor noch nicht untersuchte Problem [SA, D, p | | VC | | MC], so zeigt sich ein ganz anderes Bild. Hier ist der RV-Ansatz wesentlich schneller, zumindest solange der Speicherplatz keinen Engpass darstellt.

Für das clusterbasierte Problem [SA-C, D | FC | VC | | MC] haben wir ein neues Optimierungsmodell, dazugehörige Preprocessing-Techniken und einen exakten Lösungsalgorithmus vorgestellt. Diese haben sich in numerischen Tests als um ein Vielfaches schneller als die Heuristik von Sung und Jin (2001) herausgestellt, dem bisher einzigen Lösungsverfahren für das clusterbasierte Problem. Ferner kann man das neue Modell und den dazugehörigen Lösungsalgorithmus auch auf hinsichtlich der Kostenstruktur allgemeinere und die Realität damit besser abbildende Problemstellungen anwenden. Durch Erweiterungen, welche die Wahl der Partition steuern, haben wir hieraus Heuristiken für die Probleme [SA, p | | VC-NLH | | MC] und [SA, D, p | | VC-OH, VC-HH-NLH, VC-HD, VC-OD | | MC] entwickelt.

Numerische Tests haben gezeigt, dass sich diese Probleme mittels exakter Verfahren für die „klassischen“ Probleme [SA, p | | VC | | MC] bzw. [SA, D, p | | VC | | MC] sehr gut lösen lassen, obwohl dort die Mengenabhängigkeit der Durchschnittstransportkosten nicht auf allen Verbindungstypen explizit berücksichtigt werden kann. Diese Aussage gilt zumindest so lange, wie die in O'Kelly und Bryan (1998) sowie weiteren Arbeiten betrachteten konkaven Transportkostenfunktionen unterstellt werden. Das Ergebnis ist sicherlich auch auf viele andere Kostenverläufe übertragbar.

Auch beim Multiple Allocation - Problem [MA, p | | VC | | MC] hat sich gezeigt, dass die Literatur (teilweise) einen aus heutiger Sicht falschen Eindruck wiedergibt. Wendet man jeweils das beschriebene Preprocessing an, so erweist sich das RV-Modell dem MGF-Ansatz durchweg als überlegen, solange der Speicherplatzbedarf keinen Engpass darstellt. Entfernt man redundante Nebenbedingungen aus dem MGF-Modell – wie erstmals in der vorliegenden Arbeit vorgeschlagen –, so relativiert sich dies teilweise. Dann ist das MGF-Modell für Instanzen mit kleinen α effizienter. Bei hinsichtlich der Transportkosten symmetrischen Daten lässt sich das RV-Modell allerdings so anpassen, dass es auch dem modifizierten MGF-Modell überlegen ist. Berücksichtigt man Direktverbindungen, so ist der RV-Ansatz dem MGF-Modell vorzuziehen, selbst unter Berücksichtigung der vorgeschlagenen Verbesserung.

Für den Multiple Allocation - Fall wurde ebenfalls untersucht, inwiefern sich das Problem mit mengenunabhängigen Durchschnittstransportkosten als Vereinfachung für Probleme mit nicht linear-homogenen Transportkosten eignet. Es hat sich als gut einsetzbar erwiesen, soweit ausschließlich auf Hub-Hub-Verbindungen mengenabhängige Durchschnittstransportkosten unterstellt werden. Gibt es solche auf allen Verbindungen, so ist das Gegenteil der Fall.

4 Zeitfokussierte Probleme

Unter zeitfokussierten Problemen verstehen wir solche, bei denen ein Transport von einer Quelle zu einem Ziel innerhalb einer vorgegebenen Zeitschranke durchzuführen oder die maximale Transportzeit über alle Quelle-Ziel-Paare zu minimieren ist. Erstmalig beschäftigte sich Campbell (1994b) in einem eher „konzeptionell“ angelegten Artikel mit dieser Art von Problemen. Sie weisen eine Analogie zu r-Überdeckungs- und p-Zentrenproblemen[263] auf, wie dies bei Warehouse Location bzw. p-Median Problemen und den im vorhergehenden Kapitel betrachteten Problemstellungen der Fall ist.

Zunächst diskutieren wir, inwiefern Zeitabhängigkeiten beim Design von Hub&Spoke-Netzwerken eine Rolle spielen können. Verschiedene Rahmenbedingungen werden betrachtet und zwei mögliche Szenarien analysiert. Anschließend beschäftigen wir uns in den Abschnitten 4.2 und 4.3 mit Modellen für Single und dann mit solchen für Multiple Allocation - Probleme in unterschiedlichen Varianten. Bezüglich der Netztopologie gehen wir davon aus, dass es für jedes Hubpaar (k, m) eine Hub-Hub-Verbindung gibt und eine Transportroute für ein Quelle-Ziel-Paar höchstens zwei Hubs beinhalten kann. Das Kapitel schließt mit einer kurzen Zusammenfassung der Ergebnisse.

4.1 Transportzeiten

4.1.1 Anwendungshintergrund

In vielen Anwendungsbereichen, bei denen (auch) Hub&Spoke-Netzwerke zum Einsatz kommen, ist für einen Logistikdienstleister die Transportzeit von herausragender Bedeutung.

Ein Expressdienst, der seinen Kunden nicht zusichern kann, innerhalb eines bestimmen Zeitraumes seine Dienstleistung zu erbringen, ist chancenlos, da er am Markt nicht bestehen könnte. Auch bei Brief- und Paketdiensten werden ambitionierte Laufzeiten angestrebt bzw. vom Kunden gefordert. So lieferte die Deutsche Post AG im ersten Halbjahr 2004 über 95% der nationalen Briefsendungen am Folgetag der Briefkastenleerung aus; in den Jahren 2002 bis 2004 benötigten über 93% der internationalen Briefsendungen innerhalb der EU[264], Islands, Norwegens

---

263 Vgl. Domschke und Drexl (1996, Kap. 4).

264 Ohne die im Mai 2004 beigetretenen Mitglieder.

und der Schweiz lediglich drei Tage bis zur Zustellung.[265] Obwohl diese Servicequalität bezüglich des Transportes aufwendig und teuer ist – so müssen bspw. für den Brieftransport innerhalb von Deutschland Flugzeuge eingesetzt werden und auf das kostengünstige Transportmittel Bahn lässt sich höchstens vereinzelt zurückgreifen[266] –, stellt ein primär hinsichtlich der Transportkosten optimiertes Logistiknetzwerk keine gute Alternative dar. Die Transportkosten machen bei einem Standardbrief ca. 7% der Gesamtkosten aus und sind etwa halb so hoch wie jene für die Sortierung. Die meisten Kosten entfallen auf die Briefeinsammlung und -zustellung, welche dem von uns betrachteten Teilsystem vor- bzw. nachgelagert sind.[267] Damit sollte ein Netzwerk mit höheren Transportkosten aber niedrigeren Brieflaufzeiten[268] von Vorteil sein. Es ist zumindest zweifelhaft, ob durch Transportkostenreduzierungen ermöglichte (geringe) Preissenkungen wesentlich längere Brieflaufzeiten aus der Sicht des Kunden überkompensieren können. Im Markt der Paketdienste bieten die Dienstleister DPD, DHL, GLS, Hermes Logistik Gruppe und UPS für Pakete innerhalb von Deutschland eine Zustellung innerhalb von ein bis drei Tagen mit entsprechenden Preisdifferenzierungen an.[269] Die Transportkosten haben zwar einen anderen Stellenwert und machen immerhin etwa 21% der Gesamtkosten aus[270], der Zeitaspekt hat aber auch hier eine zentrale Bedeutung.

Laut Wlcek (1998, S. 10) gibt es im Bereich der Sammelgutspeditionen üblicherweise enge Zeitschranken. Innerhalb von Deutschland sind die entsprechenden Netzwerke meist in einem 24-Stundenrhythmus getaktet. Kara und Tansel (2001) sowie Armacost et al. (2004) berichten von ähnlichen Vorgaben im inneramerikanischen Übernachtfrachtflugverkehr sowie Kuby und Gray (1993, S. 3) beim Paketdienstleister Federal Express.

Insgesamt lässt sich feststellen, dass für eine ganze Reihe von Anwendungsfeldern die im Kapitel 3 dargestellten Modelle bestenfalls bedingt einsetzbar sind, um ge-

265 Vgl. Deutsche Post AG (2004) und International Post Corporation (2005).

266 Vgl. Tumm und Fischer (1994, S. 145 f.) und Graf (1998, S. 77).

267 Vgl. Dodgson et al. (2004, S. 72). Die Angaben beziehen sich auf Durchschnittswerte in 16 EU-Staaten.

268 Die Brieflaufzeit ist definiert als die Zeitspanne zwischen der letzten Briefkastenleerung und der Zustellung an den Empfänger. Vgl. Deutsche Post AG (2004).

269 Vgl. mit den Internetauftritten der Dienstleister:
http://www.dpd.net/, http://www.dhl.de/, http://www.gls-germany.de/, http://www.hermes-paketshops.de/ und http://www.ups.de/

270 Vgl. Dodgson et al. (2004, S. 77) mit Bezug auf 13 EU-Staaten.

eignete Transportnetze zu bestimmen.[271] Hier sind primär der Zeitaspekt sowie u.U. auch die Kosten für Sortieranlagen zu beachten und erst nachgelagert (wenn überhaupt) die Transportkosten.

4.1.2 Einflussfaktoren

Für den Transport auf einer (direkten) Verbindung zwischen zwei Knoten des Netzwerkes hat die zurückzulegende Distanz einen direkten Einfluss auf die Transportzeit. Darüber hinaus spielt auch die Art und Qualität der Verkehrsinfrastruktur, wie bspw. des Straßennetzes (z.B. Autobahn vs. Landstraße) und insbesondere der eingesetzten Transportmittel (z.B. LKW vs. Flugzeug), eine große Rolle. Je nachdem, ob eine Verbindung in einem Hub&Spoke-Netzwerk eine Quelle mit einem Hub, einen Hub mit einem anderen Hub oder einen Hub mit einem Ziel verknüpft, sind u.U. unterschiedliche Transportmittel einsetzbar. Beispielsweise könnten auf Verbindungen zwischen Hubs aufgrund des dort größeren Verkehrsvolumens oder einer nur in Hubs zur Verfügung stehenden Schienenanbindung Eisenbahnzüge verwendet werden, während ansonsten auf LKWs zurückzugreifen ist. Die entsprechenden Unterschiede können wir – wie wir es schon bei der Berücksichtigung von Kosten im Kapitel 3 gemacht haben – durch geeignete Skalierungsfaktoren α abbilden.[272] Im Folgenden gehen wir – wenn die Transportzeit als nicht von der Transportmenge abhängig betrachtet wird (vgl. Abschnitt 4.1.5) – davon aus, dass die „normale" Transportzeit für eine (direkte) Verbindung (i, j) zwischen zwei Knoten t_{ij} beträgt. Kommen nicht die „normalen" Transportmittel bzw. die „normale" Verkehrsinfrastruktur zum Einsatz, was wir bei Hub-

271 Einige der dort vorgestellten Modelle sind zwar grundsätzlich auch geeignet, Zeitschranken zu berücksichtigen (vgl. Abschnitt 3.2.1.1 und Fußnote 204), können aber meist nur kleinere Probleminstanzen lösen als solche, die primär am Zeitaspekt ausgerichtet sind.

272 Streng genommen ist dies nicht immer möglich. Es geht nur dann, wenn sich die Transportzeiten jeweils bis auf einen konstanten Faktor in gleicher Weise mit der Distanz ändern. Das muss nicht immer der Fall sein, wird hier aber der einfacheren Darstellung wegen angenommen. Prinzipiell lässt sich allerdings eine allgemeinere Abhängigkeit durch verbindungsspezifische Skalierungsfaktoren durchaus in die im Folgenden dargestellten Modelle integrieren.
Ferner ist es, wie in den in Abschnitt 3.1.3 beschriebenen transportkostenfokussierten Modellen, möglich, Skalierungsfaktoren für Quelle-Hub-Verbindungen (α_1) und Hub-Ziel-Verbindungen (α_2) einzusetzen, um auch hier entsprechende Unterschiede zu berücksichtigen, was sich ebenfalls bei den meisten in diesem Kapitel dargestellten Modellen und Verfahren einbeziehen lässt. Aus Gründen der Übersichtlichkeit verzichten wir allerdings auf eine diesbezüglich explizite Beschreibung.

Hub-Verbindungen (k, m) unterstellen, so berechnet sich die dortige Transportzeit als $\alpha \cdot t_{km}$. Für die Transportzeiten t_{ij} ist im Folgenden die Gültigkeit der Dreiecksungleichung unterstellt; der Skalierungsfaktor wird aus dem Intervall $0 \leq \alpha \leq 1$ gewählt.

Neben der *Transportzeit i.e.S.* für ein Quelle-Ziel-Paar (i, j), welche ausschließlich die für den eigentlichen Transport auf den einzelnen Teilabschnitten (Verbindungen) notwendige Zeit einbezieht, sind auch Wartezeiten von Interesse. Diese entstehen, wenn sich der Ab- bzw. Weitertransport eines Transportgutes nicht nahtlos an die Bereitstellung im Quellknoten bzw. die Ankunft in Zwischenstationen anschließt. Die *Transportzeit i.w.S.* setzt sich zusammen aus der Transportzeit i.e.S. und den Wartezeiten.

4.1.3 Taktung

Unterschiedliche Transporttaktungen sind denkbar. Zunächst ist zu unterscheiden, ob ein Transport *ereignisinduziert* ist oder eine zeitplangesteuerte *Taktung* vorliegt.

Im ereignisinduzierten Fall löst das Eintreten eines Ereignisses direkt einen Transport beziehungsweise die baldmöglichste Durchführung desselben aus. Ein solches Ereignis ist bspw. dadurch charakterisiert, dass in einem Knoten genügend Transportgüter für den ein Fahrzeug vollständig auslastenden Transport entlang einer gemeinsamen Verbindung zur Verfügung stehen oder dass ein Transportgut bereits länger als eine vorgegebene Zeitschranke auf den Weitertransport wartet. Will man lange Verzögerungen nach dem auslösenden Ereignis vermeiden bzw. garantieren, dass beim Eintritt eines Ereignisses immer direkt ein Transport möglich ist, so ist eine große Anzahl an Reservefahrzeugen vorzuhalten. Diese lässt sich nur zum Teil durch entsprechende Kosten verursachende Leerfahrten vermeiden. Zudem ist ein solches System schwer steuerbar. Insgesamt eignet es sich kaum für Anwendungsfälle mit kurzen Laufzeiten für alle Transportgüter. Ist hingegen eine vergleichsweise lange Zeitspanne zwischen auslösendem Ereignis und der Durchführung des dazugehörigen Transportes erlaubt, so sinkt zwar die Anzahl der benötigten Transportmittel und Leerfahrten, aber es sind dafür mehr Kapazitäten für die Zwischenlagerung erforderlich. Bei derartigen Anwendungsfällen spielen Zeitgesichtspunkte kaum eine Rolle, wodurch transportkostenfokussierte Modelle – wie die in Kapitel 3 thematisierten – besser zur Entscheidungsunterstützung geeignet sind.

Bei der *zeitplangesteuerten Taktung* ist für jede Verbindung fest vorzugeben, wann einzelne Transporte durchzuführen sind. Analog zur Losgrößenplanung bezeichnen wir das Zeitintervall zwischen zwei Abfahrtszeitpunkten einer Verbindung als *Zyklusdauer*.[273] Ändert sich diese (innerhalb des betrachteten Planungszeitraumes) für eine einzelne Verbindung nicht (wird also bspw. täglich um 8 Uhr ein Transport gestartet), so sprechen wir – wiederum in Analogie zur Losgrößenplanung[274] – von einer *stationären* und andernfalls von einer *instationären Taktung*. Stationäre Taktungen lassen sich leichter steuern, sind aber bei stark schwankenden Transportbedarfen nur bedingt geeignet. Kann man die sich ändernden (dynamischen) Transportbedarfe hinreichend gut und frühzeitig prognostizieren, so macht eine instationäre Taktung mehr Sinn, da sich hierdurch eine höhere Auslastung erreichen lässt und Verspätungen in geringerem Maße auftreten.

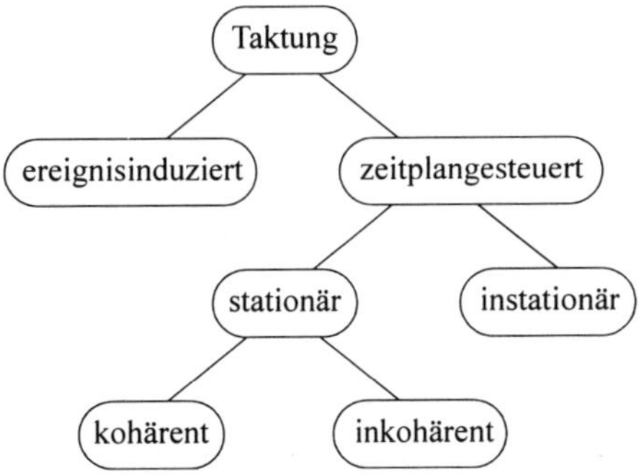

Abb. 4.1: Arten der Taktung

Generell ist man bei der zeitplangesteuerten Taktung im Gegensatz zur ereignisinduzierten auf gute Prognosen der Transportbedarfe angewiesen, will man auf vorzuhaltende Reservekapazitäten verzichten bzw. Verspätungen vermeiden. Dieses Problem lässt sich abmildern, indem man im gleichen Netzwerk Transportgüter mit unterschiedlicher Laufzeit (also bspw. Economy- und Express-Briefe) befördert.[275] Reicht die Kapazität eines Transportmittels nicht aus, so bleiben – ohne dass sich hierdurch Verzögerungen für zeitkritische Transportgüter ergeben – nicht zeitkritische Transportgüter zunächst liegen und werden dem nächsten Transportmittel zugeordnet, das die gleiche Verbindung bedient.

Eine stationäre Taktung ist *kohärent*, wenn alle Verbindungen die gleiche Zyklusdauer haben, ansonsten *inkohärent*.[276] Zur besseren Auslastung der eingesetzten

273 Vgl. zum Begriff der Zyklusdauer in der Losgrößenplanung Domschke et al. (1997, S. 75).

274 Vgl. Domschke et al. (1997, S. 75).

275 Vgl. O'Kelly (1998a, S. 176) bezüglich Transportgütern mit unterschiedlicher Priorität.

276 Bei einer kohärenten Taktung hängen die einzelnen Verbindungen also über eine gemeinsame Frequenz zusammen.

Transportmittel bietet sich eine inkohärente Taktung an. Entsprechend dem Transportbedarf lässt sich die Zyklusdauer so wählen, dass jede Fahrt mit (fast) vollständiger Auslastung der Transportmittelkapazität erfolgt. Nachteilig ist, dass man in Zwischenstationen des Netzwerkes für ein einzelnes Transportgut Ankunfts- und Abfahrtszeitpunkte nur bedingt aufeinander abstimmen kann. Dadurch entstehen Wartezeiten und Kosten verursachende Lagerkapazitäten sind vorzuhalten.

Beispielhaft sei ein Netzwerk gegeben, in dem auf der Verbindung (i,k) die Zyklusdauer halb so lange ist wie die auf der Verbindung (k,m). Selbst wenn man die Ankunftszeitpunkte der Verbindung (i,k) und die Abfahrtszeitpunkte der Verbindung (k,m) bestmöglich abstimmt, muss die Hälfte der von i über k nach m zu transportierenden Güter für die Zeitspanne einer Zyklusdauer der Verbindung (i,k) in k warten. Unter der Zielsetzung, die maximale Transportzeit i.w.S. über die Transportgüter aller Quelle-Ziel-Paare zu minimieren bzw. der Vorgabe einer oberen Schranke für dieselbe, ergibt sich eine gleichwertige Lösung, wenn die Zyklusdauer der Verbindung (i,k) verdoppelt wird. Die zum Abfahrtszeitpunkt der Verbindung (i,k) vorzuhaltende Transportkapazität kann so durch Verdopplung der Transportmittelanzahl bzw. den Einsatz von Fahrzeugen mit höherer Kapazität kompensiert werden, wodurch sich u.U. durch die Bündelung von Transportgütern zu gemeinsamen Transporten auch Kostenvorteile erzielen lassen. Die beschriebene Modifikation ist allerdings nur dann anwendbar, wenn man die längere Zyklusdauer als ganzzahliges Vielfaches der kürzeren darstellen kann. Ist dies nicht der Fall, so ergibt sich gegebenenfalls durch die Erhöhung der Zyklusdauer auch eine schlechte Kapazitätsauslastung, weil auf der Verbindung mit der vorher kürzeren Zyklusdauer nicht mehr nur vollständig beladene Transportmittel zum Einsatz kommen.

Kohärente (stationäre) Taktungen haben den Nachteil, dass die Sortieranlagen in den Zwischenstationen ungleichmäßig ausgelastet sind. Innerhalb eines relativ engen Zeitfensters treffen alle von Quellknoten bzw. anderen Hubs kommenden Transportgüter ein, sind vollständig zu sortieren und ihrer Zielrichtung entsprechend auf Transportmittel zu verladen. Dieser Nachteil lässt sich zum Teil dadurch umgehen, dass die gleichen Sortierkapazitäten für das Umladen von Quelle-Hub-Verbindungen auf Hub-Hub-Verbindungen sowie von Hub-Hub-Verbindungen auf Hub-Ziel-Verbindungen genutzt werden. So handhabt dies bspw. die Deutsche Post AG in ihrem Briefzentrenmodell.[277] Sendungen mit niedrigerer Priorität (z.B. Infopost) lassen sich ferner in (bezüglich des primären Einsatzzweckes) auslastungsfreien Phasen bearbeiten.[278]

4.1.4 Zeitplanung bei kohärenter stationärer Taktung

Im Folgenden betrachten wir zunächst, wie sich unter bestimmten Prämissen für ein Transportnetzwerk mit Mitteln der Netzplantechnik frühest- und spätestmögliche Abfahrtszeiten so bestimmen lassen, dass die späteste Ankunftszeit (über alle Transportgüter) möglichst gering gehalten wird. Dafür konstruieren wir als Netzplan[279] ein entsprechendes Vorgangspfeilnetz und orientieren uns bei der Zeitplanung an der Critical Path Method (**CPM**)[280]. Kara und Tansel (2001) stellen ähnliche Überlegungen an. Ihr Optimierungsmodell liefert für jede Verbindung allerdings nur eine feste Abfahrtszeit. Die Prämissen sind:

- Alle Transportgüter stehen zu einem fest vorgegebenen Zeitpunkt zur Verfügung; für die Quelle i sei rt_i bezüglich des Startereignisses der Zeitraum, welcher benötigt wird, um alle aus dem Knoten i kommenden Transportgüter für den Abtransport bereitzustellen. (Ready Time)[281]
- Fahrzeugauslastungen werden nicht berücksichtigt.[282]
- Jeder Knoten i ist genau einem Hub a(i) zugeordnet. (Single Allocation)
- Das Umladen nimmt keine Zeit in Anspruch.[283]
- Für jedes Quelle-Ziel-Paar sind Güter zu transportieren. (Full-Cross-Traffic Assumption)

Die Transporte für die einzelnen Verbindungen lassen sich entsprechend CPM als Vorgänge interpretieren, welche wir als Pfeile im Netzplan darstellen. Jedem Kno-

---

277 Vgl. Tumm und Fischer (1994, S. 138). Man beachte, dass die Deutsche Post AG die Bezeichnung Briefzentrum statt Hub verwendet. Ein Briefzentrum tritt in zwei Rollen auf: zum einen als Empfänger von Briefen aus Quellknoten (Postämter) und zum anderen als Empfänger von Briefen aus anderen Briefzentren.

278 Vgl. Tumm und Fischer (1994, S. 141 f.).

279 Ein Netzplan ist ein gerichteter Graph, der die für die Zeitplanung eines Projektes relevanten Ereignisse und Vorgänge sowie Reihenfolgebeziehungen zwischen diesen darstellt. Vgl. Domschke und Drexl (2005, S. 97). Dabei ist nach Normblatt DIN 69900 ein „Vorgang (..) ein zeitforderndes Geschehen mit definiertem Anfang und Ende [und] [e]in Ereignis (..) ein Zeitpunkt, der das Eintreten eines bestimmten Projektzustandes markiert" (Domschke und Drexl (2005, S. 96)).

280 Bei CPM werden Ereignisse durch Knoten und Vorgänge durch Pfeile repräsentiert. Über die Pfeile sind zugleich die Reihenfolgebeziehungen abzubilden. Vgl. Neumann und Morlock (2002, S. 230 ff.) sowie Domschke und Drexl (2005, 109 ff.).

281 Vgl. Kara und Tansel (2001, S. 1410).

282 Aus Gründen einer einfacheren Darstellbarkeit gehen wir o.B.d.A. vereinfachend davon aus, dass für jede Verbindung genau ein Transportmittel eingesetzt wird.

ten i des Transportnetzwerkes kann man in seinen Eigenschaften als Quelle und Ziel von Transporten zwei Ereignisse zuordnen, die wir im Netzplan als unterschiedliche Knoten i^q und i^z darstellen. Das Ereignis i^q tritt ein, wenn alle von i abzutransportierenden Güter bereitgestellt sind. Gegenüber dem als Knoten q repräsentierten Startereignis ist das Ereignis i^q aufgrund des durch den Pfeil (q, i^q) im Netzplan repräsentierten Bereitsstellungsvorgangs verzögert.

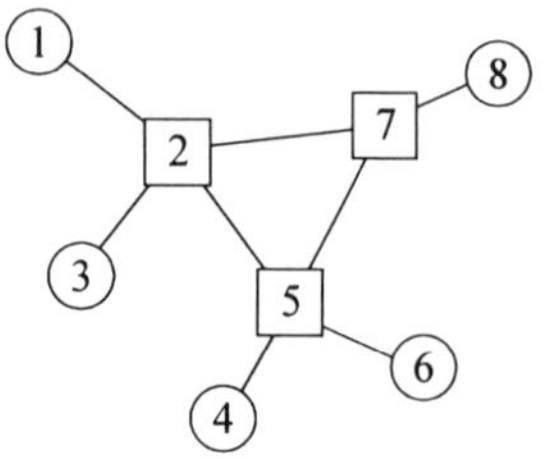

Abb. 4.2: Hub&Spoke-Netzwerk

Da alle aus dem Knoten i stammenden Güter gemeinsam zum Hub a(i) zu transportieren sind, lässt sich der Vorgang „Transport von Knoten i zum Hub a(i)", im Netzplan dargestellt als Pfeil $(i^q, a(i)^{h1})$, erst starten, wenn das Ereignis i^q eingetreten ist. Dementsprechend hat ein Pfeil, welcher für diesen Vorgang steht, den Knoten i^q als Anfangsknoten. Zu jedem Hub k gehören zwei weitere Ereignisse k^{h1} und k^{h2}. Das erste tritt ein, wenn alle Transportgüter, die von Hub k zugeordneten Knoten i kommen, im Hub k eingetroffen sind und damit für den Weitertransport bereitstehen. Dementsprechend haben die Pfeile (i^q, k^{h1}) den Ereignisknoten k^{h1} als Endknoten. Das Ereignis k^{h2} tritt ein, sobald alle durch Pfeile (m^{h1}, k^{h2}) repräsentierten Transporte von Hubs m nach k abgeschlossen sind. Folgerichtig hat ein Pfeil (m^{h1}, k^{h2}) das Ereignis m^{h1} als Anfangsknoten und k^{h2} als Endknoten. Der letzte Abschnitt eines Transportes mit dem Ziel i erfolgt über die Verbindung $(a(i), i)$. Erst nachdem solche Transporte abgeschlossen sind, kann das Ereignis i^z („alle für i bestimmten Güter sind eingetroffen") eintreten. Daher verbindet ein Pfeil $(a(i)^{h2}, i^z)$ die Ereignisse $a(i)^{h2}$ und i^z. Wir verwenden von i^z zum Ereignis z („alle Transportgüter haben ihr Ziel erreicht") führende Pfeile (Vorgänge) (i^z, z), welche verhindern, dass das Ereignis z zu früh eintritt.

Für die einzelnen Vorgänge fallen Bearbeitungszeiten an. Bei den Bereitstellungsvorgängen (q, i^q) betragen diese rt_i und bei den Transportvorgängen $(i^q, a(i)^{h1})$,

283 Zeiten für Umladevorgänge lassen sich allerdings leicht durch eine entsprechende Transportdaueranpassung bei den in umladende Knoten hineinführenden Verbindungen einbeziehen.

(k^{h1}, m^{h2}) bzw. $(a(j)^{h2}, j^{z})$ ergeben sie sich aus $t_{ia(i)}$, $\alpha \cdot t_{km}$ bzw. $t_{a(j)j}$. Die Vorgänge (i^{z}, z) haben eine Bearbeitungszeit von 0.

Abbildung 4.2 zeigt ein Hub&Spoke-Netzwerk mit acht Knoten, von denen drei Hubs sind. Der dazugehörige Netzplan ist in Abbildung 4.3 dargestellt.

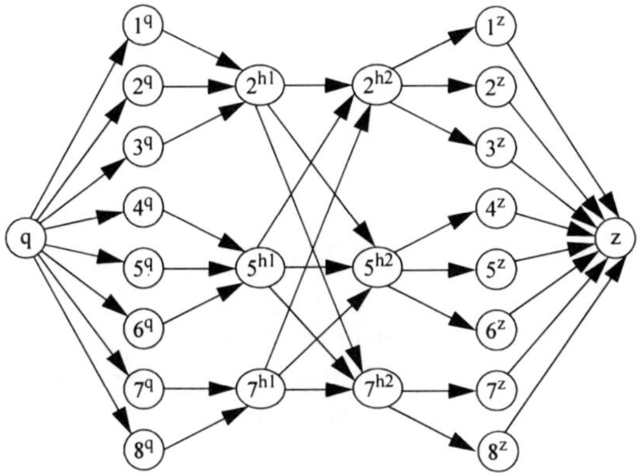

Abb. 4.3: CPM-Netzplan

Für die einzelnen Vorgänge können wir durch die Anwendung der folgenden Formeln in der angegebenen Reihenfolge früheste Anfangszeiten (**FAZ**) berechnen:[284]

$$FAZ_{(q, i^q)} = 0 \qquad \text{für alle } i$$

$$FAZ_{(i^q, a(i)^{h1})} = FAZ_{(q, i^q)} + rt_i \qquad \text{für alle } i$$

$$FAZ_{(k^{h1}, m^{h2})} = \max_{i \text{ mit } a(i) = k} \{FAZ_{(i^q, k^{h1})} + t_{ik}\} \qquad \text{für alle } k \text{ und } m$$

$$FAZ_{(a(j)^{h2}, j^z)} = \max_{m} \{FAZ_{(m^{h1}, a(j)^{h2})} + \alpha \cdot t_{ma(j)}\} \qquad \text{für alle } j$$

$$FAZ_{(j^z, z)} = FAZ_{(a(j)^{h2}, j^z)} + t_{a(j)j} \qquad \text{für alle } j$$

Da die Vorgänge (j^{z}, z) eine Bearbeitungszeit von 0 haben, sind alle Vorgänge zum Zeitpunkt $\max_j\{FAZ_{(j^z, z)}\}$ abgeschlossen. Es ist nicht notwendig, alle Vorgänge zum entsprechenden frühesten Anfangszeitpunkt zu starten, um eine frühestmögliche Beendigung „des Projektes" zu erreichen. Es lassen sich folgendermaßen spätestmögliche Anfangszeitpunkte (**SAZ**) angeben:

$$SAZ_{(j^z, z)} = \max_{j'}\{FAZ_{(j'^z, z)}\} \qquad \text{für alle } j$$

284 Wir gehen o.B.d.A. davon aus, dass zum Zeitpunkt 0 begonnen wird.

$$SAZ_{(a(j)^{h2}, j^z)} = SAZ_{(j^z, z)} - t_{a(j)j} \qquad \text{für alle j}$$

$$SAZ_{(k^{h1}, m^{h2})} = \min_{j \text{ mit } a(j) = m} \{SAZ_{(m^{h2}, j^z)}\} - \alpha \cdot t_{km} \qquad \text{für alle k und m}$$

$$SAZ_{(i^q, a(i)^{h1})} = \min_{m} \{SAZ_{(a(i)^{h1}, m^{h2})}\} - t_{ia(i)} \qquad \text{für alle i}$$

$$SAZ_{(q, i^q)} = SAZ_{(i^q, a(i)^{h1})} - rt_i \qquad \text{für alle i}$$

Mit Hilfe der spätesten und frühesten Anfangszeiten lassen sich *Pufferzeiten* für die einzelnen Vorgänge berechnen. Die *gesamte Pufferzeit* gibt an, um welche Zeitspanne ein Vorgang verschoben werden darf, ohne das Projektende zu verzögern. Sie berechnet sich aus der Differenz der spätesten und der frühesten Anfangszeit. Zu weiteren Pufferzeiten vgl. Domschke und Drexl (2005, S. 113) sowie Neumann und Morlock (2002, S. 236 f.).

Es gibt (mindestens) einen *kritischen Weg* vom Ereignis q zum Ereignis z. Charakteristisch für diesen ist, dass die Verzögerung eines Vorganges auf einem solchen Weg unmittelbar zu einer Verzögerung des Beginns von Ereignis z führt. Dementsprechend sind auf einem kritischen Weg aufeinander folgende Transporte nahtlos aneinander auszuführen, wenn die Vorgänge jeweils so zu terminieren sind, dass das Ereignis z frühestmöglich eintritt, also die Ankunft des letzten Transportgutes in seinem Zielknoten so früh wie möglich erfolgt. Wartezeiten im Quellknoten i oder in einem Hub k oder m auf dem Weg nach j sind nicht erlaubt, wenn der Weg $q - i^q - k^{h1} - m^{h2} - j^z - z$ im Netzplan ein kritischer ist. Daraus folgt, dass wir, wenn bei gegebener Anzahl an Hubs p ein Hub&Spoke-Netzwerk mit minimaler spätester Ankunftszeit zu erstellen ist, auch ein anderes dazu äquivalentes Optimierungsziel wählen können. Dieses ist die Minimierung der über alle Quelle-Ziel-Paare (i, j) maximalen Summe aus der Bereitstellungszeit rt_i und der Transportzeit i.e.S. $t_{ia(i)} + \alpha \cdot t_{a(i)a(j)} + t_{a(j)j}$. Falls wir die Bereitstellungszeit als Teil der Transportzeit von der Quelle zu dem ihr zugeordneten Hub interpretieren – die modifizierte Zeit berechnet sich als $t'_{ia(i)} = rt_i + t_{ia(i)}$ –, genügt auch eine Minimierung der maximalen Transportzeit i.e.S. Damit sind die Lösungsansätze für das Problem [SA, p | | TT | | MMT] auf das vorliegende Problem [SA, p | | TT-ST | | MMT] anwendbar.[285] Bei zusätzlich vorgegebener Hubzuordnung über eine entsprechende Partition der Knoten – bspw. aufgrund einer Einteilung in Postleitzah-

285 Vgl. Abschnitt 4.2.1.1.

lengebiete – eignen sich Verfahren für das Problem [SA-C | | TT | | MMT].[286] Ist das Optimierungsziel die Minimierung der Fixkosten für die Einrichtung von Hubs und ist eine Obergrenze für die Transportzeit i.w.S. zu berücksichtigen, so lassen sich auch die unter Abschnitt 4.2.1.2 beschriebenen Modelle für das Problem [SA | FC | TT | TL | MC] einsetzen, um eine optimale Lösung zu bestimmen.

Eine andere Situation ergibt sich, wenn nicht für jedes Quelle-Ziel-Paar (i,j) etwas zu transportieren ist (keine Full-Cross-Traffic Assumption). Dann ist es bspw. nicht zwingend erforderlich, dass ein Vorgang (i^q, k^{h1}) abgeschlossen ist, bevor der Vorgang (k^{h1}, m^{h2}) beginnt, da der Transport von i nach k nicht notwendigerweise Güter enthält, welche anschließend weiter nach m befördert werden müssen. Damit erhalten wir durch die Auswertung des Netzplanes wie oben dargestellt nur eine obere Schranke für die Ankunft des letzten Transportgutes in seinem Zielort. Eine andere Situation stellt sich dar, falls (bspw. aufgrund technischer Vorgaben von Sortieranlagen oder aus organisatorischen Gründen) alle von einem Knoten ausgehenden Transporte erst dann starten dürfen, wenn sämtliche zu diesem führenden Transporte des vorangehenden Transportabschnittes[287] eingetroffen sind, und auf jeder Hub-Hub-Verbindung etwas zu transportieren ist. Dann liefert die Auswertung des Netzplans die maximale Transportzeit i.w.S., welche mit der maximalen Transportzeit i.e.S. (über alle Quelle-Ziel-Paare) identisch ist.

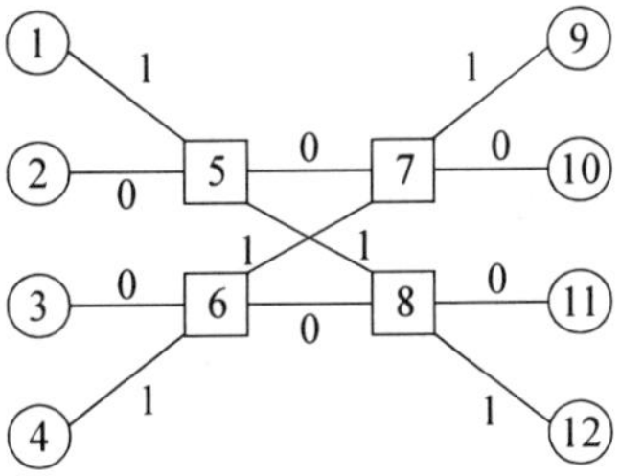

Abb. 4.4: Hub&Spoke-Netzwerk

Ohne die Full-Cross-Traffic Assumption ist die maximale Transportzeit i.e.S. selbst dann nicht identisch mit der maximalen Transportzeit i.w.S., wenn für jedes einzelne Quelle-Ziel-Paar eine beliebige Startzeit gewählt werden darf und sich die Transportzeit i.w.S. aus der Differenz der Ankunftszeit im Zielknoten und dieser Startzeit berechnet. Abbildung 4.4 enthält ein Beispiel, an dem wir dies zeigen. Die Kantenbewertungen geben die Transportzeiten der Verbindungen wieder. Nur zwischen den Quelle-Ziel-Paaren $(1,10)$, $(2,9)$, $(2,11)$, $(3,10)$, $(3,12)$ und

286 Vgl. Abschnitt 4.2.2. Dort werden allgemeinere Problemstellungen betrachtet. Die dort beschriebene Vorgehensweise ist aber sehr leicht auf den hier vorliegenden Fall übertragbar.

287 Zu unterscheiden sind die Abschnitte Quelle-Hub-, Hub-Hub- und Hub-Ziel-Transport.

(4, 11) ist etwas zu transportieren. Die Transportzeit i.e.S. beträgt für diese jeweils 1, so dass wir eine maximale Transportzeit i.e.S. von 1 haben. Damit dies auch für die Transportzeit i.w.S. gelten kann, darf es für keinen Transport zwischendurch zu einer Verspätung kommen.

Der Transport auf der Verbindung (6, 7) starte zum Zeitpunkt x. Dann lassen sich auch solche Transportzeiten für andere Verbindungen angeben, die nötig sind, um für kein Quelle-Ziel-Paar eine Wartezeit entstehen zu lassen. Tabelle 4.1 zeigt, wie wir die Abfahrtszeiten für die einzelnen Verbindungen ableiten können. Die erste Spalte (**Verb.**) gibt jeweils an, auf welche Verbindung sich die Zeile bezieht, und die zweite (**Zeit**), welche Abfahrtszeit für sie vorzusehen ist. In der ersten Zeile sind dies die Verbindung (6, 7) und der Zeitpunkt x. Für die folgenden Zeilen gilt, dass sich aus der Startzeit für die Verbindung in der vorhergehenden Zeile und dem in der dritten Spalte spezifizierten Quelle-Ziel-Paar (**Q-Z-P**) unmittelbar die in der zweiten Spalte angeführte Startzeit ergibt.

Verb.	Zeit	Q-Z-P
(6, 7)	x	
(7, 10)	x + 1	(3, 10)
(5, 7)	x + 1	(1, 10)
(2, 5)	x + 1	(2, 9)
(5, 8)	x + 1	(2, 11)
(8, 11)	x + 1	(2, 11)
(6, 8)	x + 1	(4, 11)
(3, 6)	x + 1	(3, 12)
(6, 7)	x + 1	(3, 10)

Tabelle 4.1: Bestimmung der Abfahrtszeiten

Unsere Ableitung zeigt, dass der Transport auf der Verbindung (6, 7) zu zwei unterschiedlichen Zeiten starten müsste. Da dies nicht möglich ist, lässt sich für diese Verbindung keine Startzeit angeben, ohne für ein Quelle-Ziel-Paar eine Verzögerung zu bewirken. Somit kann die maximale Transportzeit i.e.S. nicht mit der maximalen Transportzeit i.w.S. übereinstimmen.

Im Multiple Allocation - Fall lässt sich, sogar wenn die Full-Cross-Traffic Assumption gilt, leicht eine Situation konstruieren, bei welcher die maximale Transportzeit i.e.S. selbst bei beliebiger Wahl der Startzeiten nicht mit der maximalen Transportzeit i.w.S. übereinstimmt. Analog zum Single Allocation - Fall ohne die Eigenschaft der Full-Cross-Traffic Assumption gibt es u.U. Routen mit einer maximalen Transportzeit i.e.S., bei denen es in Hubs zu Wartezeiten kommt, weil ein anderes Quelle-Ziel-Paar ebenfalls auf einer Verbindung dieser Route zu transportieren ist. Ein entsprechendes Beispiel ergibt sich unmittelbar aus dem in Abbildung 4.4 dargestellten Beispiel. Für dort nicht berücksichtigte Quelle-Ziel-Paare (i, j) gehen wir davon aus, dass der Transport über i – a(j) – j erfolgt, wobei a(j) der Hub ist, dem der Knoten j im Single Allocation - Beispiel zugeordnet ist. Für nicht eingezeichnete Kanten unterstellen wir dabei eine Transportzeit von 0.

Die maximalen Transportzeiten i.e.S. und i.w.S. stimmen aber trivialerweise überein, wenn nur beim Hauptlauf – also auf Hub-Hub-Verbindungen – ein (gemeinsamer) Abfahrtstermin gewählt werden muss und auf anderen Verbindungen auch mehrere Fahrzeuge zu unterschiedlichen Zeiten einsetzbar sind. Eine solche Situation ergibt sich bspw., wenn auf Hub-Hub-Verbindungen ein anderer Transportmitteltyp eingesetzt wird als auf den anderen Verbindungstypen, bei denen die Kapazitäten der Fahrzeuge so gering sind, dass ohnehin auf mehrere Transportmittel zurückzugreifen ist. In derartigen Fällen lassen sich je nach Optimierungsziel die in Abschnitt 4.3 beschriebenen Modelle zur Lösung der Probleme [MA, p | | TT | | MMC] bzw. [MA | FC | TT | TL | MC] einsetzen, um Netzwerke mit minimaler maximaler Transportzeit i.w.S. bzw. solche mit minimalen Kosten unter Einhaltung einer vorgegebenen maximalen Transportzeit i.w.S. für die Quelle-Ziel-Paare zu bestimmen.

4.1.5 Zeitplanung bei inkohärenter stationärer Taktung

Wir betrachten ein Transportnetz mit inkohärenter stationärer Taktung und gehen von den folgenden Prämissen aus:

- Es stehen bezüglich der Kapazität und Geschwindigkeit ausschließlich identische Transportmittel zur Verfügung.
- Jeder Transport auf einer Verbindung muss das eingesetzte Fahrzeug vollständig auslasten.
- Für jedes Quelle-Ziel-Paar (i, j) trifft ein kontinuierlicher Strom von w_{ij} Einheiten pro Periode an zu transportierenden Gütern ein.
- Die Ankunfts- und Abfahrtszeiten in Hubs sind nicht aufeinander abgestimmt.
- Es sind Transportgüter mit unterschiedlicher Priorität zu transportieren.[288] Nur für Transportgüter mit hoher Priorität spielt die Transportzeit i.w.S. eine Rolle. Es wird davon ausgegangen, dass der Anteil der Transportgüter mit hoher Priorität so gering ist, dass diese auf jedem Transportabschnitt stets mit dem nächsten (geeigneten) Transportmittel weitertransportiert werden können. Für diese fällt damit die maximale Wartezeit in einem Knoten keinesfalls höher als die Zyklusdauer der Verbindung des nächsten Transportabschnittes aus.
- Jeder Knoten i ist genau einem Hub a(i) zugeordnet. (Single Allocation)
- Das Umladen nimmt keine Zeit in Anspruch.[289]

---

288 Vgl. S. 149.

289 Vgl. Fußnote 283.

- Für jedes Quelle-Ziel-Paar sind Güter zu transportieren. (Full-Cross-Traffic Assumption)

Für eine Verbindung (i, j) beträgt die Zyklusdauer $\tau_{ij}(M_{ij}) = cap/M_{ij}$, wobei M_{ij} das (durchschnittliche) Volumen pro Periode der auf der Verbindung (i, j) zu transportierenden Güter ist. M_{ij} lässt sich anhand der $w_{i'j'}$ von Quelle-Ziel-Paaren (i', j'), die auf ihren Routen die Verbindung (i, j) passieren, unmittelbar berechnen.

Betrachten wir die mengenabhängigen Wartezeiten $\tau_{ij}(M_{ij})$ als Teil einer mengenabhängigen Transportzeit auf den Verbindungen (i, j), so entspricht die maximale Transportzeit i.e.S. für dieses Problem der maximalen Transportzeit i.w.S. für das zugrunde liegende Problem. Für die mengenabhängige Transportzeit auf einer Verbindung (i, j) (beliebigen Typs) gilt: $\hat{t}_{ij}(M_{ij}) = t_{ij} + \tau_{ij}(M_{ij})$.

Ist ein Transportnetzwerk mit minimalen Kosten (variablen Transportkosten und Einrichtungskosten für Hubs) oder kleinstmöglicher Anzahl an Hubs bei gegebener maximaler Transportzeit i.w.S. gesucht, so lassen sich unter Verwendung der mengenabhängigen Transportzeiten $\hat{t}_{ij}$ die in Abschnitt 4.2.3.2 beschriebenen Vorgehensweisen für das Problem [SA | FC | VC, TT-VD | TL | MC] bzw. [SA | FC | TT-VD | TL | MC] einsetzen, um eine optimale Lösung zu bestimmen. Beim Ziel der Minimierung der maximalen Transportzeiten i.w.S. liefert Abschnitt 4.2.3.1 Hinweise auf mögliche Lösungsmöglichkeiten.

Eine ähnliche Betrachtungsweise ergibt sich bei einer ereignisinduzierten Taktung, wenn man davon ausgeht, dass ein Transport ausgelöst wird, sobald genügend Transportgüter vorhanden sind, um die Kapazität eines Transportmittels vollständig auszuschöpfen.[290] Hier lässt sich allerdings nicht genau vorhersagen, wie viel Zeit zwischen zwei aufeinander folgenden Fahrten auf der gleichen Verbindung vergeht. Insofern ist es schwierig, eine maximale Transportzeit i.w.S. zu garantieren. (Weniger interessante) Probleme mit einer zu minimierenden bzw. vorgegebenen maximalen erwarteten Transportzeit i.w.S. lassen sich ebenfalls mittels der in den Abschnitten 4.2.3.1 und 4.2.3.2 skizzierten bzw. beschriebenen Vorgehensweisen lösen.

290 Vgl. Wagner (2004c).

4.2 Single Allocation - Probleme

4.2.1 Mengenunabhängige Zeitfunktion

4.2.1.1 Minimierung der maximalen Transportzeit

In der Literatur findet man neben einer älteren, eher konzeptionellen Arbeit von Campbell (1994b) zwei neuere Modellierungsvorschläge von Kara und Tansel (2000) sowie Ernst et al. (2002) für das Problem [SA, p | | TT | | MMT], welches in der Literatur hauptsächlich als Single Allocation p-Hub Center Problem bezeichnet wird. Kara und Tansel (2001) beschäftigen sich mit einer vermeintlich anderen und realitätsnäheren Zielsetzung. Die dort hauptsächlich diskutierte Center-Variante des Latest Arrival Hub Location Problems [SA, p | | TT-ST | | MMT] ist aber identisch mit dem „normalen" Problem [SA, p | | TT | | MMT].[291] Da sich mit dem in Kara und Tansel (2001) vorgeschlagenen Modell Instanzen des Problems schneller lösen lassen, betrachten wir hier dieses und verzichten auf eine Darstellung des Modells von Kara und Tansel (2000). Anzumerken ist jedoch, dass sich das nicht betrachtete Modell nach geringfügigen Modifikationen im Gegensatz zu den beiden hier angeführten auch dann eignet, wenn die Full-Cross-Traffic Assumption nicht gegeben ist.

Modell von Kara und Tansel (2001)

Neben binären Zuordnungsvariablen A_{ik}, die wir bereits im letzten Kapitel zur Modellierung von transportkostenfokussierten Single Allocation - Problemen eingesetzt haben, benötigen wir zusätzlich nichtnegative kontinuierliche Entscheidungsvariablen DT_k^1, DT_m^2, R_m und T^{max}. Die Variable DT_k^1 ist nach unten nur durch die Zeit beschränkt, welche ein Transport von einem dem Hub k zugeordneten Knoten i benötigt, um über die Quelle-Hub-Verbindung von i nach k zu gelangen. Es gilt also

$$DT_k^1 \geq \max_i \{t_{ik} \cdot A_{ik}\}. \tag{4.1}$$

Entsprechend kann DT_m^2 die Zeit nicht unterschreiten, welche notwendig ist, um von einem beliebigen Knoten zum Hub m zu kommen, wobei ein anderer Hub als Zwischenstation erlaubt ist. Unter Verwendung von DT_k^1 lässt sich die Beschränkung von DT_m^2 folgendermaßen ausdrücken:

---

291 Vgl. Wagner (2004d).

$$DT^2_m \geq \max_k \{DT^1_k + \alpha \cdot t_{km} \cdot A_{kk}\} \tag{4.2}$$

Die rechte Seite entspricht $\max_{i,k}\{(t_{ik} + \alpha \cdot t_{km}) \cdot A_{ik}\}$, wenn alle DT^1_k ihre kleinstmöglichen Werte annehmen.

R_m ist mindestens so groß wie die Transportzeit von m nach j für alle dem Hub m zugeordneten Knoten j:

$$R_m \geq \max_j \{t_{mj} \cdot A_{jm}\} \tag{4.3}$$

Die Variable T^{max} wiederum hat als untere Schranke die maximale Transportzeit[292] der Quelle-Ziel-Paare im System. Für sie gilt in Abhängigkeit der Variablen DT^2_m und R_m:

$$T^{max} \geq \max_m \{DT^2_m + R_m\} \tag{4.4}$$

Falls die Werte für alle DT^1_k, DT^2_m und R_m minimal gewählt sind, lässt sich die rechte Seite der Ungleichung folgendermaßen umformen:

$$\max_m \{DT^2_m + R_m\} = \max_{m,j} \{DT^2_m + t_{mj} \cdot A_{jm}\}$$

$$= \max_{k,m,j} \{DT^1_k + \alpha \cdot t_{km} \cdot A_{kk} + t_{mj} \cdot A_{jm}\}$$

$$= \max_{i,k,m,j} \{t_{ik} \cdot A_{ik} + \alpha \cdot t_{km} \cdot A_{kk} + t_{mj} \cdot A_{jm}\}$$

$$=^{293} \max_{i,k,m,j} \{t_{ik} \cdot A_{ik} + \alpha \cdot t_{km} \cdot A_{kk} \cdot A_{mm} + t_{mj} \cdot A_{jm}\}$$

$$= \max_{i,j,k,m \text{ mit } A_{ik} = A_{jm} = 1} \{t_{ik} + \alpha \cdot t_{km} + t_{mj}\}$$

---

292 Hier und auch im Folgenden beziehen wir uns fast ausschließlich auf Transportzeiten i.e.S., weswegen wir für den Rest des Kapitels auch verkürzt „Transportzeit" ohne weiteren Zusatz statt „Transportzeit i.e.S." schreiben.

293 Man beachte, dass für $A_{mm} = 0$ ein m' mit $A_{mm'} = 1$ aufgrund der vorausgesetzten Gültigkeit der Dreiecksungleichung und $\alpha \leq 1$ existiert, so dass

$$\alpha \cdot t_{km} \cdot A_{kk} + t_{mj} \cdot A_{jm} = \alpha \cdot t_{km} \cdot A_{kk} \leq \alpha \cdot t_{km'} \cdot A_{kk} + t_{m'm} \cdot A_{mm'}$$

und aufgrund von $A_{m'm'} = 1$ auch

$$\alpha \cdot t_{km} \cdot A_{kk} + t_{mj} \cdot A_{jm} \leq \alpha \cdot t_{km'} \cdot A_{kk} \cdot A_{m'm'} + t_{m'm} \cdot A_{mm'}$$

gelten. Somit genügt es bei der Berechnung des Maximums, solche Kombinationen aus i, k, m und j zu betrachten, bei denen $A_{mm} = 1$.

Als Optimierungsziel streben wir eine Minimierung von T^{max} an. Damit sind für eine optimale Lösung, bei welcher eine Route i – k – m – j die maximale Transportzeit benötigt, die linken und rechten Seiten der für diese Route relevanten Ungleichungen (4.1) und (4.2) identisch. Dies gilt auch für (4.4), so dass T^{max} genau die maximale Transportzeit als Wert annimmt.

Unter Verwendung der vorgestellten Variablen lässt sich das Modell von Kara und Tansel (2001) nun folgendermaßen beschreiben:

Minimiere T^{max} (4.5)

unter den Nebenbedingungen

$$\sum_k A_{kk} = p \tag{4.6}$$

$$\sum_k A_{ik} = 1 \quad \text{für alle i} \tag{4.7}$$

$$A_{ik} \leq A_{kk} \quad \text{für alle i und k} \tag{4.8}$$

$$A_{ik} \in \{0, 1\} \quad \text{für alle i und k} \tag{4.9}$$

$$t_{ik} \cdot A_{ik} \leq DT_k^1 \quad \text{für alle i und k} \tag{4.10}$$

$$DT_k^1 + \alpha \cdot t_{km} \cdot A_{kk} \leq DT_m^2 \quad \text{für alle k und m} \tag{4.11}$$

$$t_{mj} \cdot A_{jm} \leq R_m \quad \text{für alle j und m} \tag{4.12}$$

$$DT_m^2 + R_m \leq T^{max} \quad \text{für alle m} \tag{4.13}$$

$$DT_k^1, DT_k^2 \geq 0 \quad \text{für alle k} \tag{4.14}$$

$$R_k \geq 0 \quad \text{für alle k} \tag{4.15}$$

Die Zielfunktion sieht die Minimierung der maximalen Transportzeit vor. Die Nebenbedingungen (4.6) - (4.9), welche identisch mit (3.5) - (3.8) sind, sorgen dafür, dass jeder Knoten genau einem Hub zugeordnet wird und genau p Hubs einzurichten sind. Die Ungleichungen (4.10) - (4.15) stellen zusammen mit der Zielfunktion sicher, dass die in (4.1) - (4.4) geforderten Bedingungen erfüllt sind bzw. die Variable T^{max} den ihr zugedachten Wert annimmt.

Die Autoren geben an, dass dieses Modell auch für $\alpha > 1$ anwendbar sei. Dies ist aber nicht der Fall, wie man sich an einem kleinen Beispiel mit drei Knoten verdeutlichen kann: Für die (symmetrischen) Transportzeiten gelte $t_{12} = t_{23} = 1$ und $t_{13} = 2$. In den Knoten 2 und 3 seien Hubs eingerichtet und für α der Wert 100 gewählt. Dann ergibt sich eine maximale Transportzeit von 101 wegen des Transportes von 1 nach 3 (und von 3 nach 1). Aufgrund der Nebenbedingung (4.11) mit $k = 3$ und $m = 1$ erhält die Variable DT_1^2 einen Wert von mindestens $0 + 2 \cdot 100 = 200$, weswegen T^{max} durch die Ungleichungen (4.13) unzulässigerweise nach unten durch den Wert 200 beschränkt ist.

Das Modell lässt sich unmittelbar verbessern, indem man die Nebenbedingungen (4.11) durch die folgenden ersetzt:

$$DT_k^1 + \alpha \cdot t_{km} \leq DT_m^2 \qquad \text{für alle k und m} \qquad (4.16)$$

Die Äquivalenz der beiden Modelle ergibt sich aus dem Satz 4.1 und der Tatsache, dass die Variablen DT_k^1 einen Zielfunktionskoeffizienten von 0 haben.

Satz 4.1: Für jede zulässige (d.h. die Nebenbedingungen (4.6) - (4.9) einhaltende) Belegung der Zuordnungsvariablen A_{ik} und gegebene (nichtnegative) Werte für die Variablen DT_m^2 gilt: Es gibt genau dann eine alle Ungleichungen (4.10) und (4.11) einhaltende Belegung der Variablen DT_k^1 (im Folgenden als $dt_k^{1'}$ bezeichnet), wenn auch eine solche (im Folgenden als $dt_k^{1''}$ bezeichnet) für die Nebenbedingungen (4.10) und (4.16) existiert.

Beweis:

Aus (4.16) folgt unmittelbar (4.11), da $\alpha \cdot t_{km} \cdot A_{kk} \leq \alpha \cdot t_{km}$. Die $dt_k^{1'}$ können dabei genauso wie die $dt_k^{1''}$ gewählt werden.

In der umgekehrten Richtung sind zwei Fälle zu unterscheiden:

1. $A_{kk} = 1$: Hier sind die Ungleichungen (4.11) und (4.16) für alle m identisch. Die Belegung der Variablen DT_k^1 kann unverändert bleiben.
2. $A_{kk} = 0$: Der Wertebereich von DT_k^1 ist nach unten nur durch 0 beschränkt. Deswegen können wir $dt_k^{1''} = 0$ setzen. Aufgrund der Gültigkeit der Dreiecksungleichungen und $\alpha \leq 1$ ergibt sich für alle m unmittelbar die entsprechende Ungleichung (4.16), wobei k' so gewählt ist, dass $A_{kk'} = 1$ gilt:
$$dt_k^{1''} + \alpha \cdot t_{km} \leq t_{kk'} + \alpha \cdot t_{k'm} = t_{kk'} + \alpha \cdot t_{k'm} \cdot A_{k'k'} \leq DT_m^2$$

Somit ist auch die Rückrichtung bewiesen. qed.

Modell von Ernst et al. (2002)

Ein alternativer Ansatz, der eine Symmetrie der Transportzeiten t_{ij} voraussetzt, stammt von Ernst et al. (2002).[294] Dieser verwendet ebenfalls Variablen R_k, für die aufgrund der Symmetrie zusätzlich $R_k \geq \max_i \{t_{ik} \cdot A_{ik}\}$ gilt.

Die Variable T^{max} hat als untere Schranke erneut die maximale Transportzeit der Quelle-Ziel-Paare im System:[295]

$$T^{max} \geq \max_{k,m} \{R_k + R_m + \alpha \cdot t_{km}\} \tag{4.17}$$

Damit erhalten wir das alternative Modell:

$$\text{Minimiere } T^{max} \tag{4.18}$$

unter den Nebenbedingungen

$$R_k + R_m + \alpha \cdot t_{km} \leq T^{max} \qquad \text{für alle k und m} \tag{4.19}$$

sowie (4.6) - (4.9), (4.12) und (4.15)

Aufgrund der Optimierungsrichtung nimmt T^{max} den kleinstmöglichen Wert an, welcher der maximalen Transportzeit über alle Quelle-Ziel-Paare entspricht. Die Ungleichungen (4.19) stellen sicher, dass die Bedingungen (4.17) eingehalten werden.

Satz 4.2: Für den Fall symmetrischer Transportkosten liefern die LP-Relaxationen der Modelle (4.5) - (4.10) und (4.12) - (4.16) bzw. (4.18), (4.19), (4.6) - (4.9), (4.12) und (4.15) die gleichen unteren Schranken.

Beweis:

Für eine optimale Lösung der LP-Relaxation des ersten Modells gilt:

$$T^{max} = \max_{m,j} \{t_{mj} \cdot A_{jm} + \max_k \{\alpha \cdot t_{km} + \max_i \{t_{ik} \cdot A_{ik}\}\}\}$$

294 Verwendet man Skalierungsfaktoren $\alpha_1 \neq \alpha_2$ für Quelle-Hub- bzw. Hub-Ziel-Verbindungen, so ist dieser Ansatz im Gegensatz zu dem vorangehenden nicht anwendbar. Vgl. Fußnote 272.

295 Falls alle R_k minimal gewählt sind, gilt:

$$\max_{k,m} \{R_k + R_m + \alpha \cdot t_{km}\} = \max_{i,k,m,j} \{t_{ik} \cdot A_{ik} + \alpha \cdot t_{km} + t_{mj} \cdot A_{jm}\}$$

$$= \max_{i,j,k,m \text{ mit } A_{ik} = A_{jm} = 1} \{t_{ik} + \alpha \cdot t_{km} + t_{mj}\}$$

$$= \max_{i,k,m,j} \{t_{mj} \cdot A_{jm} + \alpha \cdot t_{km} + t_{ik} \cdot A_{ik}\}$$

$$= \max_{k,m} \{\alpha \cdot t_{km} + \max_{i} \{t_{ik} \cdot A_{ik}\} + \max_{j} \{t_{mj} \cdot A_{mj}\}\}$$

Der unterste Term entspricht offensichtlich dem optimalen Zielfunktionswert der LP-Relaxation des zweiten Modells.[296] qed.

Numerische Tests in Kara und Tansel (2001) und Ernst et al. (2002) zeigen, dass das Modell (4.18), (4.19), (4.6) - (4.9), (4.12) und (4.15) dem Modell (4.5) - (4.15) überlegen ist. Selbst mit der in dieser Arbeit vorgeschlagenen Verbesserung (siehe Nebenbedingungen (4.16)) ändert sich hieran nichts, da das von Ernst et al. (2002) vorgeschlagene Modell $n^2 + n$ weniger Nebenbedingungen und $2 \cdot n$ weniger Variablen benötigt und bezüglich der mit Hilfe der LP-Relaxation erzeugbaren Schranken gleichwertig ist. Dafür ist das neue Modell (mit den Nebenbedingungen (4.16)) auch für den Fall nicht symmetrischer Transportzeiten anwendbar.

4.2.1.2 Gegebene Zeitschranke

Im Folgenden gehen wir auf modellbasierte Lösungsansätze für das Problem [SA | FC | TT | TL | MMT] ein. Bei diesem ist eine Zeitschranke μ[297] vorgegeben und die Fixkosten für die Einrichtung der Hubs bzw. die Anzahl der Hubs zu minimieren. Wir beschränken uns auf Modelle, für welche die Einrichtungskosten jedes Hubs 1 betragen, was äquivalent zur Zielsetzung der Minimierung der Anzahl an Hubs ist. Durch die Multiplikation der Hubeinrichtungsvariablen mit anderen Fixkosten für die Hubeinrichtung lassen sich diese Modelle aber unmittelbar auf die allgemeinere Problemstellung anwenden.

---

296 Man beachte, dass die einschränkenden Bedingungen für die relaxierten Binärvariablen A_{ik} in beiden Modellen identisch sind und die weiteren Bedingungen lediglich zur Berechnung von T^{max} benötigt werden.

297 Statt einer gemeinsamen Zeitschranke für alle Quelle-Ziel-Paare ist auch für jedes Quelle-Ziel-Paar (i, j) eine individuelle Zeitschranke μ_{ij} denkbar bzw. in der Literatur berücksichtigt. Dem interessierten Leser sollte eine Anpassung der nachfolgenden Lösungsverfahren/Modelle keine Schwierigkeiten bereiten. Vgl. hierzu auch Campbell (1994b).

Modell von Kara und Tansel (2003)

Kara und Tansel (2003) schlagen ein Modell vor, welches als Entscheidungsvariablen lediglich die schon eingeführten Zuordnungsvariablen A_{ik} benötigt. Das Modell lässt sich folgendermaßen beschreiben:

$$\text{Minimiere } \sum_k A_{kk} \qquad (4.20)$$

unter den Nebenbedingungen

$$(t_{ik} + \alpha \cdot t_{km}) \cdot A_{ik} + t_{mj} \cdot A_{jm} \leq \mu \qquad \text{für alle i, j, k und m} \qquad (4.21)$$

sowie (4.7) - (4.9)

Ziel ist es, eine möglichst geringe Anzahl an Hubs einzurichten. Die Restriktionen bezüglich der Zuordnungsvariablen sind bis auf die Tatsache, dass keine fixe Anzahl von Hubs mehr gefordert ist, mit den in 4.2.1.1 eingeführten identisch. Die Nebenbedingungen (4.21) stellen sicher, dass für kein Quelle-Ziel-Paar (i, j) eine die Zeitschranke nicht einhaltende Route $i - k - m - j$ verwendet wird. Die Hubs k und m der Route ergeben sich aus der Hubzuordnung der Knoten i und j. Überschreitet der Zeitbedarf μ, so ist die Lösung nach (4.21) nicht zulässig. Etwas schwieriger ist einzusehen, dass man durch die Nebenbedingungen (4.21) keine zulässige Lösung als unzulässig klassifiziert, wenn nicht beide Zuordnungen gelten. Ist weder Knoten i dem Hub k zugeordnet noch der Knoten j dem Hub m, so ist die Nebenbedingung für die Route $i - k - m - j$ trivialerweise immer erfüllt. Ist der Knoten i dem Hub k zugeordnet, nicht aber der Knoten j dem Hub m, so muss $t_{ik} + \alpha \cdot t_{km} \leq \mu$ gelten. Da $t_{ik} + \alpha \cdot t_{km}$ aufgrund der Dreiecksungleichung und der Annahme $\alpha \leq 1$ eine untere Schranke für die Transportzeit von i nach m darstellt, wenn der Knoten i dem Hub k zugeordnet ist, besteht hierdurch nicht die Gefahr einer unzulässigen Beschränkung. Entsprechendes gilt, wenn lediglich der Knoten j dem Hub m zugeordnet wird, nicht aber der Knoten i dem Hub k.

Modell von Wagner (2004a)

Wagner (2004a) schlägt eine alternative Vorgehensweise vor, die zum einen darauf beruht, dass einige Zuordnungen bereits vorab als unzulässig erkennbar sind, und zum anderen die Nebenbedingungen (4.21) ersetzt.

Ist es nicht möglich, über eine Quelle-Hub-Verbindung von i nach k und anschließend über eine Hub-Ziel-Verbindung von k nach i zu gelangen, so ist eine Zuordnung von i zum Hub k nicht möglich. Falls der Transport vom Knoten i zum Hub k über eine Quelle-Hub-Verbindung und der anschließende Weitertransport zu einem Knoten j selbst dann nicht rechtzeitig erfolgen kann, wenn er über eine Hub-Hub-Verbindung von k nach j durchgeführt wird, so verbietet sich ebenfalls eine Zuordnung des Knotens i zum Hub k.

Φ ist als die Menge der Hubzuordnungen definiert, für welche aufgrund der angegebenen Überlegungen nicht ausgeschlossen werden kann, dass ihre Verwendung zu einer unzulässigen Lösung führt:[298]

$$\Phi = \{(i, k) | 2 \cdot t_{ik} \leq \mu \text{ und } t_{ik} + \alpha \cdot \max_j \{t_{kj}\} \leq \mu\} \tag{4.22}$$

Es reicht aus, lediglich Hubzuordnungen $(i, k) \in \Phi$ zu berücksichtigen.[299]

Für die Beschreibung des Modells benötigen wir ferner eine Menge Ψ, welche sämtliche Zuordnungspaare (i, k) und (j, m) enthält, für die eine gleichzeitige Zuordnung des Knotens i zum Hub k sowie des Knotens j zum Hub m eine Überschreitung der Transportzeit nach sich ziehen würde:[300]

$$\Psi = \{\{(i, k), (j, m)\} | (i, k), (j, m) \in \Phi \text{ und } t_{ik} + \alpha \cdot t_{km} + t_{mj} > \mu\} \tag{4.23}$$

Mit Hilfe der Mengen Φ und Ψ lässt sich das Modell von Wagner (2004a) folgendermaßen darstellen:

$$\text{Minimiere } \sum_k A_{kk} \tag{4.24}$$

unter den Nebenbedingungen

$$\sum_{(i, k) \in \Phi} A_{ik} = 1 \qquad \text{für alle } i \tag{4.25}$$

---

298 Wir unterstellen hier und bei der noch folgenden Definition von Ψ aus Übersichtlichkeitserwägungen symmetrische Transportzeiten. Sind solche nicht gegeben, so sollte es für den aufmerksamen Leser leicht sein, jeweils auch den Transport in der umgekehrten Richtung zu berücksichtigen.

299 Falls für die unter 4.2.1.1 diskutierten Modelle eine obere Schranke bspw. aufgrund einer heuristisch bestimmten zulässigen Lösung bekannt ist, so lässt sich auch dort die Menge der zu betrachtenden Zuordnungen entsprechend reduzieren. Dafür betrachtet man die Menge Φ, welche sich ergibt, wenn man die oberen Schranke als μ verwendet.

300 Man beachte, dass aufgrund der vorausgesetzten Symmetrie der Transportzeiten stets $t_{ik} + \alpha \cdot t_{km} + t_{mj} = t_{jm} + \alpha \cdot t_{mk} + t_{ki}$. Wäre dies nicht der Fall, so müsste man explizit fordern, dass die Zeitschranke für mindestens eine der beiden Richtung überschritten wird, da die Bedingung $(i, k), (j, m) \in \Phi$ und $t_{ik} + \alpha \cdot t_{km} + t_{mj} > \mu$ für $\{(i, k), (j, m)\}$ sonst gleichzeitig erfüllt und nicht erfüllt sein könnte.

$$A_{ik} \leq A_{kk} \quad \text{für alle } (i,k) \in \Phi \tag{4.26}$$

$$A_{ik} \in \{0,1\} \quad \text{für alle } (i,k) \in \Phi \tag{4.27}$$

$$A_{ik} + A_{jm} \leq 1 \quad \text{für alle } \{(i,k),(j,m)\} \in \Psi \tag{4.28}$$

Die Zielfunktion ist mit der im Modell von Kara und Tansel (2003) identisch. Die Nebenbedingungen (4.25) - (4.27) beziehen zusätzlich ein, dass nicht alle Zuordnungen im Modell berücksichtigt werden müssen, um eine optimale Lösung zu finden. Die Ungleichungen (4.28) ersetzen (4.21), indem sie explizit Zuordnungen ausschließen, welche zu einer Überschreitung des Zeitlimits führen würden.

Das neue Modell weist i.d.R. weniger Variablen und Nebenbedingungen auf als das von Kara und Tansel (2003). Der Hauptvorteil liegt aber in den meist besseren Schranken, welche die LP-Relaxation des Modells liefert. Der Lösungsraum der LP-Relaxation verkleinert sich mit Hilfe der Nebenbedingungen (4.28). In dieser Richtung kann man weitere Verbesserungen erzielen und auch die Anzahl der Nebenbedingungen weiter reduzieren, indem man einige Nebenbedingungen (4.28) aggregiert. Gilt bspw. $\{(1,2),(3,4)\} \in \Psi$ und $\{(1,2),(3,5)\} \in \Psi$, so lässt sich statt $A_{12} + A_{34} \leq 1$ und $A_{12} + A_{35} \leq 1$ auch $A_{12} + A_{34} + A_{35} \leq 1$ verwenden, da aufgrund der Nebenbedingungen (4.25) ohnehin implizit $A_{34} + A_{35} \leq 1$ erfüllt sein muss.

Man kann die Nebenbedingungen auf unterschiedliche Art und Weise aggregieren. Bei der Implementierung, auf welcher die weiter unten angegebenen Rechenergebnisse basieren, wurde hierfür ein Greedy-Algorithmus[301] eingesetzt, der in jeder Iteration möglichst viele Nebenbedingungen zusammenfasst. Dafür bestimmt er in jeder Iteration i^*, j^* und k^* so, dass die Menge

$$\Psi_{i^*j^*k^*} = \{m | \{(i^*,k^*),(j^*,m)\} \in \Psi'\}$$

möglichst viele Elemente enthält. Die Menge Ψ' entspricht Ψ ohne die bereits in aggregierten Nebenbedingungen berücksichtigten Elemente. Dem Nebenbedingungssystem wird folgende Einschränkung hinzugefügt:

$$A_{i^*k^*} + \sum_{m \in \Psi_{i^*j^*k^*}} A_{j^*m} \leq 1 \tag{4.29}$$

301 Vgl. Domschke und Drexl (2005, S. 78 f.).

Diese Schritte werden so lange wiederholt, bis die Menge Ψ' leer ist. In den letzten Iterationen enthalten die Mengen $\Psi_{i^*j^*k^*}$ meist lediglich ein Element, so dass das Verfahren dort Nebenbedingungen des Typs (4.28) generiert.

Andere Möglichkeiten der Aggregation, bei welchen einige verbotene Zuordnungspaare von mehreren aggregierten Nebenbedingungen verboten werden, brachten keinen Erfolg. Durch eine solche Vorgehensweise liefert die LP-Relaxation i.A. zwar bessere Schranken. Allerdings ist die Berechnung einer optimalen Lösung für die LP-Relaxation aufwendiger, weil eine größere Anzahl an Nebenbedingungen zu berücksichtigen ist. Bei der Darstellung der Rechenergebnisse verzichten wir auf einen Vergleich, weil sich die betrachteten Varianten eindeutig als nicht vorteilhaft erwiesen haben. Der Grund hierfür ist, dass – wie sich bei Rechentests gezeigt hat – die Standardsoftware Cplex 9.0 in jedem Fall nur sehr selten den Branch&Bound-Prozess starten muss und somit eine Verschärfung der LP-Relaxation keine Vorteile bringt, wenn sie von einer (wesentlich) größeren Anzahl an Nebenbedingungen begleitet ist.

Modell von Ernst et al. (2005)

Ernst et al. (2005) leiten aus dem in Abschnitt 4.2.1.1 vorgestellten Modell (4.18), (4.19), (4.6) - (4.9), (4.12) und (4.15) von Ernst et al. (2002) ein solches ab, welches auf das Problem [SA | FC | TT | TL | MC] anwendbar ist. Die Zielfunktion ist mit (4.20) bzw. (4.24) identisch. Die Nebenbedingungen (4.6) und (4.19) sowie die Variable T^{max} entfallen. Stattdessen sind Nebenbedingungen (4.31) zu berücksichtigen, die sicherstellen, dass für kein Quelle-Ziel-Paar die maximale Transportzeit μ überschritten wird:[302]

$$\text{Minimiere } \sum_k A_{kk} \tag{4.30}$$

unter den Nebenbedingungen

$$R_k + R_m + \alpha \cdot t_{km} \leq \mu \qquad \text{für alle k und m} \tag{4.31}$$

sowie (4.7) - (4.9), (4.12) und (4.15)

Preprocessing: Auf dieses Modell lässt sich die von Wagner (2004a) eingeführte Reduktion der zur Verfügung stehenden Zuordnungsvariablen anwenden.[303]

302 Hier ist es im Gegensatz zu den Modellen von Kara und Tansel (2003) und Wagner (2004a) nicht möglich, durch geringfügige Modifikationen individuell für jedes Quelle-Ziel-Paar (i,j) eine Zeitschranke μ_{ij} zu berücksichtigen oder Probleme zu lösen, für welche die Full-Cross-Traffic Assumption nicht gilt.

Wir können die LP-Relaxation des Modells verschärfen und die Anzahl der Nebenbedingungen reduzieren, indem wir die Ungleichungen (4.31) durch folgende ersetzen:

$$R_k + R_m + \alpha \cdot t_{km} \leq \max_{i,j \text{ mit } t_{ik} + \alpha \cdot t_{km} + t_{mj} \leq \mu} \{t_{ik} + \alpha \cdot t_{km} + t_{mj}\}$$

$$\text{für alle } \{k, m\} \qquad (4.32)$$

Die Äquivalenz der beiden Modelle folgt unmittelbar aus der unterstellten Symmetrie der Transportzeiten sowie aus dem Satz 4.3:

Satz 4.3: Gegeben seien Zuordnungen A_{ik} der Knoten zu Hubs, welche die Nebenbedingungen (4.7) - (4.9) einhalten. Genau dann, wenn es eine Belegung der Variablen R_k gibt, welche die Nebenbedingungen (4.12), (4.15) und (4.31) erfüllen, existiert auch eine Belegung der Variablen R_k (im Folgenden als r'_k bezeichnet), welche die Nebenbedingungen (4.12), (4.15) und (4.32) einhält.

Beweis:

Aus der Gültigkeit von (4.12), (4.15) und (4.32) folgen unmittelbar (4.12), (4.15) und (4.31), indem wir für R_k die gleichen Werte verwenden. Die Nebenbedingungen (4.31) sind nicht restriktiver als (4.32).

Für den Beweis der Rückrichtung setzen wir die R_k auf ihre kleinstmöglichen Werte:

$$r'_k = \max_i \{t_{ik} \cdot A_{ik}\}$$

Damit gilt:

$$r'_k + r'_m + \alpha \cdot t_{km} = \max_{i,j \text{ mit } A_{ik} = A_{jm} = 1} \{t_{ik} + \alpha \cdot t_{km} + t_{mj}\}$$

$$\leq^{304} \max_{i,j \text{ mit } t_{ik} + \alpha \cdot t_{km} + t_{mj} \leq \mu} \{t_{ik} + \alpha \cdot t_{km} + t_{mj}\}$$

Damit ist auch der Beweis für die Rückrichtung durchgeführt. qed.

Aus jeder von den Ungleichungen (4.28) abgeleiteten aggregierten Nebenbedingung ergibt sich direkt eine Special Ordered Set vom Typ 1, welche auf das Modell von Ernst et al. (2005) anwendbar ist. Die Menge umfasst sämtliche Variablen

303 Vgl. mit der unter (4.22) beschriebenen Menge Φ.

304 Die Gültigkeit der Ungleichung folgt aus der Annahme, dass eine die Nebenbedingungen (4.12), (4.15) und (4.31) einhaltende Lösung vorliegt. Damit kann die Transportzeit für ein beliebiges Quelle-Ziel-Paar (i, j) die Zeitschranke μ nicht übersteigen.

der aggregierten Nebenbedingung. Höchstens eine dieser Variablen kann in einer optimalen Lösung einen positiven Wert haben. Diese Information hilft der für das Lösen eingesetzten Standardsoftware, den Verzweigungsprozess effizienter durchzuführen.[305]

Ferner hat es sich als hilfreich erwiesen, den Variablen A_{kk} eine höhere Verzweigungspriorität als den Variablen A_{ik} mit $i \neq k$ zuzuweisen.

Rechentests

Das in Abschnitt 3.2.1.3 angeführte Computersystem und die gleiche Software kamen auch hier zum Einsatz.

	abgerundet						aufgerundet					
			KT		W				KT		W	
α	μ	p	B&B	Cpu	B&B	Cpu	μ	p	B&B	Cpu	B&B	Cpu
1	2827	3	0	1,265	0	0,031	2828	2	0	1,266	0	0,031
0,2	2131	3	0	1,500	0	0,125	2132	2	0	1,469	0	0,125
0,4	2402	3	0	3,297	0	0,641	2403	2	0	1,719	0	0,281
0,6	2558	3	0	1,484	0	0,766	2559	2	0	1,437	0	0,094
0,8	2714	3	0	1,453	0	0,094	2715	2	0	1,406	0	0,046
1	2758	4	0	1,265	0	0,031	2759	3	0	1,187	0	0,016
0,2	1923	4	0	1,844	1	0,453	1924	3	1	1,719	0	0,141
0,4	2100	4	4	4,937	15	2,703	2101	3	9	6,172	0	0,125
0,6	2340	4	0	1,719	0	0,406	2341	3	0	1,406	0	0,203
0,8	2554	4	0	1,344	0	0,047	2555	3	0	1,344	0	0,031
1	2726	5	0	1,219	0	0,016	2727	4	0	1,203	0	0,016
0,2	1619	5	0	1,390	0	0,078	1620	4	2	1,890	0	0,109
0,4	1884	5	11	4,766	0	1,266	1885	4	3	2,360	0	0,219
0,6	2182	5	9	3,344	0	0,438	2183	4	0	1,563	0	0,125
0,8	2454	5	0	1,375	0	0,078	2455	4	0	1,313	0	0,031

Tabelle 4.2: Rechenergebnisse für Instanzen mit 25 Knoten (CAB-Datensatz)

In Tabelle 4.2 sind Rechenergebnisse für den CAB-Datensatz[306] bei der Anwendung der Ansätze von Kara und Tansel (2003) (**KT**) und Wagner (2004a) (**W**) dargestellt. Letzterer schließt das Aggregieren von Nebenbedingungen des Typs (4.28) ein. Die Zeitschranken μ sind aus den optimalen Lösungen für das zuvor

305 Zu Special Ordered Sets vom Typ 1 vgl. Williams (1999, S. 165 ff.).

306 Vgl. Fußnote 258.

diskutierte Problem [SA, p | | TT | | MMT] mit $p \in \{2, 3, 4\}$ abgeleitet.[307] Die entsprechenden Zeiten wurden dabei auf- und abgerundet.

In der ersten Spalte ist der verwendete Skalierungsfaktor α spezifiziert und in den beiden folgenden die Zeitschranke bzw. die optimale Anzahl an Hubs. Die Spalten 4 bis 7 geben für die getesteten Verfahren die Anzahl der Branch&Bound-Knoten (**B&B**) und die benötigte Rechenzeit (**Cpu**) an. Während sich die Spalten 2 bis 7 auf Testinstanzen beziehen, bei welchen die Zeitlimits durch Abrunden bestimmt wurden, beziehen sich die Spalten 8 bis 13 analog auf solche mit durch Aufrunden erzeugten Zeitschranken.

		W		**E**		**E+**	
μ	**p**	**B&B**	**Cpu**	**B&B**	**Cpu**	**B&B**	**Cpu**
50707	ns	0	*0,047*	0	0,188	0	0,078
50708	5	0	*0,156*	0	0,250	0	0,235
52905	5	0	0,531	0	0,328	0	*0,219*
52906	4	0	*0,250*	0	0,328	0	0,375
60132	4	0	8,281	589	16,06	160	*3,875*
60133	3	0	4,188	640	19,09	40	*1,922*
65523	3	0	120,9	14	3,719	17	*2,328*
65524	2	0	*1,203*	4	3,313	26	1,875

Tabelle 4.3: Rechenergebnisse für Instanzen mit 50 Knoten (AP-Datensatz)

Es zeigt sich, dass das Verfahren von Wagner (2004a) dem von Kara und Tansel (2003) deutlich überlegen ist. Zunächst überrascht, dass beide Ansätze nur wenige Branch&Bound-Knoten benötigen, obwohl die LP-Relaxation des Modells von Kara und Tansel (2003) vergleichsweise schlechte Schranken liefern müsste. Diese Annahme bestätigt sich bei der Betrachtung der in Kara und Tansel (2003) dargestellten Rechenergebnisse. Die Rechenzeiten sind dort für das gleiche Modell – selbst wenn man berücksichtigt, dass ein anderes Computersystem zugrunde liegt – deutlich höher. Die Preprocessing-Komponente neuerer Optimierungssoftware – wie das im Rahmen der vorliegenden Arbeit eingesetzte ILOG Cplex in der Version 9.0 – scheint ähnliche Modellreformulierungen vorzunehmen wie die von Wagner (2004a) vorgeschlagenen. Allerdings kosten sowohl das Einlesen (insbesondere bei größeren Instanzen) als auch das in Cplex enthaltene Preprocessing für das Modell von Kara und Tansel (2003) nicht unerheblich mehr Zeit als bei der Verwendung des Ansatzes von Wagner (2004a).

Die Tabellen 4.3 und 4.4 geben Rechenergebnisse für Instanzen mit 50 bzw. 100 Knoten wieder. Diese wurden aus dem AP-Datensatz erzeugt.[308] Die Zeitschranken wurden wie oben für die CAB-Testinstanzen beschrieben generiert und basie-

307 Vgl. Ernst et al. (2002).

308 Vgl. Abschnitt 3.2.1.3.

ren ebenfalls auf in Ernst et al. (2002) angegebenen Rechenergebnissen. Entsprechend den dort verwendeten Parametern betrachten wir ausschließlich einen Wert von 0,75 für den Skalierungsfaktor α. Verglichen werden die Verfahren von Wagner (2004a) (**W**), das von Ernst et al. (2005) (**E**) und die im Rahmen der vorliegenden Arbeit entwickelte verbesserte Variante[309] des letzteren Verfahrens (**E+**). Die Rechenzeit des schnellsten Ansatzes für eine Testinstanz ist kursiv dargestellt.

Bei Instanzen mit 50 Knoten ist das Verfahren von Wagner (2004a) meist dem von Ernst et al. (2005) überlegen. Mit der verbesserten Variante des letzteren ergibt sich eine in etwa ausgeglichene Situation. Anzumerken ist allerdings, dass die in der vorletzten Zeile beschriebene Instanz mit dem Verfahren von Wagner (2004a) einen wesentlich größeren Rechenaufwand erfordert als mit den anderen. Bei den übrigen Testinstanzen gibt es keine solch großen Abweichungen. Die meisten Branch&Bound-Knoten werden für das Verfahren von Ernst et al. (2005) benötigt. Durch die Verbesserungen lässt sich diese Anzahl bei den Instanzen, in denen die ursprüngliche Variante viele Branch&Bound-Knoten benötigt, meist signifikant reduzieren. Beim Verfahren von Wagner (2004a) ist für keine Instanz ein Verzweigen erforderlich.

		W		**E**		**E+**	
μ	**p**	**B&B**	**Cpu**	**B&B**	**Cpu**	**B&B**	**Cpu**
51860	ns	0	*0,594*	0	2,875	0	0,937
51861	8	0	38,75	252	62,5	88	*13,8*
54243	6	0	1458	117	168,6	114	*62,97*
54244	5	0	*16,69*	711	154,3	230	69,45
60658	4	0	13508	2459	230,8	469	*51,45*
60659	3	-	>36000	475	92,17	142	*35,56*
65914	3	-	>36000	7056	1338	197	*52,63*
65915	2	0	237,0	0	*12,77*	224	59,14

Tabelle 4.4: Rechenergebnisse für Instanzen mit 100 Knoten (AP-Datensatz)

Auch bei Probleminstanzen mit 100 Knoten ist das Modell von Wagner (2004a) – wie man anhand der Anzahl benötigter Branch&Bound-Knoten erkennen kann – bestens geeignet, um gute Schranken zu bestimmen. Allerdings ergibt sich eine vergleichsweise große Anzahl an Nebenbedingungen, wodurch insgesamt hohe Rechenzeiten häufig nicht zu vermeiden sind. Hier ist das Modell von Ernst et al. (2005) trotz einer großen Anzahl an Branch&Bound-Knoten meistens vorzuziehen. Auch dieses Manko lässt sich teilweise durch die verbesserte Variante beheben, die i.d.R. deutlich schneller terminiert.

309 Die Verbesserungen sind im Anschluss an das Modell (4.30), (4.31), (4.7) - (4.9), (4.12) und (4.15) beschrieben.

4.2.2 Vorgegebene Partition der Knoten

Aus einer vorgegebenen Partition der Knoten, wie wir sie bereits in Abschnitt 3.2.2 im Zusammenhang mit transportkostenfokussierten Problemstellungen diskutiert haben, folgt unmittelbar die Anzahl der Hubs. Deswegen erübrigt sich eine Zielsetzung, bei welcher die Anzahl der Hubs zu minimieren ist.[310] Daher gehen wir hier nur auf Problemstellungen mit dem Ziel der Minimierung der maximalen Transportzeit ein.

Das Modell von Wagner (2003)[311] für das Problem [SA-C, D | FC | VC | | MC] lässt sich in modifizierter Form auch auf das Problem [SA-C, D | | TT | | MMT][312] anwenden. Statt Transportkosten ordnen wir hier Hubpaaren $\{k, m\}$ minimale maximale Transportzeiten $b^{MMT}_{\{k, m\}}$ zu, die für Transporte zwischen dem Cluster des Knotens k und dem Cluster des Knotens m anfallen, wenn in k und m Hubs eingerichtet werden. Entsprechend steht b^{MMT}_k für minimale maximale Transportzeiten innerhalb des Clusters von Knoten k, wenn in k ein Hub eingerichtet wird. Unterstellen wir Skalierungsfaktoren β bzw. α für Direkt- bzw. Hub-Hub-Verbindungen, so gilt für die Transportzeiten beim Direkttransport von i nach j $\tilde{t}_{ij} = \beta \cdot t_{ij}$ bzw. beim Transport über die Hubs k und m (in dieser Reihenfolge) $\tilde{t}_{ijkm} = t_{ik} + \alpha \cdot t_{km} + t_{mj}$. Damit erhalten wir folgende minimale maximale Transportzeiten:[313]

$$b^{MMT}_{\{k, m\}} = \max_{i \in \Xi(k), j \in \Xi(m)} \{\min\{\tilde{t}_{ij}, \tilde{t}_{ijkm}\}, \min\{\tilde{t}_{ji}, \tilde{t}_{jimk}\}\} \quad \text{für alle } \{k, m\} \text{ mit } \Xi(k) \neq \Xi(m) \qquad (4.33)$$

$$b^{MMT}_k = \max_{i, j \in \Xi(k)} \{\min\{\tilde{t}_{ij}, \tilde{t}_{ijkk}\}\} \quad \text{für alle } k \qquad (4.34)$$

Für die Beschreibung des Modells greifen wir erneut auf die Variablen T^{max}, Y_k und $B_{\{k, m\}}$ zurück:

---

310 Will man die (nicht einheitlichen) Einrichtungskosten für Hubs minimieren, so lässt sich unmittelbar das Modell (3.42) - (3.46) unter Vernachlässigung der Transportkosten anwenden. Vgl. Fußnote 204.

311 Vgl. Abschnitt 3.2.2.2.

312 Durch leichte Modifikationen lässt sich auch das Problem [SA-C, D | | TT | NFCTA | MMT] lösen. Das gilt entsprechend auch für die weiteren in diesem Abschnitt diskutierten Varianten.

313 Vgl. Abschnitt 3.2.2.1 bezüglich der Definition von $\Xi(k)$ bzw. Ξ_h.

Minimiere T^{max} (4.35)

unter den Nebenbedingungen

$$b_k^{MMT} \cdot Y_k \leq T^{max} \qquad \text{für alle } k \qquad (4.36)$$

$$b_{\{k,m\}}^{MMT} \cdot B_{\{k,m\}} \leq T^{max} \qquad \text{für alle } \{k,m\} \text{ mit } \Xi(k) \neq \Xi(m) \qquad (4.37)$$

sowie (3.43) - (3.46)

Die (neuen) Nebenbedingungen (4.36) und (4.37) stellen sicher, dass der Wert der Variablen T^{max} mindestens so groß ist wie die maximale Transportzeit für alle Quelle-Ziel-Paare (i, j).[314]

Analog zu Abschnitt 3.2.2.3 können wir auch hier mengenabhängige Zeitfunktionen $\hat{t}_{ij}$ berücksichtigen. Hierfür unterscheiden wir erneut zwei Fälle:

Fall 1

Auf Direktverbindungen kann nicht zurückgegriffen werden und auf allen anderen Verbindungen liegen mengenabhängige Transportzeiten $\hat{t}_{ij}$ vor. Ist bekannt, dass in zwei Knoten k und m aus unterschiedlichen Clustern $\Xi(k)$ und $\Xi(m)$ Hubs eingerichtet werden, so lassen sich die Transportmengen für alle Verbindungen, welche auf Transporten von $\Xi(k)$ nach $\Xi(m)$ bzw. umgekehrt benötigt werden, berechnen, ohne die Hubwahl der übrigen Cluster zu kennen. Damit können wir ein entsprechendes $b_{\{k,m\}}^{MMT}$ direkt bestimmen:[315]

$$b_{\{k,m\}}^{MMT} = \max \left\{ \begin{array}{l} \max\limits_{i \in \Xi(k)} \{\hat{t}_{ik}(o_i)\} + \hat{t}_{km}(w_{\Xi(k)\Xi(m)}) + \max\limits_{j \in \Xi(m)} \{\hat{t}_{mj}(d_j)\}, \\ \max\limits_{i \in \Xi(m)} \{\hat{t}_{im}(o_i)\} + \hat{t}_{mk}(w_{\Xi(m)\Xi(k)}) + \max\limits_{j \in \Xi(k)} \{\hat{t}_{kj}(d_j)\} \end{array} \right\} \qquad (4.38)$$

Auch die Transportmengen auf Verbindungen innerhalb eines Clusters berechnen sich unabhängig von der Wahl der Hubs in anderen Clustern. Damit kann man unter der Annahme, dass in Knoten k ein Hub eingerichtet wird, die minimale maximale Transportzeit b_k^{MMT} für Quelle-Ziel-Paare innerhalb des Clusters $\Xi(k)$ angeben:

---

314 Man beachte, dass $B_{\{k,m\}}$ aufgrund von Satz 3.3 nur binäre Werte annehmen kann, ohne dass wir dies explizit fordern müssen.

315 Zur Definition von $w_{\Upsilon_1 \Upsilon_2}$ für Knotenmengen Υ_1 und Υ_2 vgl. (3.47).

$$b_k^{MMT} = \max_{i \in \Xi(k)} \{\hat{t}_{ik}(o_i)\} + \max_{j \in \Xi(k)} \{\hat{t}_{kj}(d_j)\} \tag{4.39}$$

Bei der eigentlichen Optimierung mit Hilfe des Modells (4.35) - (4.37) und (3.43) - (3.46) im Anschluss an die Berechnung der Parameter $b_{\{k,m\}}^{MMT}$ und b_k^{MMT} spielt die Mengenabhängigkeit der Transportzeiten keine Rolle.

Fall 2

Direktverbindungen stehen zur Verfügung, aber lediglich auf Verbindungen zwischen Hubs gibt es mengenabhängige Transportzeiten, die entweder monoton fallen oder steigen.

Da wir nur auf Verbindungen zwischen Hubs mengenabhängige Transportzeiten unterstellen, können wir für die Bestimmung der b_k^{MMT} auf (4.34) zurückgreifen. Die Berechnung der $b_{\{k,m\}}^{MMT}$ gestaltet sich hingegen schwieriger. Im Folgenden zeigen wir, wie für ein festes Paar (k, m) mit $\Xi(k) \neq \Xi(m)$ ein bezüglich der hier betrachteten Zielsetzung optimales Routing $\mathbf{W^h}$[316] ermittelt werden kann.

Satz 4.4: Es gibt bei monoton fallenden [steigenden] Zeitfunktionen $\hat{t}_{km}$ stets eine optimale Lösung für das Routing, bei der es kein Quelle-Ziel-Paar (i,j)[317] gibt, für welches $W_{ij}^h > 0$ und $w_{ij} - W_{ij}^h > 0$ gilt.

Beweis:

Gegeben sei eine optimalen Lösung $\mathbf{W^h}$. Bei monoton fallenden [steigenden] Zeitfunktionen betrachten wir die folgendermaßen gebildete Lösung $\mathbf{W'^h}$:

$$W'^h_{ij} = \begin{cases} w_{ij} & \text{für } W_{ij}^h > 0 \\ 0 & \text{sonst} \end{cases} \qquad \left[W'^h_{ij} = \begin{cases} 0 & \text{für } w_{ij} - W_{ij}^h > 0 \\ w_{ij} & \text{sonst} \end{cases} \right]$$

Für den Zielfunktionswert der Lösung $\mathbf{W^h}$ gilt:[318]

316 Vgl. S. 90.

317 Für den Rest des Abschnittes gilt stets $i \in \Xi(k)$ und $j \in \Xi(m)$, weil wir uns nur auf Quelle-Ziel-Paare der beiden Cluster $\Xi(k)$ und $\Xi(m)$ beziehen.

318 Sei u_{ij} bzw. v_{ij} ein(e) von i und j abhängige(r) Bedingung bzw. Wert, dann gilt:

$$\max_{i,j \text{ mit } u_{ij}}^{\geq 0} \{v_{ij}\} = \begin{cases} 0 & \text{falls kein } i,j \; u_{ij} \text{ erfüllt} \\ \max\{0, \max_{i,j \text{ mit } u_{ij}} \{v_{ij}\}\} & \text{sonst} \end{cases}$$

$$\max\left\{\max_{i,j \text{ mit } W_{ij}^h>0}^{\geq 0}\left\{t_{ik}+\hat{t}_{km}\left(\sum_{i,j} W_{ij}^h\right)+t_{mj}\right\}, \max_{i,j \text{ mit } w_{ij}-W_{ij}^h>0}^{\geq 0}\{\tilde{t}_{ij}\}\right\}$$

$$\geq^{319} \max\left\{\max_{i,j \text{ mit } W_{ij}^h>0}^{\geq 0}\left\{t_{ik}+\hat{t}_{km}\left(\sum_{i,j} W'^h_{ij}\right)+t_{mj}\right\}, \max_{i,j \text{ mit } w_{ij}-W_{ij}^h>0}^{\geq 0}\{\tilde{t}_{ij}\}\right\}$$

$$\geq^{320} \max\left\{\max_{i,j \text{ mit } W'^h_{ij}>0}^{\geq 0}\left\{t_{ik}+\hat{t}_{km}\left(\sum_{i,j} W'^h_{ij}\right)+t_{mj}\right\}, \max_{i,j \text{ mit } w_{ij}-W'^h_{ij}>0}^{\geq 0}\{\tilde{t}_{ij}\}\right\}$$

In der letzten Zeile steht der Zielfunktionswert der Lösung $\mathbf{W'^h}$. Damit ist diese den Anforderungen des Satzes genügende Lösung mindestens so gut wie $\mathbf{W^h}$ und damit auch optimal. qed.

Satz 4.5: Es sei (i^1,j^1), (i^2,j^2), ..., $(i^{|\Xi(k)\times\Xi(m)|},j^{|\Xi(k)\times\Xi(m)|})$ eine Sortierreihenfolge der Knotenpaare $\Xi(k)\times\Xi(m)$, so dass für jedes a = 1, 2, ..., $|\Xi(k)\times\Xi(m)|-1$ gilt:

$$t_{i^a k}+t_{mj^a} \leq t_{i^{a+1}k}+t_{mj^{a+1}} \qquad \left[\tilde{t}_{i^a j^a} \geq \tilde{t}_{i^{a+1} j^{a+1}}\right]$$

Unter der Annahme monoton fallender [steigender] Zeitfunktionen $\hat{t}_{km}$ existiert stets ein optimales Routing, bei dem es ein $a' \in \{0,1,\ldots,|\Xi(k)\times\Xi(m)|\}$ gibt, für welches sämtliche Quelle-Ziel-Paare (i^a,j^a) mit $a \leq a'$ ausschließlich über Hubroutenverbindungen und die übrigen ausschließlich über Direktverbindungen bedient werden.

---

319 Man beachte, dass $\sum_{i,j} W_{ij}^h \leq \sum_{i,j} W'^h_{ij}$ $\left[\sum_{i,j} W_{ij}^h \geq \sum_{i,j} W'^h_{ij}\right]$ und damit auch $\hat{t}_{km}\left(\sum_{i,j} W_{ij}^h\right) \geq \hat{t}_{km}\left(\sum_{i,j} W'^h_{ij}\right)$.

320 Man beachte, dass $\{(i,j)|w_{ij}-W'^h_{ij}>0\} \subseteq \{(i,j)|w_{ij}-W^h_{ij}>0\}$ und $\{(i,j)|W'^h_{ij}>0\} \subseteq \{(i,j)|W^h_{ij}>0\}$.

Beweis:

Aufgrund von Satz 4.4 genügt es, nur solche Lösungen zu betrachten, bei denen für jedes Quelle-Ziel-Paar (i,j) ausschließlich entweder über die Direktverbindung oder über die entsprechende Hubroute transportiert wird.

$\mathbf{W^h}$ sei eine diese Bedingung erfüllende optimale Lösung. Für monoton fallende Zeitfunktionen gelte $a' = \operatorname{argmax}_a\{W^h_{i^a_{\cdot}j^a_{\cdot}} > 0\}$ falls $\sum_{i,j} W^h_{ij} > 0$ und sonst $a' = 0$. Bei monoton fallenden Zeitfunktionen wähle man $a' = |\Xi(k) \times \Xi(m)|$ falls $\sum_{i,j} w_{ij} - W^h_{ij} = 0$ und sonst $a' = \operatorname{argmin}_a\{w_{i^a_{\cdot}j^a_{\cdot}} - W^h_{i^a_{\cdot}j^a_{\cdot}} > 0\} - 1$. Von $\mathbf{W^h}$ leiten wir eine Lösung $\mathbf{W'^h}$ ab:

$$W'^h_{i^a_{\cdot}j^a_{\cdot}} = \begin{cases} w_{i^a_{\cdot}j^a_{\cdot}} & \text{für } a \leq a' \\ 0 & \text{sonst} \end{cases} \qquad \text{für alle } a$$

Für den Zielfunktionswert der Lösung $\mathbf{W^h}$ gilt:

$$\max\left\{ \max_{i,j \text{ mit } W^h_{ij} > 0}^{\geq 0} \left\{ t_{ik} + \hat{t}_{km}\left(\sum_{i,j} W^h_{ij}\right) + t_{mj} \right\}, \max_{i,j \text{ mit } w_{ij} - W^h_{ij} > 0}^{\geq 0} \{\tilde{t}_{ij}\} \right\}$$

$$\geq^{321} \max\left\{ \max_{i,j \text{ mit } W^h_{ij} > 0}^{\geq 0} \left\{ t_{ik} + \hat{t}_{km}\left(\sum_{i,j} W'^h_{ij}\right) + t_{mj} \right\}, \max_{i,j \text{ mit } w_{ij} - W^h_{ij} > 0}^{\geq 0} \{\tilde{t}_{ij}\} \right\}$$

$$\geq^{322} \max\left\{ \max_{i,j \text{ mit } W'^h_{ij} > 0}^{\geq 0} \left\{ t_{ik} + \hat{t}_{km}\left(\sum_{i,j} W'^h_{ij}\right) + t_{mj} \right\}, \max_{i,j \text{ mit } w_{ij} - W'^h_{ij} > 0}^{\geq 0} \{\tilde{t}_{ij}\} \right\}$$

Damit ist der Zielfunktionswert der Lösung $\mathbf{W'^h}$ nicht schlechter als der von $\mathbf{W^h}$, welche somit auch eine optimale Lösung darstellt, die den Forderungen des Satzes entspricht. qed.

321 Vgl. Fußnote 319.

322 Aufgrund der Definition der Sortierreihenfolge und von $\mathbf{W'^h}$ gilt für monoton fallende Zeitfunktionen entweder $a' = 0$ und damit $\mathbf{W^h} = \mathbf{W'^h}$ oder für alle (i,j) mit $W'^h_{ij} > 0$ $t_{ik} + t_{mj} \leq t_{i^{a'}_{\cdot}k} + t_{mj^{a'}_{\cdot}}$ und $\{(i,j) | w_{ij} - W^h_{ij} > 0\} \supseteq \{(i,j) | w_{ij} - W'^h_{ij} > 0\}$. Entsprechend ist für monoton steigende Zeitfunktionen entweder $a' = |\Xi(k) \times \Xi(m)|$ und damit $\mathbf{W^h} = \mathbf{W'^h}$ oder $\{(i,j) | W^h_{ij} > 0\} \supseteq \{(i,j) | W'^h_{ij} > 0\}$ und für alle (i,j) mit $w_{ij} - W'^h_{ij} > 0$ gilt $\tilde{t}_{ij} \leq \tilde{t}_{i^{a'+1}_{\cdot}j^{a'+1}_{\cdot}}$.

Für jede Kombination aus Hubs k und m mit $\Xi(k) \neq \Xi(m)$ erhalten wir aufgrund des Satzes 4.5 ein optimales Routing $\mathbf{W}^{\mathbf{h}}$, indem wir eine geeignete Sortierung bestimmen und für jedes Element dieser Sortierung eine Routing-Lösung ermitteln. Unter diesen Lösungen existiert mit Sicherheit ein optimales Routing. Der erforderliche Rechenaufwand entsteht im Wesentlichen bei der Sortierung. Bei geschickter Implementierung beträgt die Laufzeitkomplexität für die Berechnung eines optimalen Routings für das Paar (k, m) lediglich $O(|\Xi(k) \times \Xi(m)| \cdot \log(|\Xi(k) \times \Xi(m)|))$. Anhand der optimalen Routing-Lösungen lassen sich die Parameter $b_{\{k,m\}}^{MMT}$ unmittelbar bestimmen, indem man das Maximum aus den minimalen maximalen Transportzeiten für die Hubpaare (k, m) und (m, k) berechnet.

4.2.3 Mengenabhängige Zeitfunktion

4.2.3.1 Minimierung der maximalen Transportzeit

In der Weise, wie man die Ansätze in Abschnitt 3.2.2 für das Problem [SA-C, D | FC | VC | | MC] auf das Problem [SA-C, D | | TT | | MMT] übertragen kann (vgl. Abschnitt 4.2.2), lässt sich auch der Ansatz aus Abschnitt 3.2.3.1 in modifizierter Form auf das Problem [SA, D, p | | TT | | MMT] anwenden. Die Änderungen des Modells und die Berechnung der Zielkoeffizienten erfolgen analog, auch bei den Varianten mit mengenabhängigen Durchschnittstransportkosten bzw. Transportzeiten. Die Hauptschwierigkeiten des verallgemeinerten Cluster-Modells kommen aber auch hier zum Tragen. Die Anzahl der Variablen und Nebenbedingungen erlaubt es lediglich, sehr kleine Instanzen zu lösen.

Auch der heuristische Ansatz aus Abschnitt 3.2.3.2 kann nach leichten Modifikationen eingesetzt werden. Für die Bewertung einer Partition ist dann wie unter Abschnitt 4.2.2 angegeben zu verfahren.

Eine detaillierte Darstellung der Lösungsansätze würde sich in hohem Maße mit der unter Abschnitt 3.2.3 beschriebenen decken. Wir verzichten daher auf eine explizite Darstellung. Dem interessierten Leser sollte eine Umsetzung allerdings nicht schwer fallen.

4.2.3.2 Gegebene Zeitschranke

Verfahren für Problemstellungen mit der Minimierung der maximalen Transportzeit als Zielsetzung lassen sich auch einsetzen, um Problemstellungen mit gegebener Zeitschranke zu lösen, falls für alle Hubs gleiche Fixkosten zu berücksichtigen sind. Dabei wird für jede mögliche vorgegebene Anzahl an Hubs p die entsprechende die Transportzeit minimierende Probleminstanz gelöst. Der Zielfunktionswert und eine optimale Lösung für eine zeitbeschränkte Probleminstanz ergeben sich dann anhand derjenigen die Transportzeit minimierenden Probleminstanz, deren optimaler Zielfunktionswert unter der Zeitschranke liegt und bei mehreren solchen Kandidaten unter diesen das kleinste p aufweist. Die unter Abschnitt 4.2.3.1 angesprochenen Verfahren sind aber nur bedingt einsetzbar bzw. liefern nur heuristische Lösungen.

Die im Folgenden entwickelten Modelle setzen (zunächst) monoton fallende Zeitfunktionen $\hat{t}_{ij}$ auf allen zur Verfügung stehenden Verbindungen voraus. Direktverbindungen sind nicht einsetzbar. Wir gehen zwar von der Full-Cross-Traffic Assumption aus und unterstellen, dass es für alle Quelle-Ziel-Paare eine gemeinsame Zeitschranke gibt. Dem interessierten Leser dürfte es allerdings leicht fallen, die Vorgehensweise so zu modifizieren, dass sich eine für jedes Quelle-Ziel-Paar individuelle Zeitschranke berücksichtigen lässt und die Full-Cross-Traffic Assumption nicht erforderlich ist.

Zur Verfügung steht lediglich ein Fahrzeugtyp, so dass die für eine Verbindung notwendige Zeit (über die Wartezeit) ausschließlich von der transportierten Menge abhängt.[323] Wir knüpfen an das Modell (4.24) - (4.28) an, müssen allerdings auf geeignete Art und Weise die Mengenabhängigkeit der Transportzeit berücksichtigen. Hierfür greifen wir auf Variablen P^i_{km} zurück, wie sie im Modell (3.23) - (3.29) und (3.5) - (3.8) zum Einsatz kommen. Sie haben hier die gleiche Semantik wie in der Abbildung 3.15 dargestellt. Damit können wir ein Grundmodell für das Problem angeben:[324]

$$\text{Minimiere } \sum_k A_{kk} \tag{4.40}$$

unter den Nebenbedingungen

$$A_{ik} \cdot o_i = \sum_m P^i_{km} \qquad \text{für alle i und k} \tag{4.41}$$

323 Vgl. Abschnitt 4.1.5.

324 Für alle Hubs k und Transportmengen λ gilt $\hat{t}_{kk}(\lambda) = 0$, da hier kein „echter" Transport stattfindet, sondern nur der einfacheren Darstellung im Modell wegen ein „virtueller" Transport unterstellt wird.

$$\sum_k P^i_{km} = \sum_j w_{ij} \cdot A_{jm} \qquad \text{für alle i und m} \qquad (4.42)$$

$$A_{ik} + A_{jm} \le 1 + \frac{\sum_{i'} P^{i'}_{km}}{\min_{\lambda} \left\{ \lambda \;\middle|\; \begin{array}{l} (\hat{t}_{ik}(o_i) + \hat{t}_{km}(\lambda) + \hat{t}_{mj}(d_j) \le \mu \\ \text{und } 0 \le \lambda \le \sum_{i',j'} w_{i'j'}) \text{ oder } \lambda = \infty \end{array} \right\}}$$

$$\text{für alle i, j, k und m} \qquad (4.43)$$

$$P^i_{km} \ge 0 \qquad \text{für alle i, k und m} \qquad (4.44)$$

sowie (4.7) - (4.9)

Die Zielsetzung des Modells ist es, die Anzahl der Hubs zu minimieren. Für die Zuordnung der Knoten zu Hubs greifen wir auf Variablen A_{ik} zurück. Die Nebenbedingungen (4.7) - (4.9) stellen sicher, dass jeder Knoten genau einem Hub zugeordnet ist.

Durch die Gleichungen (4.41) und (4.42) sowie die Ungleichungen (4.44) muss eine Variable P^i_{km} als Wert die Menge wiedergeben, welche von der Quelle i zum Hub m über den Hub k als (einzige) Zwischenstation transportiert wird. Die erste der beiden Nebenbedingungsgruppen gewährleistet, dass alle aus dem Knoten i stammenden Güter auf einer Quelle-Hub-Verbindung (i, k) an einen zweiten Hub m (welcher nicht von k verschieden sein muss) weitergeleitet werden. Die Nebenbedingungen (4.42) hingegen sorgen dafür, dass alle Güter, die in einem Hub m ankommen und zuvor als Zwischenstation schon einen Hub k hatten, über eine Hub-Ziel-Verbindung einen entsprechenden Zielknoten erreichen. Zugleich ist sichergestellt, dass in jedem Zielknoten j genau die richtige Menge an Gütern vom Quellknoten i ankommt.

Analog zu (4.28) werden inkompatible Zuordnungspaare – d.h. solche, deren gleichzeitige Verwendung zu einer Zeitüberschreibung bei mindestens einem Quelle-Ziel-Paar (i, j) führen würde – mit den Nebenbedingungen (4.43) verboten. Dabei sind die auf den einzelnen Verbindungen transportierten Mengen zu berücksichtigen. Auf Quelle-Hub-Verbindungen (i, k) und Hub-Ziel-Verbindungen (m, j) lassen sich, da jeder Knoten genau einem Hub zugeordnet wird, diese Mengen vorab für den Fall bestimmen, dass eine solche Verbindung überhaupt Verwendung findet. Sie betragen o_i bzw. d_j. Damit können wir die entsprechenden Transportzeiten $\hat{t}_{ik}(o_i)$ und $\hat{t}_{mj}(d_j)$ berechnen. Die Transportmenge auf Hub-

Hub-Verbindungen (k, m) ist hingegen variabel: $\sum_{i'} P_{km}^{i'}$. Für jedes Zuordnungspaar (i, k) und (j, m) lässt sich eine entsprechende kritische Transportmenge λ für die Hub-Hub-Verbindung (k, m) angeben, ab welcher die Route $i - k - m - j$ die Zeitschranke μ nicht überschreitet. Gibt es keine Transportmenge innerhalb des möglichen Wertebereiches, so beträgt die kritische Transportmenge ∞. Eine Nebenbedingung (4.43) stellt sicher, dass ein Zuordnungspaar (i, k) und (j, m) nicht gleichzeitig zum Einsatz kommen darf, wenn auf der Hub-Hub-Verbindung nicht mindestens die kritische Menge erreicht wird. Andernfalls stellt sie keine Einschränkung dar.

Durch Vorüberlegungen kann man die möglichen Zuordnungen von Knoten i zu Hubs k einschränken und damit die Anzahl der Variablen A_{ik} reduzieren. Wir gehen davon aus, dass die Transportzeitfunktionen $\hat{t}_{ij}$ die Dreiecksungleichung bei beliebigem λ mit $0 \leq \lambda \leq \sum_{i,j} w_{ij}$ erfüllen. Insbesondere gilt für alle Hubs k und m sowie Zielknoten j und $w^{\Sigma} = \sum_{i',j'} w_{i'j'}$:

$$\hat{t}_{kj}(w^{\Sigma}) \leq \hat{t}_{km}(w^{\Sigma}) + \hat{t}_{mj}(w^{\Sigma}) \text{ und } \hat{t}_{jk}(w^{\Sigma}) \leq \hat{t}_{jm}(w^{\Sigma}) + \hat{t}_{mk}(w^{\Sigma})$$

Damit folgt bei gegebenem Quelle-Ziel-Paar (i, j) und Hub k für beliebige Hubs m sowie Transportmengen λ_{km} bzw. λ_{mk} mit $0 \leq \lambda_{km}, \lambda_{mk} \leq w^{\Sigma}$:

$$\hat{t}_{ik}(o_i) + \hat{t}_{km}(\lambda_{km}) + \hat{t}_{mj}(d_j) \geq \hat{t}_{ik}(o_i) + \hat{t}_{km}(w^{\Sigma}) + \hat{t}_{mj}(w^{\Sigma}) \geq \hat{t}_{ik}(o_i) + \hat{t}_{kj}(w^{\Sigma})$$

bzw.

$$\hat{t}_{jm}(o_j) + \hat{t}_{mk}(\lambda_{mk}) + \hat{t}_{ki}(d_i) \geq \hat{t}_{jm}(w^{\Sigma}) + \hat{t}_{mk}(w^{\Sigma}) + \hat{t}_{ki}(d_i) \geq \hat{t}_{jk}(w^{\Sigma}) + \hat{t}_{ki}(d_i)$$

Gibt es nun einen Knoten j, für den $\hat{t}_{ik}(o_i) + \hat{t}_{kj}(w^{\Sigma})$ oder $\hat{t}_{jk}(w^{\Sigma}) + \hat{t}_{ki}(d_i)$ die Zeitschranke μ überschreitet, so ist dies auch bei beliebigem m für die Route $i - k - m - j$ bzw. $j - m - k - i$ der Fall. Damit kann die Zuordnung des Knotens i zum Hub k schon vorab ausgeschlossen werden.

Ferner ist eine Zuordnung eines Knotens i zu einem Hub k dann nicht möglich, wenn die Transportzeit der Route $i - k - i$ (also $\hat{t}_{ik}(o_i) + \hat{t}_{ki}(d_i)$) größer als μ wäre.

Anhand dieser Überlegungen können wir die Menge möglicher Zuordnungen (i, k) von Knoten i zu Hubs k folgendermaßen beschreiben:

$$\Phi = \left\{ (i,k) \;\middle|\; \begin{array}{c} \hat{t}_{ik}(o_i) + \hat{t}_{ki}(d_i) \leq \mu \text{ und} \\ \max\limits_{j} \{ \max \{ \hat{t}_{ik}(o_i) + \hat{t}_{kj}(w^{\Sigma}) \}, \hat{t}_{jk}(w^{\Sigma}) + \hat{t}_{ki}(d_i) \} \leq \mu \end{array} \right\} \tag{4.45}$$

Weiterhin lassen sich vorab einige Nebenbedingungen (4.43) aus dem Modell entfernen bzw. verschärfen. Hierfür sind möglichst gute untere und obere Schranken $\underline{m}_{km}$ bzw. $\overline{m}_{km}$ für Transportmengen auf Hub-Hub-Verbindungen (k, m) notwendig. Trivialerweise gelten folgende Schranken, da nicht weniger als 0 und nicht mehr als die insgesamt zu transportierende Menge über eine solche Verbindung befördert werden kann:

$$\overline{m}_{km} = w^{\Sigma} ; \underline{m}_{km} = 0 \qquad \text{für alle k und m} \qquad (4.46)$$

Die obere Schranke lässt sich unmittelbar verbessern. Der Transport für das Quelle-Ziel-Paar (i, j) muss entlang der Route $i - k - m - j$ erfolgen, wenn in der umgekehrten Richtung für das Quelle-Ziel-Paar (j, i) die Route $j - m - k - i$ eingesetzt wird. Dementsprechend können die Quelle-Ziel-Paare (i, j) und (j, i) höchstens $\max\{w_{ij}, w_{ji}\}$ zur gesamten auf der Hub-Hub-Verbindung (k, m) anfallenden Transportmenge beitragen. Für den Fall $i = k$ und $j = m$ steht sogar fest, dass die Quelle-Ziel-Paare (i, j) und (j, i) genau w_{ij} Einheiten auf der Hub-Hub-Verbindung transportieren. Damit erhalten wir bessere Schranken für die Transportmengen:

$$\overline{m}_{km} = w_{km} + \sum_{\substack{i<j \text{ mit} \\ \{i,j\} \neq \{k,m\}}} \max\{w_{ij}, w_{ji}\} ; \underline{m}_{km} = w_{km} \qquad \text{für alle k und m} \qquad (4.47)$$

Weiter verbessern lassen sich die Schranken, wenn man zusätzliches Wissen einsetzt. Ist bekannt, dass dem Hub k der Knoten i zugeordnet ist und dem Hub m der Knoten j, so tragen die Quelle-Ziel-Paare (i, k), (k, i), (m, j) und (j, m) nichts zur Transportmenge auf der Hub-Hub-Verbindung (k, m) bei:

$$\overline{m}_{(i,k)(j,m)} = w_{km} + \sum_{\substack{i'<j' \text{ mit } \{i',j'\} \notin \\ \{\{i,k\},\{j,m\},\{k,m\}\}}} \max\{w_{i'j'}, w_{j'i'}\} \qquad \text{für alle i, j, k und m} \qquad (4.48)$$

Die zusätzlichen Informationen lassen sich auch ausnutzen, um die untere Schranke zu verbessern, weil dann die Quelle-Ziel-Paare (i, j), (k, m), (i, m) und (k, j) in jedem Fall Gebrauch von der Hub-Hub-Verbindung (k, m) machen:

$$\underline{m}_{(i,k)(j,m)} = \sum_{(i',j') \in \{(i,j),(k,m),(i,m),(k,j)\}} w_{i'j'} \qquad \text{für alle i, j, k und m} \qquad (4.49)$$

Mit Hilfe von oberen Schranken $\overline{m}_{(i,k)(j,m)}$ und $\overline{m}_{(j,m)(i,k)}$ können wir zweielementige Mengen $\{(i,k),(j,m)\}$ von Zuordnungen (i, k) und (j, m) identifizieren, welche selbst im besten Fall, in dem auf der Hub-Hub-Verbindung (k, m) bzw. (m, k) ein Volumen in Höhe von $\overline{m}_{(i,k)(j,m)}$ bzw. $\overline{m}_{(j,m)(i,k)}$ anfällt, nicht gleichzeitig in einer Lösung verwendet werden dürfen. Dies ist dann gegeben, wenn

$$\hat{t}_{ik}(o_i) + \hat{t}_{km}(\overline{m}_{(i,k)(j,m)}) + \hat{t}_{mj}(d_j) > \mu$$

oder

$$\hat{t}_{jm}(o_j) + \hat{t}_{mk}(\overline{m}_{(j,m)(i,k)}) + \hat{t}_{ki}(d_i) > \mu$$

gilt. Solche $\{(i,k),(j,m)\}$ fassen wir in einer Menge zusammen, um das Modell einfacher beschreiben zu können:

$$\Psi^{BC} = \left\{ \begin{Bmatrix} (i,k), \\ (j,m) \end{Bmatrix} \middle| \begin{array}{c} (i,k),(j,m) \in \Phi \text{ und} \\ \max\left\{ \begin{array}{c} \hat{t}_{ik}(o_i) + \hat{t}_{km}(\overline{m}_{(i,k)(j,m)}) + \hat{t}_{mj}(d_j), \\ \hat{t}_{jm}(o_j) + \hat{t}_{mk}(\overline{m}_{(j,m)(i,k)}) + \hat{t}_{ki}(d_i) \end{array} \right\} > \mu \end{array} \right\} \quad (4.50)$$

Auf der anderen Seite gibt es Kombinationen von Zuordnungspaaren (i,k) und (j,m), die sich aufgrund der Mindesttransportmengen $\underline{m}_{(i,k)(j,m)}$ mit Sicherheit nicht gegenseitig ausschließen. Dies ist unter der folgenden Bedingung der Fall:

$$\hat{t}_{ik}(o_i) + \hat{t}_{km}(\underline{m}_{(i,k)(j,m)}) + \hat{t}_{mj}(d_j) \le \mu$$

Ist diese gegeben, so kann die entsprechende Nebenbedingung (4.43) ersatzlos entfallen.

Darüber hinaus gibt es Kombinationen von Zuordnungspaaren (i,k) und (j,m) – dargestellt als Vektor (i,k,j,m) –, für die sich weder aufgrund der Mindestmenge $\underline{m}_{(i,k)(j,m)}$ noch mit Hilfe der Höchstmengen $\overline{m}_{(i,k)(j,m)}$ und $\overline{m}_{(j,m)(i,k)}$ eine Aussage über die gleichzeitige Verwendbarkeit treffen lässt. Solche nur in einer ungünstigen Konstellation inkompatiblen Zuordnungen fassen wir in der Menge Ψ^{WC} zusammen:

$$\Psi^{WC} = \left\{ (i,k,j,m) \middle| \begin{array}{c} (i,k),(j,m) \in \Phi, \{(i,k),(j,m)\} \notin \Psi^{BC} \text{ und} \\ \hat{t}_{ik}(o_i) + \hat{t}_{km}(\underline{m}_{(i,k)(j,m)}) + \hat{t}_{mj}(d_j) > \mu \end{array} \right\} \quad (4.51)$$

Mit Hilfe der oberen Schranken $\overline{m}_{(i,k)(j,m)}$ lässt sich auch genauer abschätzen, ob eine Zuordnung von einem Knoten i zu einem Hub k überhaupt in Betracht zu ziehen ist. Existiert für eine solche ein Knoten j, so dass bei beliebiger Wahl des j zuzuordnenden Hubs m die Route i – k – m – j oder j – m – k – i selbst dann die Zeitschranke überschreitet, wenn man für die Hub-Hub-Verbindung (k, m) bzw. (m, k) als Transportvolumen $\overline{m}_{(i,k)(j,m)}$ bzw. $\overline{m}_{(j,m)(i,k)}$ unterstellt, so können wir diese Zuordnung vorab ausschließen. Damit erhalten wir eine i.d.R. eingeschränktere Menge Φ:

$$\Phi = \left\{ (i,k) \left| \begin{array}{c} \hat{t}_{ik}(o_i) + \hat{t}_{ki}(d_i) \le \mu \text{ und} \\ \max_j \left\{ \min_m \left\{ \max \left\{ \begin{array}{l} \hat{t}_{ik}(o_i) + \hat{t}_{km}(\overline{m}_{(i,k)(j,m)}) + \hat{t}_{mj}(d_j), \\ \hat{t}_{jm}(o_j) + \hat{t}_{mk}(\overline{m}_{(j,m)(i,k)}) + \hat{t}_{ki}(d_i) \end{array} \right\} \right\} \right\} \\ \le \mu \end{array} \right. \right\} \quad (4.52)$$

Unter Zuhilfenahme der Mengen Φ, Ψ^{BC} und Ψ^{WC} können wir das Problem hinsichtlich des Lösungsraumes der LP-Relaxation kompakter formulieren:

$$\text{Minimiere } \sum_k A_{kk} \quad (4.53)$$

unter den Nebenbedingungen

$$A_{ik} \cdot o_i = \sum_m P^i_{km} \qquad \text{für alle } (i,k) \in \Phi \quad (4.54)$$

$$\sum_{(i,k) \in \Phi} P^i_{km} = \sum_{(i,m) \in \Phi} w_{ij} \cdot A_{jm} \qquad \text{für alle i und m} \quad (4.55)$$

$$P^i_{km} \ge 0 \qquad \text{für alle m und } (i,k) \in \Phi \quad (4.56)$$

$$A_{ik} + A_{jm} \le 1 \qquad \text{für alle } \{(i,k),(j,m)\} \in \Psi^{BC} \quad (4.57)$$

$$A_{ik} + A_{jm} \le 1 + \frac{\sum_{i'} P^{i'}_{km}}{\min_\lambda \left\{ \lambda \left| \begin{array}{c} \hat{t}_{ik}(o_i) + \hat{t}_{km}(\lambda) + \\ \hat{t}_{mj}(d_j) \le \mu \end{array} \right. \right\}} \qquad \text{für alle } (i,k,j,m) \in \Psi^{WC} \quad (4.58)$$

sowie (4.25) - (4.27)

In den Nebenbedingungen (4.54) - (4.56) und (4.25) - (4.27) ist nun berücksichtigt, dass nicht alle (möglichen) Variablen A_{ik} betrachtet werden müssen. Die Ungleichungen (4.43) entfallen für Zuordnungspaare, die weder in Ψ^{BC} noch in Ψ^{WC} enthalten sind. Für diese ist die simultane Verwendung stets erlaubt. Bei Zuordnungspaaren, die in der Menge unabhängig von den Transportmengen auf Hub-Hub-Verbindungen nie gleichzeitig eingesetzt werden können (also zur Menge Ψ^{BC} gehören), sind Restriktionen (4.57) zu berücksichtigen. Nur bei den restlichen Zuordnungspaare bleiben wir in (4.58) (im Wesentlichen)[325] bei den Nebenbedingungen (4.43).

Mit Hilfe eines iterativen Verfahrens können wir simultan (i.d.R.) eingeschränktere Mengen Φ und niedrigere Schranken $\overline{m}_{km}$ bestimmen. Dabei nutzen wir zum einen aus, dass sich meist bessere Schranken $\overline{m}_{km}$ angeben lassen, wenn man auf eine Menge Φ zurückgreifen kann, die nicht alle möglichen Zuordnungen umfasst. Zum anderen ergibt sich aus besseren Schranken für Transportmengen auf Hub-Hub-Verbindungen die Möglichkeit, (weitere) Zuordnungen als unzulässig zu erkennen und damit aus der Menge Φ auszuschließen. Unter Algorithmus 4.1 ist das iterative Verfahren als Pseudocode dargestellt:

Algorithmus 4.1: Simultane Bestimmung von Φ und $\overline{m}_{km}$

1: Bestimme Φ bzw. $\overline{m}_{km}$ für alle k und m wie in (4.52) bzw. (4.47) angegeben.

2: Wiederhole bis Φ nach Iteration unverändert:

3: | Wiederhole für alle (k, m) mit $k \neq m$:

4: | | Wiederhole bis $\overline{m}_{km}$ nach Iteration unverändert:

5: | | | $\phi^{ij} = \begin{cases} 1 & \text{wenn} \begin{pmatrix} (i,k),(j,m) \in \Phi \text{ und} \\ \hat{t}_{ik}(o_i) + \hat{t}_{km}(\overline{m}_{km}) + \hat{t}_{mj}(d_j) \leq \mu \end{pmatrix} \\ 0 & \text{sonst} \end{cases}$ für alle (i,j) mit $i \neq j$

6: | | | $\overline{m}_{km} = \phi^{km} \cdot w_{km} + \sum_{i<j \text{ mit } \{i,j\} \neq \{k,m\}} \max\{\phi^{ij} \cdot w_{ij}, \phi^{ji} \cdot w_{ji}\}$

7: | $\Phi = \left\{ (i,k) \in \Phi \;\middle|\; \min_j \left| \left\{ m \;\middle|\; \begin{matrix} (j,m) \in \Phi, \\ \hat{t}_{ik}(o_i) + \hat{t}_{km}(\overline{m}_{km}) + \hat{t}_{mj}(d_j) \leq \mu \\ \text{und } \hat{t}_{jm}(o_j) + \hat{t}_{mk}(\overline{m}_{mk}) + \hat{t}_{ki}(d_i) \leq \mu \end{matrix} \right\} \right| > 0 \right\}$

Die erste Zeile initialisiert die Menge Φ und die Schranke $\overline{m}_{km}$ wie weiter oben diskutiert. In den restlichen Zeilen wird die Menge Φ in einer Schleife iterativ so lange reduziert, bis sich innerhalb der letzten Iteration keine Änderung mehr ein-

325 Für die nun betrachteten Zuordnungspaare gilt stets $0 \leq \lambda \leq \sum_{i',j'} w_{i'j'}$, so dass sich die Nebenbedingungen geringfügig vereinfachen lassen.

gestellt hat. Als Basis für die Modifikation der Menge Φ dienen die oberen Schranken $\overline{m}_{km}$.

Für jedes Hub-Hub-Paar (k, m) untersuchen wir in den Zeilen 5 und 6, ob aufgrund der bis dato gültigen Mengen Φ und der alten oberen Schranken eine Verkleinerung von $\overline{m}_{km}$ möglich ist. Nur solche Quelle-Ziel-Paare (i, j) können zum Verkehrsaufkommen auf der Hub-Hub-Verbindung (k, m) beitragen ($\phi^{ij} = 1$), für welche die Zuordnungen (i, k) und (j, m) erlaubt – also in der Menge Φ enthalten – sind. Ferner darf die Transportzeit auf der Route $i - k - m - j$ das Zeitlimit nicht überschreiten. Ist die auf einer schon zuvor bestimmten oberen Schranke $\overline{m}_{km}$ basierende Bedingung $\hat{t}_{ik}(o_i) + \hat{t}_{km}(\overline{m}_{km}) + \hat{t}_{mj}(d_j) > \mu$ erfüllt, so kann keinesfalls etwas von i nach j über die Hub-Hub-Verbindung (k, m) geleitet werden ($\phi^{ij} = 0$). Diese Informationen verwendet die Zeile 6, um eine gegenüber (4.48) verkleinerte obere Schranke zu ermitteln. Durch eine solche Verbesserung ist es u.U. möglich, in Zeile 5 weitere Quelle-Ziel-Paare auszuschließen. Daher werden diese beiden Berechnungen so lange wiederholt, bis sich keine Änderung der Schranke mehr ergibt.

Im Anschluss an die Bestimmung der oberen Schranken (in Abhängigkeit einer zuvor berechneten Menge Φ) untersucht man in Zeile 7, ob sich aufgrund der (neuen) oberen Schranken $\overline{m}_{km}$ einige Elemente aus der Menge Φ entfernen lassen. Dies ist dann der Fall, wenn sich für eine Zuordnung (i, k) ein Knoten j finden lässt, so dass es keine in Φ enthaltene Zuordnung (j, m) gibt, für welche eine der Routen $i - k - m - j$ und $j - m - k - i$ die Zeitschranke selbst dann nicht einhält, wenn auf den Hub-Hub-Verbindungen (k, m) und (m, k) die maximal möglichen Mengen $\overline{m}_{km}$ bzw. $\overline{m}_{mk}$ transportiert werden.

Die im Rahmen des Algorithmus berechneten Schranken $\overline{m}_{km}$ dienen ferner dazu, auf einem alternativen Weg die Menge Ψ^{BC} zu bestimmen:

$$\Psi^{BC} = \left\{ \{(i,k),(j,m)\} \;\middle|\; \begin{array}{c} (i,k),(j,m) \in \Phi \text{ und} \\ \max\left\{ \begin{array}{l} \hat{t}_{ik}(o_i) + \hat{t}_{km}(\overline{m}_{km}) + \hat{t}_{mj}(d_j), \\ \hat{t}_{jm}(o_j) + \hat{t}_{mk}(\overline{m}_{mk}) + \hat{t}_{ki}(d_i) \end{array} \right\} > \mu \end{array} \right\} \qquad (4.59)$$

In der Regel ergibt sich hierdurch eine restriktivere Menge Ψ^{BC} als bei der Anwendung der Formel (4.50).

Neben den Fixkosten für die Einrichtung bzw. den Unterhalt von Hubs, welche wir wieder durch entsprechende Zielfunktionskoeffizienten für Variablen A_{kk} berücksichtigen können, lassen sich auch einfach variable Transportkosten einbeziehen, soweit deren Stückkosten nicht mengenabhängig sind. Die variablen Kosten betragen $o_i \cdot c_{ik} \cdot A_{ik}$ auf Quelle-Hub-Verbindungen (i, k), $d_i \cdot c_{ki} \cdot A_{ik}$ für Hub-Ziel-Verbindungen (k, i) und $c_{km} \cdot \sum_i P^i_{km}$ für Hub-Hub-Verbindungen (k, m).[326] Damit kommen wir zum folgenden Modell:[327]

$$\text{Minimiere } \sum_k f_k \cdot A_{kk} + \sum_{(i,k) \in \Phi} (o_i \cdot c_{ik} + d_i \cdot c_{ki}) \cdot A_{ik} + \sum_m c_{km} \cdot P^i_{km} \tag{4.60}$$

unter den Nebenbedingungen (4.25) - (4.27) und (4.54) - (4.58)

Das Modell (4.53) - (4.58) und (4.25) - (4.27) ist in modifizierter Form auch anwendbar, um Problemstellungen mit monoton steigenden Zeitfunktionen zu lösen, die bspw. durch Staubildung verursacht werden können. Allerdings ist dort der Algorithmus 4.1 auch nach Modifikationen nicht verwendbar, weil sich über obere Schranken für die Transportmengen auf einzelnen Verbindungen die Menge Φ nicht reduzieren lässt. Dies ist allenfalls über untere Schranken möglich, welche wiederum (praktisch) nicht durch Φ beeinflussbar sind. Daher greifen wir bei der Bestimmung von Ψ^{BC}, Ψ^{WC} und Φ auf modifizierte Varianten von (4.50), (4.51) und (4.52) zurück:

$$\Psi^{BC} = \left\{ \begin{Bmatrix} (i,k), \\ (j,m) \end{Bmatrix} \;\middle|\; \begin{array}{c} (i,k), (j,m) \in \Phi \text{ und} \\ \max\left\{ \begin{array}{l} \hat{t}_{ik}(o_i) + \hat{t}_{km}(\underline{m}_{(i,k)(j,m)}) + \hat{t}_{mj}(d_j), \\ \hat{t}_{jm}(o_j) + \hat{t}_{mk}(\underline{m}_{(j,m)(i,k)}) + \hat{t}_{ki}(d_i) \end{array} \right\} > \mu \end{array} \right\} \tag{4.61}$$

$$\Psi^{WC} = \left\{ (i,k,j,m) \;\middle|\; \begin{array}{c} (i,k), (j,m) \in \Phi, \{(i,k),(j,m)\} \notin \Psi^{BC} \text{ und} \\ \hat{t}_{ik}(o_i) + \hat{t}_{km}(\overline{m}_{(i,k)(j,m)}) + \hat{t}_{mj}(d_j) > \mu \end{array} \right\} \tag{4.62}$$

$$\Phi = \left\{ (i,k) \;\middle|\; \begin{array}{c} \ddot{t}_{ik}(o_i) + \ddot{t}_{ki}(d_i) \le \mu \text{ und} \\ \max\limits_j \left\{ \min\limits_m \left\{ \max \left\{ \begin{array}{l} \hat{t}_{ik}(o_i) + \hat{t}_{mk}(\underline{m}_{(i,k)(j,m)}) + \hat{t}_{mj}(d_j), \\ \hat{t}_{jm}(o_j) + \hat{t}_{mk}(\underline{m}_{(j,m)(i,k)}) + \hat{t}_{ki}(d_i) \end{array} \right\} \right\} \right\} \\ \le \mu \end{array} \right\} \tag{4.63}$$

---

326 Skalierungsfaktoren in Abhängigkeit des Verbindungstyps lassen sich unmittelbar ergänzen.

327 Führt man im Modell (4.40) - (4.44) und (4.7) - (4.9) Variablen P^i_{km} und entsprechende Nebenbedingungen ein, so lassen sich dort ganz analog neben Fixkosten für die Hubeinrichtung auch variable Transportkosten berücksichtigen.

Damit lässt sich das Problem folgendermaßen beschreiben:

$$\text{Minimiere } \sum_k A_{kk} \tag{4.64}$$

unter den Nebenbedingungen

$$A_{ik} + A_{jm} \leq 2 - \frac{\sum_{i'} P_{km}^{i'} - \max_{\lambda} \{\lambda \mid \hat{t}_{ik}(o_i) + \hat{t}_{km}(\lambda) + \hat{t}_{mj}(d_j) \leq \mu\}}{\overline{m}_{(i,k)(j,m)} - \max_{\lambda} \{\lambda \mid \hat{t}_{ik}(o_i) + \hat{t}_{km}(\lambda) + \hat{t}_{mj}(d_j) \leq \mu\}}$$

$$\text{für alle } (i,k,j,m) \in \Psi^{WC} \tag{4.65}$$

sowie (4.25) - (4.27) und (4.54) - (4.57)

Die Nebenbedingungen (4.65) stellen sicher, dass eine potentiell verwendbare Route i – k – m – j (sie ist Element der Menge Ψ^{WC}) nur dann zum Einsatz kommt, wenn auf der Hub-Hub-Verbindung (k,m) nicht zu viel transportiert wird. Ansonsten verhindern sie die gleichzeitige Zuordnung von Knoten i zu Hub k und von Knoten j zu Hub m.

Rechentests

Um die grundsätzliche Einsetzbarkeit des Modells (4.53) - (4.58) und (4.25) - (4.27) in Kombination mit dem Algorithmus 4.1 und der unter (4.59) spezifizierten Menge zu belegen, wurden numerische Tests mit aus dem CAB-Datensatz[328] abgeleiteten Testinstanzen durchgeführt. Dabei kam die unter 3.2.2.5 beschriebene Testumgebung zum Einsatz.[329] Als Fahrzeuggeschwindigkeit und -kapazität wurden 8000 bzw. 9000 gewählt. Aus der Geschwindigkeit ergeben sich mittels der im Datensatz aufgeführten Distanzen die Transportzeiten i.e.S. t_{ij}. Mit Hilfe der Transportmittelkapazität erhalten wir, wie in Abschnitt 4.1.5 angeführt, die Transportzeiten i.w.S. $\hat{t}_{ij}$, welche von der Transportmenge auf der Verbindung (i,j) abhängen.[330]

μ	p	Cpu
0,435	ns	2,8
0,440	ns	15086,7
0,445	2	62,4
0,450	2	45,7
0,455	2	48,2
0,460	2	4275,0
0,465	1	6,5
0,470	1	6,6
0,475	1	6,8

Tabelle 4.5: Rechenergebnisse 25 Knoten (CAB-Datensatz)

328 Vgl. Fußnote 258.

329 Als Compiler wurde MS Visual C++ 6.0 statt MS Visual Studio .NET 2003 eingesetzt.

Tabelle 4.5 gibt Ergebnisse für Testinstanzen mit 25 Knoten wieder. In der ersten Spalte ist die Zeitschranke, in der zweiten die optimale Anzahl an Hubs eingetragen bzw. ns, wenn es keine zulässige Lösung gibt. Der letzten Spalte ist zu entnehmen, welche Zeit für die Berechnung benötigt wird. Es zeigt sich, dass diese stark schwankt. Wenn eine geringfügige Verkleinerung von μ zu einer besseren Lösung führt, ist die Rechenzeit besonders hoch. Die Anzahl der Hubs bleibt gering. Im Gegensatz zu Problemen mit mengenunabhängigen Transportzeiten hat die Einführung zusätzlicher Hubs den Nachteil, dass zumindest durchschnittlich die Transportmengen auf Hub-Hub-Verbindungen abnehmen und sich dadurch ungünstigere Transportzeiten i.w.S. ergeben.

f_k	μ	p	Kosten	Cpu
64000	0,30	3	1522640	4715,6
64000	0,35	2	1520700	6333,7
64000	0,40	2	1520700	4826,9
64000	0,45	2	1520700	3809,9
80000	0,30	3	1570640	1737,2
80000	0,35	2	1552700	1448,8
80000	0,40	2	1552700	2000,0
80000	0,45	2	1552700	2550,5
96000	0,30	2	1614580	1075,1
96000	0,35	2	1584700	1328,4
96000	0,40	2	1584700	1375,1
96000	0,45	2	1584700	1031,8
112000	0,30	2	1646580	730,2
112000	0,35	2	1616700	1239,7
112000	0,40	2	1616700	1065,9
112000	0,45	2	1616700	1050,8
128000	0,30	2	1678580	570,9
128000	0,35	2	1648700	926,5
128000	0,40	1	1648270	961,4
128000	0,45	1	1648270	818,1

Tabelle 4.6: Rechenergebnisse 20 Knoten (CAB-Datensatz)

Tabelle 4.6 enthält Rechenergebnisse für das Modell (4.60), (4.25) - (4.27) und (4.54) - (4.58) (wiederum in Kombination mit dem Algorithmus 4.1 und der unter (4.59) spezifizierten Menge). Die 20 Knoten umfassenden Testinstanzen wurden mit Hilfe des CAB-Datensatzes generiert.[331] Als Fahrzeuggeschwindigkeit und -kapazität ist 14000 bzw. 7000 unterstellt.[330] Die Transportkosten sind als proportional zur Distanz mit einem Proportionalitätsfaktor von 0,0002 angenommen. Die für alle Hubs als identisch unterstellten fixen Einrichtungskosten variieren entsprechend der Angaben in der ersten Spalte. Die vierte Spalte gibt den optimalen Zielfunktionswert wieder. Die anderen Spalten sind bereits aus der vorangehenden Tabelle bekannt. Es zeigt sich, dass die Rechenzeit stark von der Höhe der Fixkosten und damit dem Anteil der Fixkosten an den Gesamtkosten abhängt. Ist dieser Anteil hoch, so ist es relativ

330 Fahrzeuggeschwindigkeit und -kapazität sind so gewählt, dass weder die Transportzeiten i.e.S. noch die Wartezeiten die Transportzeiten i.w.S. dominieren.

331 Vgl. Abschnitt 3.3.2.6.

einfach, eine optimale Lösung zu identifizieren. Ansonsten nimmt der Aufwand erheblich zu. Grundsätzlich erweist sich das vorgestellte Modell als geeignet, um für Instanzen des Problems [SA | FC | VC, TT-VD | TL | MC] mit bis zu 20 Knoten eine optimale Lösung zu bestimmen.

4.3 Multiple Allocation - Probleme

Für Multiple Allocation - Probleme sind dem Autor keine Verfahren aus der Literatur bekannt, die sich mit mengenabhängigen Zeitfunktionen beschäftigen. Auch wurden im Rahmen dieser Arbeit keine solchen entwickelt. Daher beschränken wir uns in diesem Abschnitt auf Problemstellungen mit mengenunabhängigen Zeitfunktionen.

4.3.1 Minimierung der maximalen Transportzeit

Ein erster, eher konzeptioneller Modellierungsvorschlag für das Problem [MA, p | | TT | | MMT] findet sich in Campbell (1994b). Eine verbesserte Variante, in der ein Teil der Nebenbedingungen aggregiert wird – wie von Skorin-Kapov et al. (1996) u.a. für das Problem [MA, p | | VC | | MC] vorgeschlagen –, ist in Ernst et al. (2002) beschrieben. Zur Darstellung ihres Modells benötigen wir Routenvariablen X_{ijkm}, Standorteinrichtungsvariablen Y_k sowie eine Variable für die maximale Transportzeit T^{max}. Damit lässt sich das Problem folgendermaßen modellieren:

Minimiere T^{max} (4.66)

unter den Nebenbedingungen

$$\sum_k Y_k = p \qquad (4.67)$$

$$\sum_{k,m} X_{ijkm} = 1 \qquad \text{für alle i und j} \qquad (4.68)$$

$$\sum_m X_{ijkm} \le Y_k \qquad \text{für alle i, j und k} \qquad (4.69)$$

$$\sum_k X_{ijkm} \le Y_m \qquad \text{für alle i, j und m} \qquad (4.70)$$

$$\sum_{k,m} X_{ijkm} \cdot (t_{ik} + \alpha \cdot t_{km} + t_{mj}) \le T^{max} \qquad \text{für alle i und j} \qquad (4.71)$$

$$X_{ijkm} \geq 0 \qquad \text{für alle i, j, k und m} \qquad (4.72)$$

$$Y_k \in \{0, 1\} \qquad \text{für alle k} \qquad (4.73)$$

Die Zielfunktion stellt sicher, dass nach einer transportzeitminimalen Lösung gesucht wird. Entsprechend Gleichung (4.67) sind genau p Hubs einzurichten. Für Paare (i, j) von Quelle-Ziel-Knoten muss der komplette Transport über hierfür zur Verfügung stehende Routen abgewickelt werden (siehe Gleichungen (4.68)). Auf eine Route über die Zwischenstationen k und m kann man dann zurückgreifen, wenn sowohl im Knoten k (Nebenbedingungen (4.69)) als auch im Knoten m (Nebenbedingungen (4.70)) Hubs eingerichtet sind. Die Ungleichungen (4.71) beschränken den Wert von T^{max} derart, dass er mindestens so groß sein muss wie die Transportdauer auf einer eingesetzten Route mit längster Transportzeit.[332] Da die Variable T^{max} minimiert wird, nimmt sie genau den ihr zugedachten Wert an.

Das Modell ist zwar grundsätzlich einsetzbar, eignet sich aber aufgrund der großen Anzahl an Variablen und des damit verbundenen Speicherplatzbedarfes nur für kleine Probleminstanzen. Daher schlagen Ernst et al. (2002) ein weiteres Modell ohne kontinuierliche Variablen und mit größenordnungsmäßig n^3 Binärvariablen vor. Damit umgehen sie zwar das Speicherplatzproblem, können aber trotzdem nur vergleichsweise kleine Probleminstanzen lösen, vermutlich weil die LP-Relaxation dieses Modells nur ungünstige Schranken für das Branch&Bound-Verfahren liefert.

Wir greifen nun Techniken auf, die in Abschnitt 3.3.1.1 auf transportkostenfokussierte Multiple Allocation - Problemstellungen angewendet werden. Zunächst ist es für ein Quelle-Ziel-Paar (i, j) nicht notwendig, unterschiedliche[333] Routen i – k – m – j und i – m – k – j im Modell zu berücksichtigen. Stehen sowohl in k als auch in m Hubs zur Verfügung, so genügt es, lediglich eine der beiden Routen mit kürzester Transportzeit einzubeziehen. Durch die Verwendung der anderen Route lassen sich keine Zeitvorteile erzielen. Dies nutzen wir aus, indem wir im Modell die Variablen X_{ijkm} durch $X_{ij\{k,m\}}$ ersetzen, welche für günstigste Routen von i nach j stehen, die als Zwischenstationen die Hubs k und m (nicht notwendigerweise in dieser Reihenfolge) haben. Ferner lassen sich die Nebenbedingungen (4.69)

332 Auf den ersten Blick gilt diese Eigenschaft nur dann, wenn X_{ijkm} binär ist. Ernst et al. (2002) zeigen allerdings, dass man – ohne den Zielfunktionswert zu ändern – für jede optimale Lösung mit nichtganzzahligen Werten für die Routenvariablen stets eine optimale Lösung mit binären Werten für die Routenvariablen ableiten kann.

333 Es gilt also $k \neq m$.

und (4.70) analog zur Vorgehensweise von Hamacher et al. (2004) für das Problem [MA | FC | VC | | MC] zu einer Gruppe von Nebenbedingungen zusammenfassen. Hierdurch reduziert sich die Anzahl der Nebenbedingungen und die LP-Relaxation liefert häufig bessere und nie schlechtere Schranken. Entsprechend der beschriebenen Modifikationen kann man die Nebenbedingungen (4.68) - (4.72) ersetzen durch:

$$\sum_{\{k,m\}} X_{ij\{k,m\}} = 1 \qquad \text{für alle i und j} \qquad (4.74)$$

$$\sum_{m} X_{ij\{k,m\}} \le Y_k \qquad \text{für alle i, j und k} \qquad (4.75)$$

$$\sum_{\{k,m\}} X_{ij\{k,m\}} \cdot \min\left\{ \begin{matrix} t_{ik} + \alpha \cdot t_{km} + t_{mj}, \\ t_{im} + \alpha \cdot t_{mk} + t_{kj} \end{matrix} \right\} \le T^{max} \qquad \text{für alle i und j} \qquad (4.76)$$

$$X_{ij\{k,m\}} \ge 0 \qquad \text{für alle i, j und } \{k,m\} \qquad (4.77)$$

Preprocessing: Über diese Änderungen hinaus helfen weitere Vorüberlegungen, das Modell bezüglich des Lösungsraumes der LP-Relaxation kompakter zu gestalten. Manche Routen mit zwei (verschiedenen) Zwischenstationen k und m sind zwar grundsätzlich verwendbar, werden aber von anderen Routen, welche nur die Zwischenstation k oder m benötigen, dominiert bzw. sind höchstens gleichwertig. Immer dann, wenn die Route mit beiden Zwischenstationen einsetzbar ist, gilt dies auch für eine über nur einen der beiden Hubs führende Route. Damit können wir auf die Verwendung der Variablen $X_{ij\{k,m\}}$ im Modell verzichten, wenn gilt:

$$\min\{t_{ik} + t_{kj}, t_{im} + t_{mj}\} \le \min\{t_{ik} + \alpha \cdot t_{km} + t_{mj}, t_{im} + \alpha \cdot t_{mk} + t_{kj}\}$$

Falls wir eine obere Schranke für die Probleminstanz kennen, können wir auch diese nutzen, um weitere Variablen zu eliminieren. Hat eine Variable $X_{ij\{k,m\}}$ in der entsprechenden Nebenbedingung (4.76) einen Koeffizienten, welcher den Wert der oberen Schranke überschreitet, so kann diese Variable in einer optimalen Lösung nur den Wert 0 annehmen und lässt sich dadurch aus dem Modell entfernen.

Bemerkung 4.1: Unterstellt man symmetrische Transportzeiten, so können wir, analog zu den unter Bemerkung 3.4 dargestellten Überlegungen für transportkostenfokussierte Problemstellungen, zwei Variablen $X_{ij\{k,m\}}$ und $X_{ji\{k,m\}}$ durch eine Variable $X_{\{i,j\}\{k,m\}}$ substituieren. Aufgrund der Symmetrie ist $X_{ij\{k,m\}}$ und $X_{ji\{k,m\}}$ die gleiche Transportzeit zugeordnet, weswegen wir, ohne den optimalen Zielfunktionswert zu ändern, zusätzlich $X_{ij\{k,m\}} = X_{ji\{k,m\}}$ fordern können. Größenordnungsmäßig erreicht man hierdurch eine Halbierung der Variablenanzahl.

Rechentests

Um den Vorteil des in dieser Arbeit entwickelten modifizierten Modellierungsansatzes gegenüber dem bisher besten Modell von Ernst et al. (2002) zu verdeutlichen, wurden anhand des AP-Datensatzes[334] numerische Tests durchgeführt. Zum Einsatz kam dabei das unter Abschnitt 3.2.2.5 beschriebene Computersystem. Die in Bemerkung 4.1 diskutierte Ausnutzung der Symmetrie blieb dabei unberücksichtigt.

Tabelle 4.7 zeigt einige Rechenergebnisse für unterschiedliche vorgegebene Anzahlen an Hubs p (siehe erste Spalte). Als Skalierungsfaktor α für Transportzeiten auf Verbindungen zwischen Hubs wurde 0,75 gewählt. Die Spalten 2 und 3 beziehen sich auf Instanzen mit 25 Knoten, die letzte Spalte auf solche mit 50 Knoten.

	n = 25		**n = 50**
p	**E**	**W**	**W**
2	1984,23	16,734	2090,33
3	1031,95	6,094	3666,76
4	5925,47	0,594	5630,09
5	2499,02	0,656	115,266

Tabelle 4.7: Rechenergebnisse für $\alpha = 0{,}75$

Die Ergebnisse zeigen, dass der neue im Rahmen dieser Arbeit entwickelte Modellierungsansatz (**W**) dem von Ernst et al. (2002) (**E**) deutlich überlegen ist. Instanzen mit 25 Knoten lassen sich mit dem ersten wesentlich schneller ermitteln. Die Bestimmung einer optimalen Lösung für 50 Knoten umfassende Instanzen mit Hilfe des neuen Ansatzes benötigt durchschnittlich in etwa so viel Zeit wie die entsprechende Berechnung für Instanzen mit 25 Knoten beim Einsatz des Modellierungsansatzes von Ernst et al. (2002).

Die Rechenergebnisse verdeutlichen, dass der neue modellbasierte Ansatz dem bisher besten überlegen ist. Auf eine detailliertere Analyse verzichten wir, da das in Ernst et al. (2002) vorgeschlagene (nicht modellbasierte) Verfahren ohnehin i.d.R. wesentlich schneller ist als beide modellbasierten Ansätze. Lediglich bei einer großen Anzahl an Hubs p scheint der neue Ansatz vorteilhaft zu sein. So benötigt dieser bspw. für die Probleminstanz aus dem AP-Datensatz mit 50 Knoten und 10 Hubs lediglich 34 Sekunden auf dem oben angegebenen Rechnersystem, wohingegen das Verfahren von Ernst et al. (2002) auf einem DEC Alpha Rechner einen Rechenzeitbedarf von über vier Stunden hat.[335] Greift man auf die von Ernst

334 Vgl. Abschnitt 3.2.1.3.

et al. (2002) innerhalb von 100 Sekunden ermittelte obere Schranke zurück und verwendet diese, um wie oben beschrieben (obsolete) Routenvariablen aus dem neuen Modell zu entfernen, so beträgt die Rechenzeit zur Bestimmung einer optimalen Lösung für die AP-Probleminstanz mit 100 Knoten und 10 Hubs lediglich 653 Sekunden. Ernst et al. (2002) geben, dass ihr exaktes Verfahren für diesen Fall selbst innerhalb von drei Tagen keine optimale Lösung liefert.

4.3.2 Gegebene Zeitschranke

4.3.2.1 Modell von Campbell (1994b)

Wie schon für das im letzten Abschnitt betrachtete Problem stammt ein erster eher konzeptioneller Modellierungsvorschlag für das Problem [MA, p | FC | TT | ITL | MC] von Campbell (1994b).

Zur Beschreibung des Modells von Campbell (1994b) benötigt man Routenvariablen X_{ijkm} und Standorteinrichtungsvariablen Y_k. Ferner bedient er sich Parametern v_{ijkm} für jede mögliche Route i – k – m – j. Ein solcher Parameter nimmt genau dann einen Wert von 1 an, wenn bei der Verwendung der Route die vorgegebene Zeitschranke μ nicht überschritten würde, und 0 ansonsten.[336] Damit können wir das Modell folgendermaßen beschreiben:

$$\text{Minimiere } \sum_k Y_k \tag{4.78}$$

unter den Nebenbedingungen

$$\sum_{k,m} v_{ijkm} \cdot X_{ijkm} \geq 1 \qquad \text{für alle i und j} \tag{4.79}$$

$$X_{ijkm} \leq Y_k \qquad \text{für alle i, j, k und m} \tag{4.80}$$

$$X_{ijkm} \leq Y_m \qquad \text{für alle i, j, k und m} \tag{4.81}$$

---

335 Leider spezifizieren Ernst et al. (2002) ihre Testumgebung nicht genauer. Es erscheint allerdings plausibel, dass die Tests im Jahr 2001 oder 2002 auf einem zu diesem Zeitpunkt nicht hoffnungslos veralteten Computersystem durchgeführt wurden. Damit relativiert sich der Zeitunterschied nur zum Teil.

336 Genau genommen geht Campbell (1994b) von μ_{ij} aus, welche spezifisch für die einzelnen Quelle-Ziel-Paare ein Zeitlimit vorgeben. Die hier angegebenen Modelle lassen sich unmittelbar so adaptieren, dass auch diese allgemeinere Problemstellung abgedeckt werden kann.

$X_{ijkm} \in \{0, 1\}$ für alle i, j, k und m (4.82)

$Y_k \in \{0, 1\}$ für alle k (4.83)

Als Ziel betrachten wir wieder die Minimierung der Anzahl an Hubs. Durch eine Multiplikation der Einrichtungsvariablen Y_k mit den Hubeinrichtungskosten als Zielkoeffizienten eignet sich dieses Modell auch für die Zielsetzung der Minimierung der Hubeinrichtungskosten. Durch die Nebenbedingungen (4.79) ist sichergestellt, dass für jedes Quelle-Ziel-Paar (i, j) eine Route zur Verfügung steht, welche die Zeitschranke einhält. Eine Route steht entsprechend der Ungleichungen (4.80) und (4.81) nur dann zur Verfügung, wenn die von ihr als Zwischenstationen angefahrenen Hubs auch eingerichtet sind. Alle Variablen haben einen binären Wertebereich.

Das Modell ist zwar grundsätzlich für die Problemstellung geeignet, weist allerdings einige Schwächen auf. Die Nebenbedingungen (4.80) und (4.81) lassen sich – wie von Hamacher et al. (2004) für das [MA | FC | VC | | MC] vorgeschlagen – aggregieren.[337] Dadurch können wir die Anzahl der Nebenbedingungen von größenordnungsmäßig n^4 auf n^3 reduzieren. Gleichzeitig liefert die LP-Relaxation des modifizierten Modells (i.d.R.) bessere Schranken. Auch kann man für jede optimale Lösung eines weiter modifizierten Modells, bei dem keine Binarität für die Variablen X_{ijkm} gefordert wird, unmittelbar eine optimale Lösung des Modells mit binärem Wertebereich für alle Variablen ableiten. Aber all dies beseitigt nicht die wichtigsten Schwachpunkte des Modells: die vergleichsweise große Anzahl an Variablen und relativ schlechte mit der LP-Relaxation ermittelbare Schranken.

4.3.2.2 Modell von Wagner (2004a)

Wagner (2004a) greift die Schwierigkeiten des Lösungsansatzes von Campbell (1994b) auf und gibt einen verbesserten Modellierungsansatz an. Dieser ersetzt die Variablen X_{ijkm} durch nichtnegative kontinuierliche Variablen $B_{\{k, m\}}$, die genau dann einen Wert von 1 annehmen können, wenn in den beiden Knoten k und m Hubs eingerichtet sind, und ansonsten den Wert 0 annehmen müssen. Zunächst ist für jedes Quelle-Ziel-Paar (i, j) zu überlegen, welche Hubs k geeignet sind, um den Transport innerhalb der Zeitschranke μ entlang der Route $i - k - j$ abzuwickeln. Zum Zwecke einer einfacheren Beschreibung im Modell führen wir die folgenden Mengen ein, welche alle solchen k für ein gegebenes Paar (i, j) enthalten:

337 Vgl. Abschnitt 3.3.1.1.

$$\Gamma_{ij}^1 \in \{k | t_{ik} + t_{kj} \le \mu\} \qquad \text{für alle i und j} \qquad (4.84)$$

Über zwei Hubs führende Routen berücksichtigen wir mit Hilfe von Mengen Γ_{ij}^2. Jedes Element einer solchen Menge enthält zwei verschiedene Hubs k und m, für welche mindestens eine der Routen i – k – m – j bzw. i – m – k – j die Zeitschranke einhält. Über zwei Hubs führende Routen berücksichtigen wir nicht, falls sich der Transport auch dann noch zeitgerecht durchführen lässt, wenn nur einer der beiden Hubs verwendet wird:

$$\Gamma_{ij}^2 \in \left\{ \{k, m\} \,\middle|\, \begin{matrix} k, m \notin \Gamma_{ij}^1 \text{ und} \\ \begin{pmatrix} t_{ik} + \alpha \cdot t_{km} + t_{mj} \le \mu \text{ oder} \\ t_{im} + \alpha \cdot t_{mk} + t_{kj} \le \mu \end{pmatrix} \end{matrix} \right\} \qquad \text{für alle i und j} \qquad (4.85)$$

Damit können wir das Problem folgendermaßen formulieren:

$$\text{Minimiere } \sum_k Y_k \qquad (4.86)$$

unter den Nebenbedingungen

$$\sum_{k \in \Gamma_{ij}^1} Y_k + \sum_{\{k,m\} \in \Gamma_{ij}^2} B_{\{k,m\}} \ge 1 \qquad \text{für alle i und j} \qquad (4.87)$$

$$B_{\{k,m\}} \le Y_k \qquad \text{für alle } \{k,m\} \text{ mit } k \ne m \qquad (4.88)$$

$$B_{\{k,m\}} \ge 0 \qquad \text{für alle } \{k,m\} \text{ mit } k \ne m \qquad (4.89)$$

sowie (4.83)

Die Zielfunktion ist mit der des vorherigen Modells identisch. Die Nebenbedingungen (4.87) ersetzen (4.79). Es muss sichergestellt sein, dass es für jedes Quelle-Ziel-Paar (i, j) mindestens einen Hub k bzw. zwei Hubs k und m gibt, so dass die Route i – k – j bzw. i – k – m – j oder i – m – k – j die Zeitschranke einhält. Die Ungleichungen (4.88) und (4.89) beschränken den Wertebereich einer Variablen $B_{\{k,m\}}$ derart, dass sie nur dann, wenn sowohl in k als auch in m ein Hub eingerichtet wird, einen Wert von 1 annehmen darf und ansonsten den Wert 0 hat. Die restlichen Nebenbedingungen beziehen sich lediglich auf den Wertebereich der Entscheidungsvariablen.

Die Beschränkung der Menge Γ_{ij}^2 auf Elemente, die keine Knoten aus Γ_{ij}^1 enthalten dürfen, führt zu einer kompakteren LP-Relaxation. Gehen wir von einer Instanz mit vier Knoten aus und betrachten nur das Quelle-Ziel-Paar $(1, 4)$. Für dieses seien die Routen 1 – 2 – 4, 1 – 3 – 4 und 1 – 2 – 3 – 4 geeignet. Dann wäre $B_{\{2,3\}} = Y_2 = Y_3 = 1/3$ eine bezüglich des Quelle-Ziel-Paares $(1, 4)$ zulässige Lösung (der LP-Relaxation), falls wir auch $\{2, 3\}$ in der Menge Γ^2_{14} berücksichtigten. Ist dies nicht der Fall, so ist die Lösung entsprechend (4.87) bezüglich des Paares $(1, 4)$ unzulässig. In der Regel erhalten wir durch die reduzierte Auswahl an Routen bessere untere Schranken.

Unabhängig von den im Rahmen dieser Arbeit entwickelten und bereits als Zwischenergebnis in Wagner (2004a) dargestellten Verbesserungen des „Grundmodells" von Campbell (1994b) haben Ernst et al. (2005) ebenfalls ein ähnliches Modell und enumerationsbasierte exakte Verfahren entwickelt. Ihr Modell setzt Variablen B_{km} für jede Hub-Hub-Verbindung (k, m) ein und benötigt zur Beschreibung die Mengen Γ_{ij}:

$$\Gamma_{ij} = \{(k, m) | t_{ik} + \alpha \cdot t_{km} + t_{mj} \leq \mu\} \qquad \text{für alle i und j} \qquad (4.90)$$

Das Modell lässt sich damit folgendermaßen formulieren:

$$\text{Minimiere } \sum_k Y_k \qquad (4.91)$$

unter den Nebenbedingungen

$$\sum_{(k, m) \in \Gamma_{ij}} B_{km} \geq 1 \qquad \text{für alle i und j} \qquad (4.92)$$

$$B_{km} \leq Y_k \qquad \text{für alle k und m} \qquad (4.93)$$

$$B_{km} \leq Y_m \qquad \text{für alle k und m} \qquad (4.94)$$

sowie (4.83)

Das Modell benötigt im Vergleich zu (4.86) - (4.89) und (4.83) etwa doppelt so viele Variablen, 50% mehr Nebenbedingungen und der Lösungsraum der LP-Relaxation ist (i.d.R.) größer. Ansonsten sind die beiden Modelle vergleichbar.

Aus dem AP-Datensatz generierte Probleminstanzen mit 100 Knoten konnten mit dem Modell (4.86) - (4.89) und (4.83) innerhalb von weniger als 8000 Sekunden gelöst werden, i.d.R. sogar wesentlich schneller. Das Modell von Campbell (1994b) bereitet schon bei viel kleineren Instanzen aufgrund des großen Speicherplatzbedarfes Schwierigkeiten. In numerischen Tests kann man daher nur für Instanzen mit bis zu etwa 20 Knoten teilweise noch optimale Lösungen bestimmen.

Auf eine genauere Darstellung der Rechenergebnisse verzichten wir an dieser Stelle und verweisen auf Wagner (2004a). Das Modell (4.86) - (4.89) und (4.83) liefert auch im Vergleich mit dem Modell und den exakten Verfahren in Ernst et al. (2005) schneller optimale Lösungen.[338]

4.3.2.3 Modell von Marianov et al. (1999)

Marianov et al. (1999) betrachten eine ähnliche Problemstellung mit einer etwas anderen Zielsetzung und geben eine mathematische Formulierung an, die sie als Hub Location Competitive Model[339] bezeichnen. Bezüglich des in Kapitel 2 vorgestellten Klassifikationsschemas handelt es sich um das Problem [MA, p | | TT | ITL | MF]. Vorgegeben sind hier sowohl eine Zeitschranke μ_{ij} für jedes Quelle-Ziel-Paar (i, j) als auch die Anzahl einzurichtender Hubs p. Ziel ist es, die Hubs so zu positionieren, dass ein möglichst hohes Transportvolumen abgedeckt werden kann. Für jedes Quelle-Ziel-Paar (i, j) unterstellen wir, dass ein Volumen von w_{ij} Gütern zur Verfügung steht, die Durchführung des Transportes aber daran gebunden ist, dass sie innerhalb der Zeitschranke μ[340] erfolgt.[341]

Marianov et al. (1999) bedienen sich der Mengen Γ_{ij}.[342] Neben den schon zuvor eingeführten Variablen Y_k und B_{km} benötigen wir für die Beschreibung des Modells kontinuierliche Variablen C_{ij}. Eine solche gibt an, welcher Anteil des Transportes für das Quelle-Ziel-Paar (i, j) in einer Lösung zeitgerecht erfolgen kann. Bei der unterstellten Binarität der Standorteinrichtungsvariablen Y_k beträgt der Anteil in einer optimalen Lösung stets entweder 0% oder 100%. Mit Hilfe dieser

338 Dies gilt unter der Annahme, dass Ernst et al. (2005) für ihre Rechentests einen zeitgemäßen Rechner verwendet haben. Das Arbeitspapier enthält leider keine diesbezüglichen Angaben.

339 Bei genauer Betrachtung stellt man allerdings fest, dass das „neue" Problem bereits als ein spezielles Hub Covering Problem in Campbell (1994b) diskutiert wurde. Dort findet sich freilich nur ein vergleichsweise ungeeignetes Modell.

340 Marianov et al. (1999) berücksichtigen für jedes Quelle-Ziel-Paar (i, j) individuelle Zeitschranken μ_{ij}. Die im Folgenden angeführten Modelle lassen sich leicht bezüglich dieser allgemeineren Problemstellung anpassen.

341 Genau genommen betrachten Marianov et al. (1999) das Problem unter Kostengesichtspunkten, was aber zu der hier gewählten Darstellung äquivalent ist.
Bei ihnen (und auch bei Wagner (2004b)) muss die Beförderung schneller als durch die Zeitschranke vorgegeben durchgeführt werden. Dies macht – wie man unmittelbar nachvollziehen kann – für die Vorgehensweise allerdings (fast) keinen Unterschied. Durch die hier vorgenommene Modifikation wird die Ähnlichkeit zu den vorangehenden Modellen deutlicher.

342 Vgl. mit (4.90).

Vorüberlegungen können wir das Modell von Marianov et al. (1999) folgendermaßen beschreiben:

$$\text{Maximiere } \sum_{i,j} w_{ij} \cdot C_{ij} \tag{4.95}$$

unter den Nebenbedingungen

$$C_{ij} \leq \sum_{(k,m) \in \Gamma_{ij}} B_{km} \qquad \text{für alle i und j} \tag{4.96}$$

$$C_{ij} \in [0,1] \qquad \text{für alle i und j} \tag{4.97}$$

$$B_{km} \in [0,1] \qquad \text{für alle k und m} \tag{4.98}$$

sowie (4.67), (4.83), (4.93) und (4.94)

Die Zielfunktion maximiert das abgedeckte Transportvolumen. Durch die Ungleichungen (4.96) erreichen wir, dass nur dann ein Quelle-Ziel-Paar (i, j) bedient werden kann, wenn mindestens eine Route zur Verfügung steht, mit welcher der Transport zeitgerecht erfolgen kann. Die Nebenbedingungen (4.97) beziehen sich lediglich auf den Wertebereich der Entscheidungsvariablen C_{ij}.

4.3.2.4 Modell von Wagner (2004b)

Die auch von Marianov et al. (1999) erkannte Hauptschwierigkeit ihres Modellierungsvorschlages besteht in den schlechten Schranken, welche die LP-Relaxation liefert. Sie bestimmen deswegen optimale Lösungen mittels vollständiger Enumeration und entwickeln eine Heuristik. Sie berücksichtigen nicht, dass man die Gleichheit der Variablen B_{km} und B_{mk} für $k \neq m$ fordern und diese damit durch eine gemeinsame Variable $B_{\{k,m\}}$ substituieren kann. Ferner lässt sich B_{kk} durch Y_k ersetzen. Dies verändert den optimalen Zielfunktionswert nicht. Der Lösungsraum der LP-Relaxation verkleinert sich hierdurch, was für die Schrankenberechnung von Vorteil ist. Diesbezüglich wichtig ist auch, dass durch eine geschickte Vorauswahl der für ein Quelle-Ziel-Paar (i, j) zur Verfügung stehenden Routen das Modell entscheidend verbessert werden kann. Wir beschreiben im Folgenden einen auch bereits in Wagner (2004b) dargestellten Modellierungsvorschlag. Dieser setzt die unter (4.84) und (4.85) eingeführten Mengen ein, um zu beschreiben, über welche Hubs Transporte zeitgerecht durchführbar sind. Damit kommen wir zum verbesserten Modell:

$$\text{Maximiere } \sum_{i,j} w_{ij} \cdot C_{ij} \tag{4.99}$$

unter den Nebenbedingungen

$$C_{ij} \leq \sum_{k \in \Gamma_{ij}^1} Y_k + \sum_{\{k,m\} \in \Gamma_{ij}^2} B_{\{k,m\}} \quad \text{für alle i und j} \tag{4.100}$$

sowie (4.67), (4.83), (4.88), (4.89) und (4.97)

Durch die Nebenbedingungen (4.100) ist sichergestellt, dass der Güterstrom für ein Quelle-Ziel-Paar nur dann bedient werden kann, wenn es eine entsprechende über einen oder zwei Hubs führende Route gibt.

Wagner (2004b) vergleicht die beiden Ansätze mittels numerischer Tests.[343] Dabei stellt sich heraus, dass der neue Ansatz insbesondere bei großen Testinstanzen wesentlich schneller ist als der von Marianov et al. (1999) vorgeschlagene. So ist das neue Modell für Instanzen mit 50 Knoten und 2, 3 oder 4 Hubs mehr als zehn Mal schneller, wodurch sich diese Instanzen in weniger als 400 Sekunden lösen lassen. Erwähnenswert ist ferner, dass sich mit dem ursprünglichen Modell entgegen der in Marianov et al. (1999) gemachten Angaben eine optimale Lösung innerhalb einer akzeptablen Zeit für alle in jener Arbeit betrachteten Instanzen finden lässt. Der Grund hierfür liegt hauptsächlich in den signifikanten Verbesserungen neuerer Versionen der zur Optimierung einsetzbaren Standardsoftware.[344]

4.4 Zusammenfassung

Zunächst sind wir auf den Anwendungskontext zeitfokussierter Problemstellungen eingegangen und haben gezeigt, wie man unter verschiedenen Rahmenbedingungen Wartezeiten bei der Berechnung einbeziehen kann, ohne dass diese explizit in den Optimierungsmodellen berücksichtigt werden müssen. Da Wartezeiten i.d.R. keine vernachlässigbare Größe darstellen, ist dieser Zusammenhang von entscheidender Bedeutung für die Einsetzbarkeit der aus der Literatur bekannten und in diesem Kapitel vorgestellten Lösungsansätze.

Anschließend waren zunächst verschiedene (exakte) modellbasierte Lösungsansätze für Single und dann für Multiple Allocation - Problemstellungen Gegenstand der Betrachtung. Für das Problem [SA, p | | TT | | MMT] wurde aufgezeigt, wie das

---

343 Dort ist auch ein verbessertes Modell mit entsprechenden Vergleichstests für eine allgemeinere in Marianov et al. (1999) diskutierte Problemstellung dargestellt.

344 Wagner (2004b) setzte als Standardsoftware ILOG Cplex in der Version 9.0 ein.

bisher vorteilhafteste Modell für Instanzen mit nicht symmetrischen Transportzeiten verbessert werden kann und dieses mit dem bei symmetrischen Transportzeiten besten Modell verglichen. Für die Probleme [SA | FC | TT | TL | MC] und [SA | FC | TT | TL, NFCTA | MC] wurden im Rahmen dieser Arbeit zwei Lösungsverfahren entwickelt, die sich in Rechentests anderen Verfahren gegenüber als vorteilhaft herausgestellt haben. Für die bisher nicht in der Literatur behandelten Probleme [SA-C, D | FC | TT | TL | MC] und [SA-C, D | FC | TT-VD | TL | MC] ist ein entsprechendes Optimierungsmodell angegeben. Variable Transportzeiten lassen sich vor der Anwendung des Modells in entsprechende Zielfunktionskoeffizienten integrieren, so dass das Modell trotz nicht linearer Zeitfunktionen ausschließlich lineare Nebenbedingungen und eine lineare Zielfunktion aufweist. Auch für die neu eingeführten Probleme [SA | FC | TT-VD | TL | MC] und [SA | FC | VC, TT-VD | TL | MC] sind Lösungsansätze entwickelt worden, die lediglich eine Monotonie der Zeitfunktionen unterstellen.[345] Numerische Tests zeigen, dass hiermit immerhin Instanzen mit bis zu 25 bzw. 20 Knoten exakt lösbar sind.

Für verschiedene Multiple Allocation - Problemstellungen wurden ebenfalls neue Optimierungsmodelle entwickelt, die sich gegenüber den bisher besten Modellen als vorteilhaft erwiesen haben. Für das Problem [MA, p | | TT | | MMT] gibt es allerdings das spezielle Branch&Bound-Verfahren von Ernst et al. (2002), welches zumeist schneller optimale Lösungen liefert. Bei den Problemen [MA | FC | TT | TL | MC] und [MA | FC | TT | TL | MF] hingegen stellen die neuen Modelle den derzeit besten Weg dar, um optimale Lösungen zu bestimmen.[346]

345 Die Modelle setzen die Full-Cross-Traffic Assumption lediglich aufgrund einer einfacheren Darstellbarkeit voraus, sind aber grundsätzlich auch dann anwendbar, wenn diese nicht gegeben ist.

346 Die Modelle lassen sich leicht so ergänzen, dass sie auch für jedes Quelle-Ziel-Paar spezifische Zeitschranken berücksichtigen können.

5 Zusammenfassung

Gegenstand der Arbeit sind logistikbezogene *Hub Location Probleme*. Bei diesen strategischen Optimierungsproblemen sind zahlreiche Güter bzw. Personen zwischen vielen Orten zu transportieren, wobei jeder Ort sowohl Quelle als auch Ziel vieler Güter- bzw. Personentransporte ist. Eine Transportroute von einer Quelle zu einem Ziel kann dabei mehrere Orte als Zwischenstationen enthalten, die Umladekapazitäten (wie bspw. Sortieranlagen) vorhalten müssen. Einen solchen Ort bezeichnet man als *Hub*. Festzulegen ist, welche Orte als Hubs vorzusehen sind, zwischen welchen Paaren von Orten (direkte) Verbindungen zu unterhalten sind und über welche Routen die einzelnen Güter bzw. Personen in einem so gebildeten *Hub&Spoke-Netzwerk* ihr Ziel erreichen. Auf den Verbindungen werden i.d.R. Güter bzw. Personen mit unterschiedlicher(m) Quelle und/oder Ziel transportiert. Die Routenwahl ist für die Bewertung eines Hub&Spoke-Netzwerkes wichtig, hat aber keinen Einfluss auf seine Struktur.
Typischerweise sind für Hub&Spoke-Netzwerke in der Logistik variable Transportkosten und/oder Transportzeiten wichtige Bewertungskriterien. Bei der im Rahmen der Arbeit nicht behandelten Gestaltung von Hub&Spoke-Netzwerken für den Kommunikationsbereich stehen hingegen Infrastrukturkosten im Vordergrund. Anhand der Struktur unterscheidet man zwischen *Single Allocation* - und Multiple Allocation - Netzen. Bei den ersten ist ein Ort ausschließlich über den ihm zugeordneten Hub mit dem Rest des Netzwerkes verbunden. Eine Ausnahme stellen lediglich *Direktverbindungen* dar, über die Güter bzw. Personen direkt, d.h. ohne Zwischenstationen, von ihrer Quelle zu ihrem Ziel transportiert werden. Bei *Multiple Allocation* - Netzen kann ein Knoten mit beliebig vielen Hubs verbunden sein.

Die Arbeit untergliedert sich in zwei Teile. Der erste, das Kapitel 2 umfassende, beschreibt das grundlegende Problem sowie einen Ansatz zur Klassifikation der verschiedenen Hub Location Probleme und gibt einen Überblick über die in der Literatur zu findenden Lösungsansätze. Der zweite, aus den Kapiteln 3 und 4 bestehende Teil bezieht sich auf transportkosten- und zeitfokussierte Probleme. Im dritten Kapitel steht der Aspekt der mengenabhängigen Transportkosten im Vordergrund. Bei den im vierten Kapitel behandelten Problemen stellt die Zeit für die Durchführung eines Transportes den ausschlaggebenden Faktor dar.
Im zweiten Teil wird untersucht, welche Rahmenbedingungen durch die möglichen Anwendungsfälle vorgegeben sind. In der Literatur geht man meist von anderen Rahmenbedingungen aus und bezieht sich auf vereinfachte Probleme, für die

sich leichter Lösungsansätze entwickeln lassen. Es wird untersucht, ob solche Ansätze auch für die eigentlich relevanten Praxisprobleme gute Lösungen liefern. Ferner werden für zahlreiche aus der Literatur bekannte, aber auch für erstmals betrachtete Probleme (meist) modellbasierte exakte Lösungsverfahren beschrieben. Mathematische Optimierungsmodelle und Standardsoftware zu deren Lösung kommen dabei zum Einsatz. Neue bzw. weiterentwickelte Modellierungstricks und Preprocessing-Techniken werden mit dem Ziel angewendet, den Rechenzeitbedarf der Standardsoftware zu reduzieren.

Das im Kapitel 2 vorgestellte neue Klassifikationsschema für Hub Location Probleme erfasst gegenüber bisherigen Klassifikationsansätzen viele Charakteristika (bspw. bezüglich des Verlaufs von Transportkostenfunktionen) präziser und unterteilt die Charakteristika in verschiedene Kategorien, wie dies z.B. auch bei der Maschinenbelegungsplanung üblich ist. Anhand des Klassifikationsschemas wird eine Kurzschreibweise für die Bezeichnung von Hub Location Problemen eingeführt. Bei dieser lassen sich Gemeinsamkeiten und Unterschiede verschiedener Probleme direkt erkennen.

Den aus der Literatur bekannten Arbeiten wird mittels der Kurzschreibweise zugeordnet, für welche Probleme sie Lösungsverfahren enthalten. Dies macht es einfacher, die für ein Problem relevanten Lösungsansätze zu finden. Es erleichtert einem Entscheider aber auch die Suche nach einem geeigneten vereinfachten Problem, wenn es für das eigentlich relevante Praxisproblem keine speziell darauf zugeschnittenen Lösungsansätze gibt.

In Kapitel 3 werden theoretische und empirische Erklärungsmodelle zur Analyse der Transportkostenstruktur für eine einzelne Verbindung beschrieben. Es schließt sich eine Darstellung der bei der Gestaltung von Hub&Spoke-Netzwerken in der Literatur unterstellten Transportkostenstruktur an. Dabei zeigt sich, dass man in der Literatur zumeist von der stark vereinfachenden Annahme mengenunabhängiger Stücktransportkosten auf einer Verbindung ausgeht. Man berücksichtigt die Mengenabhängigkeit nur indirekt (und ungenau) über den Typ einer Verbindung, obwohl gerade die Ausnutzung fallender Stücktransportkosten (economies of scale) als der zentrale Vorteil von Hub&Spoke-Netzwerken gilt.

Mittels der Ergebnisse numerischer Tests wird für zwei Single Allocation - und zwei Multiple Allocation - Fälle untersucht, inwiefern Lösungsansätze für vereinfachte, in der Literatur ausführlich betrachtete Probleme sich eignen, auch allgemeinere, praxisrelevantere Probleme zu lösen. Für eine Instanz des allgemeineren Problems werden viele in Frage kommende Instanzen eines vereinfachten Problems generiert und entsprechende optimale Lösungen bestimmt. Bei der Beurtei-

lung der Lösungsqualität werden die Kosten anhand der für das allgemeinere Problem unterstellten Kostenfunktionen berechnet. Vergleichsergebnisse wurden mit aus der Literatur bekannten und neu entwickelten heuristischen und exakten Lösungsverfahren für die allgemeineren Probleme bestimmt.
Beide allgemeineren Single Allocation - Probleme unterstellen nicht proportionale Transportkosten auf Verbindungen zwischen Hubs. Im einen Fall gilt dies auch für die anderen Verbindungen; der andere geht dort von proportionalen Transportkosten aus, berücksichtigt aber zusätzlich Direktverbindungen. Die Lösungsansätze für die jeweiligen vereinfachten Probleme, die auf allen Verbindungen proportionale Transportkosten unterstellen, liefern auch sehr gute Lösungen für die allgemeineren Probleme.
Bei dem einen Multiple Allocation - Problem sind wieder nur auf Verbindungen zwischen Hubs nicht proportionale Transportkosten unterstellt und bei dem anderen auf allen Verbindungen. Direktverbindungen sind nicht vorgesehen. Nur beim ersten der beiden Probleme lassen sich über Lösungsansätze für das vereinfachte, auf allen Verbindungen proportionale Kosten unterstellende Problem sehr gute Lösungen erzielen. Für den anderen Fall sind die Resultate vergleichsweise unbefriedigend. Für dieses Problem gilt es, zukünftig Heuristiken zu entwickeln. Gute (mittels einer Heuristik bestimmte) Lösungen für Instanzen des allgemeineren Problems sollten sich gegenüber optimalen Lösungen für Instanzen des vereinfachten Problems als geeigneteres Mittel zur Entscheidungsunterstützung erweisen.

Auf eine Reihe weiterer transportkostenfokussierter Optimierungsprobleme wird eingegangen.
Zum einen sind dies aus der Literatur bekannte Probleme, für die einige, in erster Linie modellbasierte Lösungsverfahren verbessert und neue entwickelt wurden. Besonders zu erwähnen ist das clusterbasierte, auf Sung und Jin (2001) zurückgehende Problem. Die von ihnen vorgeschlagene Heuristik stellt bis dato das einzige Verfahren für dieses Problem dar. Die in der vorliegenden Arbeit entwickelten exakten Lösungsverfahren sind um ein Vielfaches schneller als diese Heuristik.
Zum anderen werden auch bisher nicht untersuchte Probleme berücksichtigt. So ist u.a. für ein Single Allocation - Problem mit Direktverbindungen und als proportional unterstellten Transportkosten ein modellbasierter Lösungsansatz angegeben. Abschnitt 3.4 gibt einen Überblick über die im Einzelnen behandelten Probleme und (weiter-)entwickelten Lösungsansätze.

Die meisten aus der Literatur bekannten Modelle für (nicht clusterbasierte) transportkostenfokussierte Hub Location Probleme lassen sich jeweils einem von zwei grundlegenden Modellierungsansätzen zuordnen. Die Ergebnisse der durchgeführten numerischen Tests zeigen, dass – berücksichtigt man bekannte und neu entwickelte Modellierungstricks und Preprocessing-Techniken – die in der Literatur verschiedentlich zu findende Bewertung der beiden Modellierungsansätze nicht mehr zeitgemäß ist. Der vermeintlich bessere Ansatz ist dem anderen nur bedingt überlegen. Zu einem nicht unerheblichen Teil liegt dies an der eingesetzten, bezüglich älterer Vergleichstests neueren Version der Standardsoftware zur Lösung von mathematischen Optimierungsmodellen.

Das Kapitel 4 beschäftigt sich mit Problemen, bei denen primär Transportzeiten und zum Teil auch Wartezeiten von Bedeutung sind. Wartezeiten entstehen hauptsächlich in Zwischenstationen, weil Güter bzw. Personen mit unterschiedlicher(m) Quelle und/oder Ziel gemeinsam auf Verbindungen transportiert werden. Damit lassen sich für jedes einzelne Gut bzw. jede einzelne Person i.d.R. die Ankunft und Abfahrt in einer Zwischenstation nicht so koordinieren, dass keine Wartezeit entsteht. Zunächst wird das Anwendungsumfeld thematisiert. Es zeigt sich, dass Single Allocation - Probleme, welche Wartezeiten nicht explizit berücksichtigen, dies (unter bestimmten, häufig gegebenen Rahmenbedingungen) implizit tun. Damit hat sich eine laut der Literatur neue Art von Hub Location Problemen als redundant erwiesen. Da man Wartezeiten bei zeitkritischen Anwendungsfällen i.d.R. nicht vernachlässigen kann, ist damit eine ganze Reihe an Modellen und Lösungsverfahren praxisrelevanter als bisher angenommen.

Für den größten Teil der bereits in der Literatur behandelten zeitfokussierten Probleme sind die im Rahmen der vorliegenden Arbeit neu bzw. weiterentwickelten modellbasierten Lösungsansätze den bisher bekannten überlegen. Darüber hinaus werden Lösungsverfahren für in der Literatur bislang nicht untersuchte Probleme dargestellt, die mengenabhängige Transportzeiten und/oder eine vorgegebene Einteilung der Orte in Cluster berücksichtigen. Einen Überblick über die im Einzelnen betrachteten Probleme und die entsprechenden Lösungsansätze gibt Abschnitt 4.4.

Insgesamt hat sich gezeigt, dass die in der Literatur hauptsächlich betrachteten Probleme bezüglich der Transportkosten bzw. -zeiten die Realität nur stark vereinfacht abbilden. Trotzdem haben sich die dazugehörigen Lösungsansätze als meist auch für allgemeinere und praxisrelevantere Probleme gut einsetzbar erwiesen. Zukünftig ist analog zu erforschen, inwiefern die i.d.R. unterstellten restriktiven Annahmen bezüglich der Netztopologie akzeptable Vereinfachungen für verschiedene Praxisprobleme darstellen. So wird bislang meist davon ausgegangen, dass jeder Hub von jedem anderen aus über eine (direkte) Verbindung erreichbar ist, obwohl dies bei Weitem nicht auf alle Praxisprobleme zutrifft.

Mathematische Optimierungsmodelle und Standardsoftware zu deren Lösung haben sich im Rahmen der vorliegenden Arbeit als ein mächtiges Werkzeug zur Entscheidungsunterstützung erwiesen. Wichtig ist dabei zum einen die Qualität der Standardsoftware, die laut Bixby (2002) in den letzten Jahren deutlich verbessert wurde, sowie die Leistungsfähigkeit der Computerhardware. Zum anderen ist es trotz sehr guter Standardsoftware notwendig, Optimierungsmodelle effizient zu formulieren und maßgeschneiderte Preprocessing-Techniken anzuwenden. Charakteristisch für die im Rahmen der vorliegenden Arbeit entwickelten gemischt-binären Optimierungsmodelle sind eine vergleichsweise geringe Anzahl an Binärvariablen sowie eine Vielzahl kontinuierlicher Variablen und Nebenbedingungen. Gute Ergebnisse sind auch für andere Optimierungsprobleme bei der Anwendung vergleichbarer Modellierungstricks und Preprocessing-Techniken zu erwarten, zumindest soweit sie sich mit „ähnlichen“ Modellen beschreiben lassen.

Literaturverzeichnis

Abdinnour-Helm, S. (1998): A hybrid heuristic for the uncapacitated hub location problem. European Journal of Operational Research 106, S. 489 - 499.

Abdinnour-Helm, S. und M.A. Venkataramanan (1993): Solving the hub location problem using genetic research. Arbeitspapier Nr. 9303, IRMIS.

Abdinnour-Helm, S. und M.A. Venkataramanan (1998): Solution approaches to hub location problems. Annals of Operations Research 78, S. 31 - 50.

Abdinnour-Helm, S. und M.A. Venkataramanan (2001): Using simulated annealing to solve the p-hub median problem. International Journal of Physical Distribution & Logistics Management 31, S. 203 - 220.

Aberle, G. (2003): Transportwirtschaft: Einzelwirtschaftliche und gesamtwirtschaftliche Grundlagen. 4. Aufl., Oldenbourg, München - Wien.

Aho, A.V. und J.D. Ullman (1996): Informatik: Datenstrukturen und Konzepte der Abstraktion. International Thomson, Bonn u.a.

Antoniou, A. (1991): Economies of scale in the airline industry: The evidence revisited. Logistics and Transportation Review 27, S. 159 - 184.

Armacost, A.P., C. Barnhart, K.A. Ware und A.M. Wilson (2004): UPS optimizes its air network. Interfaces 34, S. 15 - 25.

Aykin, T. (1990): On „A quadratic integer program for the location of interacting hub facilities". European Journal of Operational Research 46, S. 409 - 411.

Aykin, T. (1994): Lagrangian relaxation based approaches to capacitated hub-and-spoke network design problem. European Journal of Operational Research 79, S. 501 - 523.

Aykin, T. (1995): Networking policies for hub-and-spoke systems with application to the air transportation system. Transportation Science 29, S. 201 - 221.

Aykin, T. (1996): On modelling scale economies in hub-and-spoke network design. Arbeitspapier, Graduate School of Management, Rutgers, The State University of New Jersey.

Barla, P. und C. Constantatos (2000): Airline network structure under demand uncertainty. Transportation Research - E 36, S. 173 - 180.

Baum, H. (1997a): Straßengüterverkehr. In: Bloech, J. und G.B. Ihde (Hrsg.): Vahlens Großes Logistiklexikon. C.H. Beck und Vahlen, München, S. 1021 - 1026.

Baum, H. (1997b): Reichskraftwagentarif. In: Bloech, J. und G.B. Ihde (Hrsg.): Vahlens Großes Logistiklexikon. C.H. Beck und Vahlen, München, S. 894 - 895.

Baum, H. (1997c): Preisbildung im Straßengüterverkehr. In: Bloech, J. und G.B. Ihde (Hrsg.): Vahlens Großes Logistiklexikon. C.H. Beck und Vahlen, München, S. 1028 - 1029.

Baumol, W.J.; J.C. Panzar und R.D. Willig (1982): Contestable markets and the theory of industry structure. Harcourt Brace Jovanovich, New York u.a.

Bauz, A. (1997): Ladungsverkehr. In: Bloech, J. und G.B. Ihde (Hrsg.): Vahlens Großes Logistiklexikon. C.H. Beck und Vahlen, München, S. 475 - 476.

Beasley, J.E. (1990): OR-Library: Distributing test problems by electronic mail. Journal of the Operational Research Society 41, S. 1069 - 1072.

Bell, C.R. (1988): Economies of, versus returns to, scale: A clarification. Journal of Economic Education 19, S. 331 - 335.

Benz, B. (2005): Triebwerk à la carte: Prozessoren von AMD und Intel für jeden Zweck. c't – Magazin für Computer Technik, Heft 5, S. 106 - 111.

Beuermann, G. (1996): Produktionsfaktoren. In: Kern, W.; H.-H. Schröder und J. Weber (Hrsg.): Handwörterbuch der Produktionswirtschaft. 2. Aufl., Schäffer-Poeschel, Stuttgart, S. 1494 - 1505.

Bickelmann, H. (2004): Ein verallgemeinerter clusterbasierter Ansatz zum Design von Hub&Spoke-Netzwerken. Studienarbeit, Fachgebiet Operations Research, Technische Universität Darmstadt.

Biebig, P.; W. Althof und N. Wagener (2004): Seeverkehrswirtschaft: Kompendium. 3. Aufl., Oldenbourg, München - Wien.

Bixby, R.E. (2002): Solving real-world linear programs: A decade and more of progress. Operations Research 50, S. 3 - 15.

Blum, C. und A. Roli (2003): Metaheuristics in combinatorial optimization: Overview and conceptual comparison. ACM Computing Surveys 35, S. 268 - 308.

Bohr, K. (1996): Economies of Scale und Economies of Scope. In: Kern, W.; H.-H. Schröder und J. Weber (Hrsg.): Handwörterbuch der Produktionswirtschaft. 2. Aufl., Schäffer-Poeschel, Stuttgart, S. 375 - 387.

Boland, N.; M. Krishnamoorthy, A.T. Ernst und J. Ebery (2004): Preprocessing and cutting for multiple allocation hub location problems. European Journal of Operational Research 155, S. 638 - 653.

Borenstein, S. (1992): The evolution of U.S. airline competition. Journal of Economic Perspectives 6, S. 45 - 73.

Borrmann, L. (1999): Betriebssysteme. In: Rechenberg, P.; G. Pomberger (Hrsg.): Informatik-Handbuch. 2. Aufl., Hanser, München - Wien, S. 633 - 673.

Braeutigam, R.R. (1999): Learning about transport costs. In: Gómez-Ibáñez, J.A.; W.B. Tye und C. Winston (Hrsg.): Essays in transportation economics and policy. Brookings Institution Press, Washington, DC, S. 57 - 97.

Brailsford, S.C.; C.N. Potts und B.M. Smith (1999): Constraint satisfaction problems: Algorithms and applications. European Journal of Operational Research 119, S. 557 - 581.

Bryan, D.L. (1998): Extensions to the hub location problem: Formulations and numerical examples. Geographical Analysis 30, S. 315 - 330.

Bryan, D.L. und M.E. O'Kelly (1999): Hub-and-spoke networks in air transportation: An analytical review. Journal of Regional Science 39, S. 275 - 295.

Bücher, K. (1910): Das Gesetz der Massenproduktion. Zeitschrift für die gesamte Staatswissenschaft 66, S. 429 - 444.

Bundesministerium für Verkehr, Bau- und Wohnungswesen (2004): Verkehr in Zahlen 2004/2005, Deutscher Verkehrs-Verlag, Hamburg.

Buxmann, P. (1996): Standardisierung betrieblicher Informationssysteme. Deutscher Universitäts-Verlag, Wiesbaden.

Buxmann, P. und T. Miklitz (2005): IT-Standardisierung und -Integration bei M&A-Projekten. Erscheint in: Wirtz, B.W. (Hrsg.): Handbuch Mergers & Acquisitions Management (Arbeitstitel). Gabler, Wiesbaden.

Campbell, J.F. (1994a): A survey of network hub location. Studies in Locational Analysis 6, S. 31 - 49.

Campbell, J.F. (1994b): Integer programming formulations of discrete hub location problems. European Journal of Operational Research 72, S. 387 - 405.

Campbell, J.F. (1996): Hub location and the p-hub median problem. Operations Research 44, S. 923 - 935.

Campbell, J.F. (1998): Hub location and network design. Arbeitspapier, Department of Management Science and Information Systems, School of Business Administration, University of Missouri - St. Louis.

Campbell, J.F.; A.T. Ernst und M. Krishnamoorthy (2002): Hub location problems. In: Drezner, Z. und H.W. Hamacher (Hrsg.): Facility location: Applications and theory. Springer, Berlin u.a., S. 373 - 407.

Campbell, J.F.; A.T. Ernst und M. Krishnamoorthy (2005a): Hub arc location problems: Part I – introduction and results. Management Science 51, S. 1540 - 1555.

Campbell, J.F.; A.T. Ernst und M. Krishnamoorthy (2005b): Hub arc location problems: Part II – formulations and optimal algorithms. Management Science 51, S. 1556 - 1571.

Campbell, J.F.; G. Stiehr, A.T. Ernst und M. Krishnamoorthy (2003): Solving hub arc location problems on a cluster of workstations. Parallel Computing 29, S. 555 - 574.

Cánovas, L.; S. García und A. Marín (2004): Solving the uncapacitated multiple allocation hub location problem by means of a dual-ascent technique. Arbeitspapier, Departamento de Estadística e Investigación Operativa, Universidad de Murcia, Spanien.

Caves, D.W.; L.R. Christensen und M.W. Tretheway (1984): Economies of density versus economies of scale: Why trunk and local service airline costs differ. RAND Journal of Economics 15, S. 471 - 489.

Christensen, L.R.; D.W. Jorgenson und L.J. Lau (1971): Conjugate duality and the transcendental logarithmic function. Econometrica 39, S. 255 - 256.

Christensen, L.R.; D.W. Jorgenson und L.J. Lau (1973): Transcendental logarithmic production frontiers. The Review of Economics and Statistics 55, S. 28 - 45.

Christensen, L.R. und W.H. Greene (1976): Economies of scale in U.S. electric power generation. Journal of Political Economy 84, S. 655 - 676.

Cohn, E. (1992): Returns to scale and economies of scale revisited. Journal of Economic Education 23, S. 123 - 124.

Corsten, H. (1985): Die Produktion von Dienstleistungen: Grundzüge einer Produktionswirtschaftslehre des tertiären Sektors. Schmidt, Berlin.

Corsten, H. (1990): Betriebswirtschaftslehre der Dienstleistungsunternehmungen: Einführung. 2. Aufl., Oldenbourg, München - Wien.

Corsten, H. (1993): Dienstleistungsproduktion. In: Wittmann, W.; W. Kern, R. Köhler, H.-U. Küpper und K. v. Wysocki (Hrsg.): Handwörterbuch der Betriebswirtschaft 1. 5. Aufl., Schäffer-Poeschel, Stuttgart, S. 765 - 776.

Corsten, H. (1996): Dienstleistungsproduktion. In: Kern, W.; H.-H. Schröder und J. Weber (Hrsg.): Handwörterbuch der Produktionswirtschaft. 2. Aufl., Schäffer-Poeschel, Stuttgart, S. 339 - 352.

Daganzo, C.F. (1996): Logistics systems analysis. 2. Aufl., Springer, Berlin u.a.

Deutsche Post AG (2004): Messung nationaler Brieflaufzeiten nach EU-Norm zertifiziert. Pressemitteilung vom 3.11.2004, Bonn.

Diederich, H. (1966): Zur Theorie des Verkehrsbetriebes. Zeitschrift für Betriebswirtschaft, 1. Ergänzungsheft, S. 37 - 52.

Diederich, H. (1977): Verkehrsbetriebslehre. Gabler, Wiesbaden.

Dodgson, J.; J.M. Rodriguez, J.P. van der Veer, S. Gibson, J. Hernandez und B. Veronese (2004): Economics of postal services: Final report. NERA Economic Consulting, London.

Domínguez, E.; J. Muñoz und E. Mérida (2003): A recurrent neural network model for the p-hub problem. Lecture Notes in Computer Science 2687, S. 734 - 741.

Domschke, W. (1997): Logistik: Rundreisen und Touren. 4. Aufl., Oldenbourg, München - Wien.

Domschke, W. und A. Drexl (1996): Logistik: Standorte. 4. Aufl., Oldenbourg, München - Wien.

Domschke, W. und A. Drexl (2005): Einführung in Operations Research. 6. Aufl., Springer, Berlin u.a.

Domschke, W. und R. Klein (2004): Bestimmung von Opportunitätskosten am Beispiel des Produktionscontrolling. Zeitschrift für Planung und Unternehmenssteuerung 15, S. 275 - 294.

Domschke, W. und G. Krispin (1999): Betriebliche Standortplanung. In: C. Schulte (Hrsg.): Lexikon der Logistik. Oldenbourg, München - Wien, S. 375 - 379.

Domschke, W.; G. Mayer und B. Wagner (2002): Effiziente Modellierung von Entscheidungsproblemen: Das Beispiel des Standardisierungsproblems. Zeitschrift für Betriebswirtschaft 72, S. 847 - 863.

Domschke, W. und A. Scholl (2005): Grundlagen der Betriebswirtschaftslehre. 3. Aufl., Springer, Berlin u.a.

Domschke, W.; A. Scholl und S. Voß (1997): Produktionsplanung: Ablauforganisatorische Aspekte. 2. Aufl., Springer, Berlin u.a.

Domschke, W. und B. Wagner (2005): Models and methods for standardization problems. European Journal of Operational Research 162, S. 713 - 726.

Ebery, J. (2001): Solving large single allocation p-hub problems with two or three hubs. European Journal of Operational Research 128, S. 447 - 458.

Ebery, J.; M. Krishnamoorthy, A.T. Ernst und N. Boland (2000): The capacitated multiple allocation hub location problem: Formulations and algorithms. European Journal of Operational Research 120, S. 614 - 631.

Ebner, G. (1997): Controlling komplexer Logistiknetzwerke. GVB Schriftenreihe, Bd. 34, Nürnberg.

Elhedhli, S. und F.X. Hu (2005): Hub-and-spoke network design with congestion. Computers & Operations Research 32, S. 1615 - 1632.

Ellinger, T. und R. Haupt (1996): Produktions- und Kostentheorie. 3. Aufl., Schäffer-Poeschel, Stuttgart.

Ellwanger, G. (1997): Eisenbahnpolitik. In: Bloech, J. und G.B. Ihde (Hrsg.): Vahlens Großes Logistiklexikon. C.H. Beck und Vahlen, München, S. 204 - 209.

Elmasri, R. und S.B. Navathe (2000): Fundamentals of database systems. 3. Aufl., Addison-Wesley, Reading u.a.

Ernst, A.T.; H.W. Hamacher, H. Jiang, M. Krishnamoorthy und G.J. Woeginger (2002): Uncapacitated single and multiple allocation p-hub center problems. Arbeitspapier, CSIRO Mathematical and Information Sciences, Australien; Fachbereich Mathematik, Universität Kaiserslautern, und Faculty of Mathematical Sciences, University of Twente, Niederlande.

Ernst, A.T.; H. Jiang und M. Krishnamoorthy (2005): Reformulations and computational results for uncapacitated single and multiple allocation hub covering problems. Arbeitspapier, CSIRO Mathematical and Information Sciences, Australien, und The Judge Institute of Management, University of Cambridge.

Ernst, A.T. und M. Krishnamoorthy (1996): Efficient algorithms for the uncapacitated single allocation p-hub median problem. Location Science 4, S. 139 - 154.

Ernst, A.T. und M. Krishnamoorthy (1998a): Exact and heuristic algorithms for the uncapacitated multiple allocation p-hub median problem. European Journal of Operational Research 104, S. 100 - 112.

Ernst, A.T. und M. Krishnamoorthy (1998b): An exact solution approach based on shortest-paths for p-hub median problems. INFORMS Journal on Computing 10, S. 149 - 162.

Ernst, A.T. und M. Krishnamoorthy (1999): Solution algorithms for the capacitated single allocation hub location problem. Annals of Operations Research 86, S. 141 - 159.

Femerling, C. (1997): Verbundeffekte. In: Bloech, J. und G.B. Ihde (Hrsg.): Vahlens Großes Logistiklexikon. C.H. Beck und Vahlen, München, S. 1128 - 1129.

Fleischmann, B. (1993): Designing distribution systems with transport economies of scale. European Journal of Operational Research 70, S. 31 - 42.

Garey, M.R. und D.S. Johnson (1979): Computers and intractability: A guide to the theory of NP-completeness. Freeman, New York.

Goldman, A.J. (1969): Optimal locations for centers in a network. Transportation Science 3, S. 352 - 360.

Graf, H.-W. (1998): Deutsche Post AG. In: Buchholz, J.; U. Clausen und A. Vastag (Hrsg.): Handbuch der Verkehrslogistik. Springer, Berlin u.a., S. 73 - 81.

Greene, W.H. (2003): Econometric analysis. 5. Aufl., Prentice-Hall, New Jersey.

Gutenberg, E. (1983): Grundlagen der Betriebswirtschaftslehre, Erster Band: Die Produktion. 24. Aufl., Springer, Berlin u.a.

Hamacher, H.W.; M. Labbé, S. Nickel und T. Sonneborn (2004): Adapting polyhedral properties from facility to hub location problems. Discrete Applied Mathematics 145, S. 104 - 116.

Hamacher, H.W. und S. Nickel (1998): Classification of location models. Location Science 6, S. 229 - 242.

Hansen, H.R. und G. Neumann (2001): Wirtschaftsinformatik I: Grundlagen betrieblicher Informationsverarbeitung. 8. Aufl., Lucius & Lucius, Stuttgart.

Heimerl, G. und H. Weigelt (1997): Eisenbahnverkehr. In: Bloech, J. und G.B. Ihde (Hrsg.): Vahlens Großes Logistiklexikon. C.H. Beck und Vahlen, München, S. 210 - 215.

Heimerl, G.; H. Weigelt und T. Ackermann (1997): Bahntrans. In: Bloech, J. und G.B. Ihde (Hrsg.): Vahlens Großes Logistiklexikon. C.H. Beck und Vahlen, München, S. 50 - 51.

Heinen, E. (1983): Betriebswirtschaftliche Kostenlehre: Kostentheorie und Kostenentscheidungen. 6. Aufl., Gabler, Wiesbaden.

Henning, R. (1997): Ausgleichseffekte. In: Bloech, J. und G.B. Ihde (Hrsg.): Vahlens Großes Logistiklexikon. C.H. Beck und Vahlen, München, S. 46 - 47.

Hensher, D.A. und A.M. Brewer (2001): Transport: An economics and management perspective. Oxford University Press, Oxford.

Hesse, H. und R. Linde (1976): Gesamtwirtschaftliche Produktionstheorie – Teil 1. Physica, Würzburg - Wien.

Horner, M.W. und M.E. O'Kelly (2001): Embedding economies of scale concepts for hub network design. Journal of Transport Geography 9, S. 255 - 265.

Horst, R. und H. Tuy (1996): Global optimization: Deterministic approaches. 3. Aufl., Springer, Berlin u.a.

Houtman, J. (2002): The portfolio effect in hub-networks with stochastic cargo volume. Logistik Management 4, Heft 4, S. 61 - 70.

International Post Corporation (2005): Die Qualität von internationalen Brieflaufzeiten verbessern. März, Brüssel.

Isermann, H. (1997): Transportmittel. In: Bloech, J. und G.B. Ihde (Hrsg.): Vahlens Großes Logistiklexikon. C.H. Beck und Vahlen, München, S. 1095 - 1098.

Jungnickel, D. (1999): Optimierungsmethoden: Eine Einführung. Springer, Berlin u.a.

Kara, B.Y. und B.Ç. Tansel (2000): On the single-assignment p-hub center problem. European Journal of Operational Research 125, S. 648 - 655.

Kara, B.Y. und B.Ç. Tansel (2001): The latest arrival hub location problem. Management Science 47, S. 1408 - 1420.

Kara, B.Y. und B.Ç. Tansel (2003): The single-assignment hub covering problem: Models and linearizations. Journal of the Operational Research Society 54, S. 59 - 64.

Karmann, A. (2003): Mathematik für Wirtschaftswissenschaftler. 5. Aufl., Oldenbourg, München - Wien.

Kimms, A. (2005): Economies of scale in hub&spoke network design models: We have it all wrong. Arbeitspapier, Fakultät für Wirtschaftswissenschaften, Technische Universität Bergakademie Freiberg.

Klatt, S. (1997): Verkehrsträger. In: Bloech, J. und G.B. Ihde (Hrsg.): Vahlens Großes Logistiklexikon. C.H. Beck und Vahlen, München, S. 1215 - 1216.

Klaus, P.; H. Hemming und I. Teich (1993): Die Zukunft der Frachtpreisfindung – Teil 1: Zur Findung „kostennaher" Preise in geschlossenen Transportsystemen. GVB-Informationen, Heft 2/3, S. 17 - 24.

Klein, R. und A. Scholl (2004): Planung und Entscheidung. Vahlen, München.

Klincewicz, J.G. (1991): Heuristics for the p-hub location problem. European Journal of Operational Research 53, S. 25 - 37.

Klincewicz, J.G. (1992): Avoiding local optima in the p-hub location problem using tabu search and GRASP. Annals of Operations Research 40, S. 283 - 302.

Klincewicz, J.G. (1996): A dual algorithm for the uncapacitated hub location problem. Location Science 4, S. 173 - 184.

Klincewicz, J.G. (1998): Hub location in backbone/tributary network design: A review. Location Science 6, S. 307 - 335.

Klincewicz, J.G. (2002): Enumeration and search procedures for a hub location problem with economies of scale. Annals of Operations Research 110, S. 107 - 122.

Klose, A. und A. Drexl (2005): Facility location models for distribution system design. European Journal of Operational Research 162, S. 4 - 29.

Kramer, K. (2003): Clusterbasierter Tabu-Search-Ansatz für Hub Location Probleme. Studienarbeit, Fachgebiet Operations Research, Technische Universität Darmstadt.

Kreikebaum, H. (1997): Strategische Unternehmensplanung. 6. Aufl., Kohlhammer, Stuttgart u.a.

Krist, F. (2004): Clusterbasierter Simulated-Annealing-Ansatz für Hub Location Probleme unter Berücksichtigung nichtlinearer Kosten. Studienarbeit, Fachgebiet Operations Research, Technische Universität Darmstadt.

Kuby, M.J. und R.G. Gray (1993): The hub network design problem with stopovers and feeders: The case of Federal Express. Transportation Research - A 27, S. 1 - 12.

Laaser, C.-F. (1991): Wettbewerb im Verkehrswesen: Chancen für eine Deregulierung in der Bundesrepublik. Mohr, Tübingen.

Labbé, M. und H. Yaman (2004): Projecting the flow variables for hub location problems. Networks 44, S. 84 - 93.

Labbé, M.; H. Yaman und E. Gourdin (2005): A branch and cut algorithm for hub location problems with single assignment. Mathematical Programming 102, S. 371 - 405.

Lapierre, S.D.; A.B. Ruiz und P. Soriano (2004): Designing distribution networks: Formulations and solution heuristic. Transportation Science 38, S. 174 - 187.

Lau, O. (2005): 64 Bit und kein bisschen teurer. c't – Magazin für Computer Technik, Heft 10, S. 38.

Lederer, P.J. und R.S. Nambimadom (1998): Airline network design. Operations Research 46, S. 785 - 804.

Liu, Z. und E.L. Lynk (1999): Evidence on market structure of the deregulated US airline industry. Applied Economics 31, S. 1083 - 1092.

Lücke, W. (1962): Das „Gesetz der Massenproduktion“ in betriebswirtschaftlicher Sicht. In: Koch, H. (Hrsg.): Zur Theorie der Unternehmung. Gabler, Wiesbaden, S. 313 - 365.

Mankiw, N.G. (2001): Principles of economics. 2. Aufl., Harcourt, Fort Worth.

Marianov, V. und D. Serra (2003): Location models for airline hubs behaving as M/D/c queues. Computers & Operations Research 30, S. 983 - 1003.

Marianov, V.; D. Serra und C. ReVelle (1999): Location of hubs in a competitive environment. European Journal of Operational Research 114, S. 363 - 371.

Mayer, G. (2001): Strategische Logistikplanung von Hub&Spoke-Systemen. Deutscher Universitäts-Verlag, Wiesbaden.

Mayer, G. und B. Wagner (2002): HubLocator: An exact solution method for the multiple allocation hub location problem. Computers & Operations Research 29, S. 715 - 739.

McCann, P. (2001): A proof of the relationship between optimal vehicle size, haulage length and the structure of distance-transport costs. Transportation Research - A 35, S. 671 - 693.

Merino, E.D. und J.M. Pérez (2004): A recurrent neural network for airport scales location. Lecture Notes in Artificial Intelligence 3040, S. 107 - 115.

Moore, T.G. (2002): Moving ahead. Regulation 25, Heft 2, S. 6 - 13.

Neuhold, E. (1991): Rekursive Prozedur. In: Schneider, H.-J. (Hrsg.): Lexikon der Informatik und Datenverarbeitung. 3. Aufl., Oldenbourg, München - Wien, S. 634.

Neumann, M. (1991): Theoretische Volkswirtschaftslehre II: Produktion, Nachfrage und Allokation. 3. Aufl., Vahlen, München.

Neumann, K. und M. Morlock (2002): Operations Research. 2. Aufl., Hanser, München - Wien.

Nickel, S.; A. Schöbel und T. Sonneborn (2001): Hub location problems in urban traffic networks. In: Pursula, M. und J. Niittymäki (Hrsg.): Mathematical methods on optimization in transportation systems. Kluwer Academic Publishers, Dordrecht, S. 95 - 107.

O'Kelly, M.E. (1986): The location of interacting hub facilities. Transportation Science 20, S. 92 - 106.

O'Kelly, M.E. (1987): A quadratic integer program for the location of interacting hub facilities. European Journal of Operational Research 32, S. 393 - 404.

O'Kelly, M.E. (1992): Hub facility location with fixed costs. Papers in Regional Science: The Journal of the RSAI 71, S. 293 - 306.

O'Kelly, M.E. (1998a): A geographer's analysis of hub-and-spoke networks. Journal of Transport Geography 6, S. 171 - 186.

O'Kelly, M.E. (1998b): On the allocation of a subset of nodes to a mini-hub in a package delivery network. Papers in Regional Science: The Journal of the RSAI 77, S. 77 - 99.

O'Kelly, M.E. und D.L. Bryan (1998): Hub location with flow economies of scale. Transportation Research - B 32, S. 605 - 616.

O'Kelly, M.E.; D.L. Bryan, D. Skorin-Kapov und J. Skorin-Kapov (1996): Hub network design with single and multiple allocation: A computational study. Location Science 4, S. 125 - 138.

O'Kelly, M.E. und H.J. Miller (1991): Solution strategies for the single facility minimax hub location problem. Papers in Regional Science: The Journal of the RSAI 70, S. 367 - 380.

O'Kelly, M.E. und H.J. Miller (1994): The hub network design problem: A review and synthesis. Journal of Transport Geography 2, S. 31 - 40.

Opitz, O. (2004): Mathematik: Lehrbuch für Ökonomen. 9. Aufl., Oldenbourg, München - Wien.

Ortner, E. (2005): Sprachbasierte Informatik: Wie man mit Wörtern die Cyber-Welt bewegt. Edition am Gutenbergplatz Leipzig, Leipzig.

Oster, C.V. und D.H. Pickrell (1986): Marketing alliances and competitive strategy in the airline industry. Logistics and Transportation Review 22, S. 371 - 387.

Oum, T.H. und W.G. Waters II (1996): A survey of recent developments in transportation cost function research. Logistics and Transportation Review 32, S. 423 - 463.

Pamuk, F.S. und C. Sepil (2001): A solution to the hub center problem via a single-relocation algorithm with tabu search. IIE Transactions 33, S. 399 - 411.

Pankratz, G. (2002): Speditionelle Transportdisposition. Deutscher Universitäts-Verlag, Wiesbaden.

Panzar, J.C. (1989): Technological determinants of firm and industry structure. In: Schmalensee, R. und R.D. Willig (Hrsg.): Handbook of Industrial Organization I. Elsevier Science, Amsterdam u.a., S. 3 - 59.

Panzar, J.C. und R.D. Willig (1981): Economies of scope. The American Economic Review 71, S. 268 - 272.

Paraschis, I.N. (1989): Optimale Gestaltung von Mehrprodukt-Distributionssystemen. Physica, Heidelberg.

Pérez, M.P.; F.A. Rodríguez und J.M.M. Vega (2004): On the use of path relinking for the p-hub median problem. Lecture Notes in Computer Science 3004, S. 155 - 164.

Pfohl, H.-C. (2004): Logistiksysteme: Betriebswirtschaftliche Grundlagen. 7. Aufl., Springer, Berlin u.a.

Phillips, L.T. (1985): Structural change in the airline industry: Carrier concentration at large hub airports and its implications for competitive behavior. Transportation Journal 25, Heft 2, S. 18 - 28.

Pilling, M. (2005): On a roll. Airline Business, April, S. 44 - 51.

Pirkul, H. und D.A. Schilling (1998): An efficient procedure for designing single allocation hub and spoke systems. Management Science 44, S. S235 - S242.

Podnar, H.; J. Skorin-Kapov und D. Skorin-Kapov (2002): Network cost minimization using threshold-based discounting. European Journal of Operational Research 137, S. 371 - 386.

Pompl, W. (2002): Luftverkehr: Eine ökonomische und politische Einführung. 4. Aufl., Springer, Berlin u.a.

Racunica, I. und L. Wynter (2000): Optimal location of intermodal freight hubs. Arbeitspapier Nr. 4088, INRIA, Le Chesnay, France.

Reise, S. (2004): Offshore-Containerterminals als Transshipment-Hub. Logistik Management 6, Heft 2, S. 54 - 67.

Rogler, S. (1997a): Transportkosten. In: Bloech, J. und G.B. Ihde (Hrsg.): Vahlens Großes Logistiklexikon. C.H. Beck und Vahlen, München, S. 1093 - 1095.

Rogler, S. (1997b): Opportunitätskosten. In: Bloech, J. und G.B. Ihde (Hrsg.): Vahlens Großes Logistiklexikon. C.H. Beck und Vahlen, München, S. 773 - 774.

Samuelson, P.A. (1980): Economics. 11. Aufl., McGraw-Hill, Tokio u.a.

Samuelson, P.A. und W.D. Nordhaus (1998): Volkswirtschaftslehre. Übersetzung der 15. Aufl., Ueberreuter, Wien.

Sasaki, M. und M. Fukushima (2003): On the hub-and-spoke model with arc capacity constraints. Journal of the Operations Research Society of Japan 46, S. 409 - 428.

Sasaki, M.; A. Suzuki und Z. Drezner (1997): On the selection of relay points in a logistics system. Asia-Pacific Journal of Operational Research 14, S. 39 - 54.

Sasaki, M.; A. Suzuki und Z. Drezner (1999): On the selection of hub airports for an airline hub-and-spoke system. Computers & Operations Research 26, S. 1411 - 1422.

Schäfer-Kunz, J. und C. Tewald (1998): Make-or-buy-Entscheidungen in der Logistik. Deutscher Universitäts-Verlag, Wiesbaden.

Schildt, B. (1994): Strategische Produktions- und Distributionsplanung: Betriebliche Standortoptimierung bei degressiv verlaufenden Produktionskosten. Deutscher Universitäts-Verlag, Wiesbaden.

Schinzel, H. (2002): Clusterbasiertes Optimieren von Single Allocation Hub Location Problemen mittels Genetischer Algorithmen. Studienarbeit, Fachgebiet Operations Research, Technische Universität Darmstadt.

Schmalenbach, E. (bearbeitet von R. Bauer) (1963): Kostenrechnung und Preispolitik. 8. Aufl., Westdeutscher Verlag, Köln - Opladen.

Schweitzer, M. und H.-U. Küpper (1997): Produktions- und Kostentheorie: Grundlagen – Anwendungen. 2. Aufl., Gabler, Wiesbaden.

Seidelmann, C. (1997): Kombinierter Verkehr. In: Bloech, J. und G.B. Ihde (Hrsg.): Vahlens Großes Logistiklexikon. C.H. Beck und Vahlen, München, S. 431 - 434.

Shaw, S.-L. (1993): Hub structures of major US passenger airlines. Journal of Transport Geography 1, S. 47 - 58.

Silver, E.A. (2004): An overview of heuristic solution methods. Journal of the Operational Research Society 55, S. 936 - 956.

Skorin-Kapov, D. und J. Skorin-Kapov (1994): On tabu search for the location of interacting hub facilities. European Journal of Operational Research 73, S. 502 - 509.

Skorin-Kapov, D.; J. Skorin-Kapov und M.E. O'Kelly (1996): Tight linear programming relaxations of uncapacitated p-hub median problems. European Journal of Operational Research 94, S. 582 - 593.

Smith, K.A. (1996): Solving combinatorial optimisation problems using neural networks. Ph.D. thesis, Department of Electrical and Electronic Engineering, The University of Melbourne.

Smith, K.A.; M. Krishnamoorthy and M. Palaniswami (1996): Neural versus traditional approaches to the location of interacting hub facilities, Location Science 4, S. 155 - 171.

Smith, K.A.; M. Palaniswami and M. Krishnamoorthy (1998): Neural techniques for combinatorial optimization with applications. IEEE Transactions on Neural Networks 9, S. 1301 - 1318.

Sohn, J. und S. Park (1997): A linear program for the two-hub location problem. European Journal of Operational Research 100, S. 617 - 622.

Sohn, J. und S. Park (1998): Efficient solution procedure and reduced size formulations for p-hub location problems. European Journal of Operational Research 108, S. 118 - 126.

Sohn, J. und S. Park (2000): The single allocation problem in the interacting three-hub network. Networks 35, S. 17 - 25.

Sonneborn, T. (2003): The uncapacitated hub location problem: Polyhedral analysis and applications. Shaker, Aachen.

Stanbury, W.T. und T.W. Ross (1999): Avoiding the maple syrup solution: Comments on the restructuring of Canada's airline industry. Public Policy Sources 32, The Fraser Institute, Vancouver, B.C., Canada.

Steffen, R. und K. Schimmelpfeng (2002): Produktions- und Kostentheorie. 4. Aufl., Kohlhammer, Stuttgart.

Steven, M. (1998): Produktionstheorie. Gabler, Wiesbaden.

Stieglitz, A. (1997): Leerfahrt. In: Bloech, J. und G.B. Ihde (Hrsg.): Vahlens Großes Logistiklexikon. C.H. Beck und Vahlen, München, S. 519.

Sung, C.S. und H.W. Jin (2000): A tabu-search-based heuristic for clustering. Pattern Recognition 33, S. 849 - 858.

Sung, C.S. und H.W. Jin (2001): Dual-based approach for a hub network design problem under non-restrictive policy. European Journal of Operational Research 132, S. 88 - 105.

Swenseth S.R. und M.R. Godfrey (1996): Estimating freight rates for logistics decisions. Journal of Business Logistics 17, Heft 1, S. 213 - 231.

Thommen, J.-P. und A.-K. Achleitner (2003): Allgemeine Betriebswirtschaftslehre: Umfassende Einführung aus managementorientierter Sicht. 4. Aufl., Gabler, Wiesbaden.

Topcuoglu, H.; F. Corut, M. Ermis und G. Yilmaz (2005): Solving the uncapacitated hub location problem using genetic algorithms. Computers & Operations Research 32, S. 967 - 984.

Tovey, C.A. (2002): Tutorial on computational complexity. Interfaces 32, Heft 3, S. 30 - 61.

Tumm, G.W. und J.-H. Fischer (1994): Produktionsplanung in Dienstleistungsunternehmen: Das neue Briefproduktionssystem der Deutschen Bundespost. In: Corsten, H. und W. Hilke (Hrsg.): Dienstleistungsproduktion. Gabler, Wiesbaden, S. 131 - 152.

Vereinigung der Sammelgutspediteure im BSL (2003): Tarif für den Spediteursammelgutverkehr (Unverbindliche Preisempfehlung, Stand 1.1.2004), Bonn.

Wagner, B. (2000a): Hublocator: Ein exaktes Verfahren zur Lösung von Hub Location Problemen. Studienarbeit, Fachgebiet Operations Research, Technische Universität Darmstadt.

Wagner, B. (2000b): Hublocator2: Ein verbessertes Verfahren zur Lösung von Hub Location Problemen. Diplomarbeit, Fachgebiet Operations Research, Technische Universität Darmstadt.

Wagner, B. (2003): An exact solution procedure for a cluster hub location problem. Schriften zur Quantitativen Betriebswirtschaftslehre Nr. 4/03, Technische Universität Darmstadt.

Wagner, B. (2004a): Model formulations for hub covering problems. Schriften zur Quantitativen Betriebswirtschaftslehre Nr. 3/04, Technische Universität Darmstadt.

Wagner, B. (2004b): A note on „Location of hubs in a competitive environment". Schriften zur Quantitativen Betriebswirtschaftslehre Nr. 4/04, Technische Universität Darmstadt.

Wagner, B. (2004c): Single allocation hub covering problems with waiting times. Schriften zur Quantitativen Betriebswirtschaftslehre Nr. 7/04, Technische Universität Darmstadt.

Wagner, B. (2004d): A note on „The latest arrival hub location problem". Management Science 50, S. 1751 - 1752.

Wasner, M. und G. Zäpfel (2004): An integrated multi-depot hub-location vehicle routing model for network planning of parcel service. International Journal of Production Economics 90, S. 403 - 419.

Wegener, I. (1999): Theoretische Informatik: Eine algorithmenorientierte Einführung. 2. Aufl., Teubner, Stuttgart - Leipzig.

Wegscheider, W. (1997): Preisbildung im Eisenbahnverkehr. In: Bloech, J. und G.B. Ihde (Hrsg.): Vahlens Großes Logistiklexikon. C.H. Beck und Vahlen, München, S. 216 - 220.

Wenglorz, G. und M. Wittmann (1997): Luftverkehrspolitik. In: Bloech, J. und G.B. Ihde (Hrsg.): Vahlens Großes Logistiklexikon. C.H. Beck und Vahlen, München, S. 673 - 675.

Werner, M. (1988a): Regulierung und Deregulierung des Verkehrssektors in der wirtschaftswissenschaftlichen Diskussion: Die Theorie der Regulierung (Teil 1), Zeitschrift für Verkehrswissenschaft 59, S. 44 - 70.

Werner, M. (1988b): Regulierung und Deregulierung des Verkehrssektors in der wirtschaftswissenschaftlichen Diskussion: Die Theorie der Regulierung (Teil 2), Zeitschrift für Verkehrswissenschaft 59, S. 128 - 162.

Williams, H.P. (1999): Model building in mathematical programming. 4. Aufl., Wiley, Chichester u.a.

Wlcek, H. (1998): Gestaltung der Güterverkehrsnetze von Sammelgutspeditionen. GVB Schriftenreihe, Bd. 37, Nürnberg.

Wöhe, G. und U. Döring (2002): Einführung in die Allgemeine Betriebswirtschaftslehre. 21. Aufl., Vahlen, München.

Wolf, D. (1997): Transportkette. In: Bloech, J. und G.B. Ihde (Hrsg.): Vahlens Großes Logistiklexikon. C.H. Beck und Vahlen, München, S. 1089 - 1093.

Woll, A. (2000): Wirtschaftslexikon. 9. Aufl., Oldenbourg, München - Wien.

Woll, A. (2003): Allgemeine Volkswirtschaftslehre. 14. Aufl., Vahlen, München.

Wolsey, L.A. (1998): Integer programming. Wiley, New York u.a.